Der deutsche Eichenschälwald und seine Zukunft

von

Dr. Fr. Jentsch,
Forstmeister und Docent an der Forstakademie Münden.

Springer-Verlag Berlin Heidelberg GmbH

1899.

ISBN 978-3-662-24333-6 ISBN 978-3-662-26450-8 (eBook)
DOI 10.1007/978-3-662-26450-8

Es giebt kein forstliches Gebiet, welches zur Zeit so lebhaft in der Oeffentlichkeit erörtert würde, wie die Schälwaldwirthschaft. Während die deutsche Forstwirthschaft als Ganzes sich stetig und günstig fortentwickelt hat, gilt von jenem zwar kleinen, aber für manche Gebiete und Bevölkerungskreise außerordentlich wichtigen Theilgliede das Umgekehrte. Und die Klagen aus jenen Kreisen ertönen seit Jahren immer vernehmlicher und dringlicher und heischen Hilfe aus der Noth. Nicht nur der Forstwirth und der Lohgerber haben sich heute mit dem Schälwald und seiner Zukunft zu beschäftigen, sondern auch alle, die rathend oder bestimmend in der Wirthschaftspolitik mitzuwirken haben. Zumal dem, welcher den Verhältnissen der Lohrinden-Erzeugung und -Verwendung fern steht, ist es nicht leicht, die Nothlage des Schälwalds bis zu ihren Quellen zu ergründen und danach die Mittel zur Behebung derselben zu finden. Erscheinungen verschiedener Art wirken, vielfältig ineinander greifend, auf den wirthschaftlichen Erfolg des Schälwaldbetriebes ein: auf der einen Seite die dem Schälwald des deutschen Westens eigene Verbindung der landwirthschaftlichen Bodenbenutzung mit der forstwirthschaftlichen, auf der anderen Seite die Entwickelung des Gerbereigewerbes und des Lederverbrauchs.

Der Verfasser hat sich deshalb die Aufgabe gestellt, die mannigfach verschlungenen Fäden dieser Erscheinungen bis zu ihren Ausgangspunkten zu verfolgen und aus der Darlegung der verschiedenartigen Ursachen die Vorschläge zur Beseitigung jenes Nothstandes herzuleiten. Der Forstmann konnte sich dabei begreiflicher Weise nur bezüglich der forstlichen Seite der Frage für zuständig erachten, mußte aber auch hierbei in weitgehendem Maße die Beihilfe von

Fachgenossen anrufen. In weit höherem Maße bedurfte er fremder Hilfe bei der Behandlung der die Gerberei in technischer, chemisch-physikalischer und merkantiler Beziehung betreffenden Gebiete.

Wenn das so Geleistete auch dem Wollen nicht entspricht, so hat mich doch überall das ernste Streben geleitet, objektiv zu sein und die Verhältnisse so zu ergründen und darzustellen, wie sie sind. Und ich hoffe und wünsche, daß die Arbeit an ihrem Theile beitrage, die Lage der deutschen Schälwaldwirthschaft klarzulegen und die Mittel zur Beseitigung ihrer Nothlage zu finden und anzuwenden. Vielleicht ist sie auch eben jetzt bei der Vorberathung der neuen Handelsverträge manchem, der hierbei mitzuwirken hat, zur Orientirung erwünscht und brauchbar.

Allen denen, die mir mit Rath, Belehrung und Mittheilung von Material geholfen haben, sowie auch Herrn Forstassessor Doerr, der einen Theil der Berechnungen ausgeführt hat, sage ich dafür an dieser Stelle meinen besten Dank.

Hann. Münden, Weihnachten 1898.

Dr. Fr. Jentsch.

Inhaltsübersicht.

Einleitung.

Die Klagen über den ungünstigen Stand der Eichenschälwaldwirthschaft in Deutschland nehmen von Jahr zu Jahr zu. Mit Grund wird hervorgehoben, daß diese Betriebsform der Waldwirthschaft eine hohe volkswirthschaftliche Bedeutung habe, daß durch ihren Rückgang weite Bevölkerungskreise empfindlich betroffen würden. Denn überwiegend befinde sich der Schälwald in den Händen von Gemeinden und ländlichen Privatbesitzern, welche vielfach ihre ganze wirthschaftliche Existenz auf ihn gegründet hätten. Gleichzeitig wird aber auch die Lohgerberei als nothleidend bezeichnet, insbesondere sollen die kleinen Unternehmer dieses Gewerbes im Wettkampfe mit der Großindustrie mehr und mehr erliegen. Von beiden Seiten wird in der für unsere Zeit charakteristischen Weise staatliche Hilfe angerufen. Der Umstand, daß die Eichenschälwaldfrage dadurch der Gegenstand parteipolitischer und polemischer Behandlung geworden ist, hat vielfach nicht zur Klärung sondern zur Verdunkelung derselben beigetragen. Es darf deshalb als eine berechtigte Aufgabe gelten, rein sachlich zu untersuchen, ob und inwieweit jene Klagen und Hilferufe begründet sind, indem man nach den über die Prosperität eines Gewerbes überhaupt Aufschluß gewährenden Merkmalen sucht. Der Preisstand des Produktes ist das wichtigste derselben. Es ist zu fragen: Sind die Preise des Schälwaldprodukts, der Lohrinde, gegen früher merklich gesunken, inwieweit deckt der Roherlös die Betriebskosten? Ein weiterer Anhalt kann in der Menge der Materialerträge gefunden werden. Sind diese gegen früher merklich gesunken, so kann selbst bei gleichbleibenden Einheitspreisen der Geldertrag zu unwirthschaftlichem Niveau gesunken sein. Endlich läßt wie bei jeder

Grundwirthschaft so auch beim Schälwald die Aenderung in der ihm überwiesenen Bodenfläche einen gewissen Rückschluß zu, insofern ein Rückgang der Gesammtfläche immerhin die Vermuthung nahe legt, daß die bisherige Bodenbenutzungsart nicht mehr die vortheilhafteste ist.

Beginnen wir mit der Betrachtung des letztgedachten Symptoms, so giebt die im Jahre 1893 stattgehabte statistische Aufnahme über die Bodenbenutzung im deutschen Reiche hierüber Auskunft.

Tabelle I.

Bestand des Eichenschälwalds in Deutschland in Hektaren.
(Viertelj.-Heft z. Statistik des deutschen Reichs 1894, IV.)

	1883	1893	Zu- und Abnahme in %	1893 in % der Waldfläche
1. Preußen				
Ostpreußen	74,4	118,2	+ 37,0	0,0
Westpreußen	442,8	358,1	— 23,7	0,1
Brandenburg	952,7	575,1	— 65,7	0,0
Pommern	2363,5	2242,6	— 5,4	0,4
Posen	3173,6	3252,4	+ 2,4	0,6
Schlesien	16824,5	16034,0	— 4,9	1,4
Sachsen	4251,9	4669,4	+ 8,9	0,9
Schleswig-Holstein	1087,5	1159,4	+ 6,2	0,9
Hannover	3938,6	3481,0	— 13,1	0,6
Westfalen	59594,3	56183,5	— 6,1	9,9
Hessen-Nassau	32039,1	33759,3	+ 5,1	5,4
Rheinland	191831,6	201179,8	+ 4,6	24,2
Hohenzollern	171,7	110,7	— 5,5	0,3
Summa 1:	316746,2	323123,5	+ 2,0	3,9
2. Bayern	55041,7	54488,4	— 1,0	2,2
3. Sachsen	1463,1	982,5	— 48,0	0,3
4. Württemberg	3088,0	2922,0	— 5,6	0,5
5. Baden	16756,0	23941,0	+ 30,0	4,2
6. Hessen	23581,3	22821,0	— 3,3	9,5
7. Mecklenburg-Schwerin	197,1	197,1	—	0,1
8. Sachsen-Weimar-Eisenach	901,1	901,1	—	1,0
9. Mecklenburg-Strelitz	1,4	23,7	+ 1692,2	0,0
10. Oldenburg	4457,4	6436,0	+ 29,7	9,5
11. Braunschweig	66,7	66,0	— 1,1	0,1
12. Sachsen-Meiningen	434,1	514,9	+ 15,7	0,5
13. Sachsen-Altenburg	337,7	378,6	+ 10,8	1,0
14. Sachsen-Koburg-Gotha	510,4	862,4	+ 40,8	1,5
15. Anhalt	190,9	55,7	— 260,7	0,1
16. Schwarzburg-Sondershausen	125,5	123,8	— 1,4	0,5
Seite:	423898,6	437837,4		

	1883	1893	Zu- und Abnahme in %	1893 in % der Waldfläche
Uebertrag	423898,6	437837,4		
17. Schwarzburg-Rudolstadt . .	736,2	663,7	— 15,0	1,6
18. Waldeck	111,6	172,6	+ 41,8	0,4
19. Reuß ält. Linie	—	4,4	+ 100,0	0,0
20. Reuß jüng. Linie	72,3	91,0	+ 20,5	0,3
21. Schaumburg-Lippe. . . .	—	3,2	+ 100,0	0,0
22. Lippe	63,1	183,3	+ 65,6	0,6
23. Lübeck	14,0	13,5	— 3,7	0,3
24. Bremen	—	—	—	—
25. Hamburg	3,9	—	—	—
26. Elsaß-Lothringen	8100,0	6187,2	— 30,9	1,4
Deutsches Reich	432999,7	445156,3	+ 2,7	3,2

Die dem Eichenschälwalde überwiesene Fläche hat sich seit 1883 um 2,7 % vermehrt, sie bildete 1883 3,1, 1893 3,2 % der gesammten Waldfläche. Die Zunahme ist aber in den verschiedenen Schälwaldbezirken eine sehr ungleiche gewesen, z. B. in Baden und Oldenburg + 30 %, in Rheinland + 4,6, Hessen-Nassau + 5,1 %, dagegen in Elsaß-Lothringen — 31 %.

Die geringe Gesammtmehrung beweist für die vorliegende Frage nicht viel. Das muß gegenüber manchen darauf gebauten Folgerungen wie z. B. bei den Verhandlungen über den Quebracho-Zoll betont werden. Sie zeigt zunächst nur, daß von mehreren Bodenbenutzungsarten der Eichenschälwald da und dort als der relativ beste angesehen worden ist. Nun ist bekannt, daß die Landwirthschaft seit vielen Jahren unter einem unbestreitbaren Nothstand leidet, daß Gelände, deren landwirthschaftliche Benutzung schwierig und kostspielig ist, lohnend nicht mehr bewirthschaftet werden können. So wird es erklärlich, wenn derartige Gelände, besonders steile oder flachgründige Hänge, der arbeitsintensiven Landwirthschaft entzogen und der extensiven Forstwirthschaft zugeführt wurden und zwar — soweit überhaupt Schälwald in Frage kommen konnte — dann mit Vorliebe derjenigen forstlichen Betriebsart, welche den geringsten Aufwand an Materialkapital erfordert, dem Niederwald. Es ist damit aber nicht bewiesen, daß der Schälwald zur Zeit höhere Renten als die Landwirthschaft, ja überhaupt nur eine eigentliche Rente abwirft. Sondern die in der Landwirthschaft nicht mehr lohnende Arbeitskraft hat sich anderer lohnenderer Bethätigung zugewendet, das dadurch arbeitsfrei werdende Land ist dem Schälwalde zugefallen, der ohne Arbeitsaufwendung durch bloße Kapitalansammlung im Vorrathe die natürliche Bodenkraft in Werthe umzusetzen verspricht. Diese Werthe werden freilich erst in ca. 20 Jahren liquid; die Hoffnung besteht also, daß die Schälwaldrenten bis dahin wieder steigen. Aber selbst wenn das nicht der Fall sein sollte, riskirt der Eigenthümer doch nur den etwaigen Ausfall an Bodenrente, nicht gleichzeitig noch den der Arbeitsrente. Dieselbe Erwägung dürfte auch den Grundeigenthümer abhalten, ohne zwingenden Grund den einmal vorhandenen Schälwald einer anderen arbeitsintensiveren Benutzungsart zuzuführen. Eher würde es erklärlich sein, wenn unter den gegenwärtigen Umständen die Ueberführung in noch arbeitsextensivere Formen der Forstwirthschaft erfolgte. Das ist auch hier und da der Fall*), im Allgemeinen aber wird doch am Schälwalde festgehalten, zumal da, wo landwirthschaftliche Zwischennutzung betrieben wird. Die Ueberführung in Hochwald ist in der Regel schwierig, mit Kosten verbunden (vergl. Kap. 4 Abschn. 3); der Hochwaldbetrieb erstmalig eingerichtet, schiebt die erwartete Rente in eine sehr ferne Zukunft. Der gegenwärtige Nothstand des Eigenthümers, sei er Privater oder Gemeinde, wird also durch ihn nicht gemindert, sondern gesteigert. Deshalb erscheint es immerhin noch wirthschaftlicher, den schlechtrentirenden, aber doch schon laufend oder in kurzen Zeitabschnitten Nutzen gewährenden Schälwald beizubehalten, anstatt die höhere Rente des Hochwalds auf Kosten der Gegenwart im Interesse der vielleicht nicht einmal mehr nothleidenden Nachkommen anzustreben.

Gehen wir über zum zweiten Nothstandssymptom, dem sinkenden Preis. Nebenstehende Tabelle II giebt über ihn Auskunft.

---

*) In der Rheinprovinz, also in dem Gebiete, wo heute noch die ergiebigsten Schälwaldungen sich finden, ist eine Steigerung um 5,1 % eingetreten, dagegen in Westfalen mit seinen überwiegend ungünstigeren Standorten eine Minderung um 6,1 %, bei einer Steigerung der Gesammtwaldfläche.

Tabelle II.

Die Massen und Preise der auf den westdeutschen Hauptrindenmärkten ausgebotenen Lohrinde.

Die Massen nach Centnern (50 kg), die Preise als Durchschnittspreise der besten Klasse für den Centner in Mark.

	Heilbronn		Kreuznach		Kaiserslautern		St. Goar		Hirschhorn		Heidelberg		Siegener Hauberge	
1876	30035	8,14	43663	8,91	19800	8,48	—	—	31455	9,79	12500	9,06	—	9,50
1877	49426	7,14	47600	8,54	26736	7,11	—	—	37270	9,25	14050	9,17	—	7,70
1878	47529	6,56	46700	8,54	26150	6,20	—	—	38605	7,38	15200	7,47	—	7,00
1879	50407	5,24	34655	5,43	31025	5,19	—	—	35538	5,74	12070	6,46	—	6,00
1880	40627	5,80	34390	6,54	40436	5,91	14934	6,84	35007	6,79	16175	6,97	77231	6,16
1881	46310	5,32	33045	5,84	23140	5,66	14383	5,89	43625	6,30	18800	6,42	81684	5,92
1882	47300	5,70	29560	6,78	24150	6,04	15385	6,26	41510	6,81	20100	7,61	77216	6,00
1883	53180	6,20	30210	6,83	26845	6,23	16570	6,84	43072	6,79	18673	6,98	92872	6,12
1884	58750	5,70	37935	6,62	27695	6,47	16225	6,78	42602	6,69	18040	7,16	81949	6,19
1885	55945	5,90	37970	5,80	36825	6,27	18260	6,60	37955	6,90	16550	6,66	89966	6,18
1886	45500	5,16	36885	5,04	33230	4,73	17000	5,45	46041	5,36	20090	5,85	81180	5,60
1887	32970	6,00	36260	6,10	21860	6,35	16021	6,35	42315	6,19	21305	6,57	87734	6,25
1888	41500	5,86	43005	6,12	21235	6,15	17475	6,26	50700	6,20	10685	6,17	91590	6,20
1889	41700	5,46	39055	6,06	25445	5,67	18438	5,93	41590	6,29	16690	6,23	98800	6,25
1890	40490	5,35	42905	6,06	27300	—	17120	6,42	42265	6,42	11225	6,88	88440	6,30
1891	34500	5,40	44435	5,96	24000	6,02	17690	5,85	38025	6,63	16990	6,60	88780	6,10
1892	29500	4,70	43000	5,00	21000	5,10	16000	6,00	44235	5,33	—	—	80600	5,70
1893	20600	4,45	37850	4,65	8450	4,39	14630	5,07	44655	6,23	8690	5,50	78500	5,00
1894	15200	4,65	41800	4,77	18957	4,86	12455	5,00	40100	6,07	8775	5,48	—	—
1895	13630	4,80	39120	5,08	26255	4,80	16106	5,50	47240	6,20	9530	6,50	64314	5,34
1896	16470	4,55	38410	4,60	21485	4,90	17353	5,00	44372	6,10	—	—	89320	5,29
1897	8238	4,00	39320	4,30	23484	4,50	17338	4,10	45770	5,20	—	—	87220	5,00
1898	5120	4,60	39770	4,65	22381	4,50	13618	4,60	46555	5,30	—	—	—	—

Zum Vergleiche mögen noch einige andere Angaben folgen: Nach einer Zusammenstellung von J. Lehr (die neuen deutschen Holzzölle, Jahrb. f. Nationalökonomie und Statistik 1880) war der Durchschnittspreis im Reg.-Bez. Wiesbaden bezw. im Forstamte Winnweiler pro Centner in Mark:

1849	2,23	1855	2,63	1866	2,23	1872	3,66
1850	2,37	1856	2,97	1867	2,86	1873	3,69
1851	2,75	1857	3,94	1868	3,69	1874	3,77
1852	2,57	1858	3,72	1869	3,40	1875	4,94
1853	2,75	1859/63	4,50	1870	3,72		
1854	2,75	1865	4,68	1871	3,92		

Der Durchschnittspreis der Lohe I. Qualität betrug pro Centner in Mark:

	am Rhein	an der Mosel
1848—52	4,90	5,60
1853—57	5,02	5,30
1858—62	7,53	8,26
1863—67	7,68	8,74
1868—72	7,88	8,80
1873	7,96	10,36
1874	8,30	9,76
1875	6,93	—
1876	7,41	—

Endlich sei noch angeführt eine auf Veranlassung des preußischen Handelsministeriums vom Centralverein der deutschen Lederindustrie veranstaltete Statistik, die von Krause (Bericht über die Generalversammlung des C.-V. d. d. L.-J. Berlin 1895) mitgetheilt wird:

	Preise der Eichenrinde pro Centner in Mark										
	1884	1885	1886	1887	1888	1889	1890	1891	1892	1893	1894
Ostdeutschland	4,88	4,99	4,80	4,62	4,82	5,01	5,01	5,03	4,88	4,58	4,47
Schleswig-Holstein . . .	6,12	5,91	5,90	6,10	5,41	5,58	5,72	5,72	5,06	5,32	5,69
Mitteldeutschland . . .	6,01	5,84	5,77	5,95	5,81	5,82	5,88	5,58	5,41	5,29	5,31
Rheinland u. Westfalen .	6,03	5,79	5,01	5,41	5,54	5,67	5,60	5,50	4,89	5,07	5,19
Süddeutschland	5,44	5,30	5,31	5,43	5,44	5,54	5,41	5,36	5,10	4,99	5,02
Deutschland	5,69	5,57	5,54	5,50	5,40	5,52	5,52	5,44	5,09	5,05	5,14

Die hier gegebenen Zahlen bedürfen der Erläuterung. Sie beziehen sich auf große Durchschnitte nach dem auf den Hauptmärkten Westdeutschlands zumeist angebotenen Material und lassen die geringen Qualitäten außer Betracht. Rein arithmetisch gebildete Durchschnitte zeigen, wo sie zeitlich und örtlich gesunken sind, noch nicht an, daß die Lohproduktion unrentabel oder weniger rentabel geworden ist. Denn das Weniger für die Verkaufseinheit kann ausgeglichen oder sogar überwogen sein durch die Steigerung der Gesammtmasse auf der Flächeneinheit. Es wird unten erörtert werden, daß die Ausbeute von der Flächeneinheit im Großen belangreichen zeitlichen Schwankungen nicht unterlegen hat, und daß ihr Maß ohne Gefahr für die Brauchbarkeit der Zahlen unbeachtet bleiben darf. Wichtiger ist der Einfluß der Qualitätsverschiedenheiten. Sie sind gewöhnlich groß. Das erhellt aus den Notirungen der Maximal- und Minimalerlöse, die auf einer Versteigerung bisweilen um mehr als das Doppelte differiren. Es ist indessen zu berücksichtigen, daß auf den westdeutschen Märkten das ausschlaggebende Quantum aus dem relativ besten Eichenrindensortiment besteht, während beispielsweise im Osten Deutschlands namhafte Mengen Grobrinde den Durchschnittspreis herabdrücken. Für die hier betrachtete Preisreihe ist aber die beste Qualität entscheidend und deshalb allein berücksichtigt. Freilich wird dieses beste Sortiment nicht übereinstimmend gebildet und gesondert. Wie schon die Bezeichnungen Normalrinde, Stockausschlag-, Glanz-, Spiegelrinde und andere verschieden gebraucht werden, so ist auch die thatsächliche Ausscheidung der jeweils besten Rinde keine überall gleichmäßige. Immerhin erscheint der Durchschnittspreis der besten Klasse als der relativ sicherste Maßstab. Endlich könnte bemängelt werden, daß nur die auf den bekannteren Lohmärkten erzielten Preise hier in Betracht gezogen sind, während bekanntlich große Quantitäten Lohrinde freihändig oder im Einzelverkauf gehandelt werden, und dabei der auf den Märkten erzielte Preis für den Käufer und für den Verkäufer nicht maßgebend ist. Für den Preisgang im Großen erscheinen dennoch die Ergebnisse der größeren Märkte als das beste Spiegelbild. Die Rinde wird allgemein vor dem Hiebe verkauft. Dem Waldbesitzer ist dabei die Möglichkeit gewährt, bei nicht genügendem Preisangebot die Rinde unverkauft zu lassen, den Schlag nicht zu hauen. Diese Freiheit gilt aber nur sehr beschränkt. Im geordneten Betriebe mit regelmäßiger Schlagfolge kann wohl ein Jahreshieb einmal ausfallen, zurückgestellt werden. Auf längere Zeit, in größerem Umfange ist das dennoch nicht möglich. Ebenso wird der kleine Waldbesitzer eher mit einem geringeren Preis sich begnügen, anstatt auf den erwarteten Geldeingang für ein oder mehrere Jahre ganz zu verzichten. Und schließlich ist die Hiebsreife des Schälwaldes auf nur wenige Altersjahre beschränkt, zumal wo beste Rinde erzeugt werden soll. Der Waldbesitzer muß also schließlich schlagen und verkaufen, gleichviel, wie hoch der Lohpreis steht. Thatsächlich spiegelt also der auf den Hauptmärkten gebotene Preis den überhaupt erzielbaren Geldbetrag ziemlich genau wieder. Denn wenn ein Zuschlag wegen zu niedrigen Gebots am Markte nicht erfolgt, pflegt regelmäßig hinterher ein freihändiger Abschluß stattzufinden, der im Einzelnen dann wohl manchmal höhere Preise erzielt, doch aber naturgemäß im Ganzen den Marktpreis zur Grundlage hat. Es erscheint danach zulässig, die Marktpreise als Ausdruck für den Preisgang zu benutzen.

Die Zahlen der so entstandenen Tabelle II sind verschiedenen Quellen entnommen, für die Hauptmärkte zumeist den jährlichen Berichten des Forstmeisters Neidhardt zu Fürth in den betr. Jahrgängen der Allg. Forst- und Jagdzeitung, außerdem verschiedenen anderen Notizen in den forstlichen und Holzhandelszeitschriften. Für die Siegener Hauberge verdanke ich die Angaben Mittheilungen aus den Haubergsakten. Sie zeigen einen Rückgang des Einheitspreises vor Allem im Vergleich mit den siebenziger Jahren, sodann auch in der Zeit von 1891 an gegen die Vorjahre.

Der *Rückgang der Lohpreise* seit Beginn der Klagen ist offenbar nicht so gewaltig, daß aus ihm allein diese Klagen über die schlechte Rentabilität der Schälwaldungen erklärt werden könnten. Der hohe Preisstand in den siebenziger Jahren erscheint weit mehr unnatürlich, als der niedrige der späteren Zeit, und hängt wesentlich zusammen mit der der bekannten Gründerepoche eigenen Hinaufschraubung aller Industrieprodukte und Hilfsstoffe. Es konnte da nicht ausbleiben, daß wie allerwärts so auch im Lohhandel ein Rückschlag eintrat. Er bedeutet nicht einen Rückgang in der Produktivität, sondern eher eine Gesundung. Ich halte es deshalb nicht für zulässig, bei der Preisvergleichung jenen Stand als Norm anzusehen. Scheidet man ihn, wie es richtig ist, aus, so ist der Rückgang in den Preisen nicht mehr solch auffallender, ja ein solcher ist da und dort überhaupt nicht oder in kaum nennenswerther Weise eingetreten.

Die Klagen erklären sich also daraus allein noch nicht. Es müssen noch andere nachtheilige Umstände vorliegen, welche eine Verringerung der Erträge bis an die Grenze der Wirthschaftlichkeit herbeigeführt haben. Deshalb soll untersucht werden, welche Umstände den beklagten Uebelständen zu Grunde liegen, um daraus die Erwägungen abzuleiten, ob bezw. in welcher Weise eine Hebung der Schälwaldwirthschaft erzielt werden kann.

Diese Umstände können gründlich nur erkannt werden durch eine Untersuchung einerseits der Bedeutung des Schälwaldes als des Lieferanten eines wichtigen industriellen Hilfsstoffs, andererseits des Gerbereigewerbes als des einzigen Abnehmers des Schälwaldproduktes.

Kapitel I.

Der Schälwald als Producent von Gerbrinde.

Der Eichenschälwald ist eine Form des Niederwaldes, deren wesentliches Ziel die Erzeugung eines zur Herstellung von Leder erforderlichen Hilfsmaterials, der Lohrinde bildet. Zur Erreichung dieses Zieles hat die Schälwaldwirthschaft eine eigenartige, von anderen Niederwaldbetrieben mehrfach abweichende Form erhalten. Niederwald ist eine Betriebsart mit einem aus Stockausschlag hervorgegangenen Laubholzbestand, der in kurzem Umtriebe, also mit häufiger Wiederkehr der Ernte auf der nämlichen Fläche und Wiederbegründung durch Ausschlag bewirthschaftet wird. Er liefert bei relativ sehr kleinem Holzvorrathskapital ein meist werthvolles Produkt und damit hohe Rentabilität. Wegen des niedrigen Umtriebes gestattet er eine jährliche Nachhaltwirthschaft schon auf einem kleinen Waldeigenthum. Die Wirthschaftsführung ist dabei durch Einfachheit und leichte Uebersichtlichkeit ausgezeichnet. Voraussetzung für sein Gedeihen ist gute Bodenpflege. Die gedachten Eigenschaften machen den Niederwaldbetrieb besonders geeignet für kleine Waldbesitzer und für Eigenthümer, welche nicht in der Lage sind, sich wirthschaftstechnische Kenntnisse oder technisch gebildete Betriebsleiter zu beschaffen.

Der Eichenschälwald im Besonderen hat als wesentliche Holzart allein die Eiche, als Umtriebszeit einen Zeitraum von 12 bis 30, meist 15 bis 20 Jahren. Neben der Eiche finden sich vielfach andere Holzarten vor, die entweder planmäßig beigemischt bald den Wuchs der Eiche fördern, bald eine Holznutzung neben der Rindennutzung gewähren sollen, oder aber ohne wirthschaftliche Einwirkung sich einfinden. Letztere, welche ebenfalls von ausschlagkräftigen Laubhölzern gebildet werden, werden als Raumholz bezeichnet und sind meist wirthschaftlich unerwünscht.

Im pfleglich behandelten Schälwalde werden deshalb ein oder mehrere Jahre vor der Ernte regelmäßige, auf Entfernung des Raumholzes und gleichzeitig des zur Rindennutzung nicht geeigneten Eichenmaterials gerichtete „Raumholzhiebe“ und in der zweiten Hälfte des Umtriebs ein Durchforstungshieb geführt.

In manchen Gegenden ist der Schälwald mit einer landwirthschaftlichen Zwischennutzung in Verbindung gebracht, so im Hackwaldbetrieb des Odenwaldes, dem Röderwald des Schwarzwaldes, der Haubergswirthschaft in Siegen u. s. w. Diese Wirthschaftsformen haben da zumal eine hohe volkswirthschaftliche Bedeutung erlangt, wo auf einem zu dauernder landwirthschaftlicher Benutzung nach Lage, Klima oder Bodenkraft nicht geeigneten Boden eine relativ dichte Bevölkerung ihren Lebensunterhalt sucht. In Frankreich ist an einigen Oertlichkeiten die Trüffelzucht mit dem Schälwald in Verbindung gebracht.

Das wesentliche Produkt des Schälwaldes ist die Rinde der Eiche. Das Holz hat nur die Bedeutung eines Nebenprodukts. Das Ziel der Wirthschaft ist, möglichst viel und möglichst gute Rinde in kürzester Zeit zu erzeugen, an Holz nur soviel, als ohne Beeinträchtigung des Rindenertrages möglich ist.

Die Qualität der Rinde entscheidet sich nach ihrer Fähigkeit, der Gerberei zu dienen, also nach ihrem Gehalt an gerbenden Stoffen.

1. Der Standort.

a) bezüglich der Eiche im Allgemeinen.

Der einzige Baum, welcher in Deutschland für die Lohrindengewinnung erzogen wird, ist die Eiche in ihren beiden heimischen Typen Quercus pedunculata Erh. (Stieleiche) und Quercus sessiliflora Sm. s. robur β L. (Traubeneiche). Die nur in Südeuropa und im Orient heimische, in Deutschland nur vereinzelt (Elsaß-Lothringen, Baden, Thüringen) vorkommende Quercus pubescens Willd., weichhaarige Eiche, ist nur eine klimatische Varietät der Traubeneiche. Die im südlichen und südöstlichen Europa (Ungarn, Niederösterreich, Böhmen) heimische Quercus Cerris L., Zerreiche, wird in ihrer Heimath nicht auf Rinde genutzt; sie bildet sehr zeitig Borke und läßt sich schwer schälen. Die aus Amerika eingeführten in unseren Klimaten gedeihenden Eichenarten, so besonders Quercus rubra, sind zwar versuchsweise auf Rinde genutzt worden, stehen aber nach praktischen Erfahrungen wegen dünner Rinde und schwerer Schälbarkeit der heimischen Eiche erheblich nach, obwohl sie anscheinend viel Gerbstoff enthalten. Councler fand in zwei Proben importirter Altrinde 11,32 und 12,05 % Lw. (F. Bl. 1889, S. 46). Sie kommt aber für den deutschen Eichenschälwald ebenfalls nicht in Betracht.

Q. pedunculata und Q. sessiliflora dürfen als zwei Species angesehen werden. Indessen ist ihre Unterscheidung nicht immer leicht und bei dem Vorkommen zahlreicher Uebergangs- und Mischformen oft geradezu unmöglich. Dennoch ist es für den Schälwaldbetrieb wichtig, sie auseinander zu halten. Denn ihr forstliches Verhalten gegenüber dem Standort ist ziemlich verschieden. Beiden gemeinsam ist ein hohes Wärme- und Lichtbedürfniß während der Vegetationszeit. Nach Willkomm gedeihen sie noch überall, wo die mittlere Sommertemperatur (Mai—Oktober) wenigstens 12,5° C. beträgt. Q. pedunculata ist wärmebedürftiger, vermag aber wieder kalte Winter besser zu ertragen als Q. sessiliflora. So findet sich denn auch letztere nach dem mitteleuropäischen Osten und Norden hin fortschreitend immer seltener und kommt östlich der Elbe nur noch vereinzelt vor, während Q. pedunculata ein viel weiteres Verbreitungsgebiet hat: nach Lürßen (Loreys Handbuch der Forstw. I. 1. 144) den größten Theil von Europa und des westlichen Asiens bes. Kleinasien und Kaukasus. Nordwärts geht sie bis Schottland (58°), Skandinavien (60°), Helsingfors, Petersburg und Perm (57,5°), ostwärts bis zum Uralfluß und findet ihr Maximum im südlichen Europa (Ungarische Zone). Auch in Frankreich ist sie zumeist vertreten. Vertikal geht ihr Verbreitungsgebiet im bayerischen Walde bis 970 m, in Tirol bis 1000 m. Sie erreicht aber ihr Optimum im Niederungs- und Flachlande und ist die charakteristische Form der Tiefebene. Q. sessiliflora ist in ihren Ansprüchen an die Wärme bescheidener und steht darin annähernd der Buche gleich; *sie bildet die charakteristische Form des Hügel- und Berglandes und findet ihr Optimum im ganzen westlichen und südwestlichen*

Deutschland. Vertikal reicht sie höher hinauf als pedunculata, z. B. schon im Harz bis 1050 m, in den Alpen bis 1200 m, fehlt aber meistens in der Niederung. Sie bevorzugt im Berglande die südlichen und östlichen Expositionen, wo sie überall gut gedeiht, sofern ihr ein gewisses Maß von Bodenfrische nicht fehlt; sie meidet dagegen die Nordhänge. Abweichungen von diesem Verhalten kommen bei beiden Arten mehrfach vor. So ist im Siegener Lande Q. pedunculata vorherrschend, die sessiliflora hinwiederum ortweise im hannöverschen Flachlande.

Auf Luftfeuchtigkeit legen beide Eichenarten kein entscheidendes Gewicht. Wenn sie auch für relativ hohe Luftfeuchtigkeit dankbar sind, so gedeihen sie doch auch auf sonst ihnen zusagenden Standorten bei trockener Luft.

In Bezug auf den Boden ist die Eiche nicht allzu anspruchsvoll. Insbesondere findet der in niedrigem Bestandsalter zur Nutzung kommende Schälwald wenigstens in milden Lagen selbst auf einem flachgründigen, trockenen und heißen, wenn nur einigermaßen lockeren Boden noch gutes Gedeihen, während Eichenhochwald entschieden Tiefgründigkeit und auch, zumal wo es sich um Q. pedunculata handelt, ein hohes Maß von Bodenfrische fordert.

Die Ansprüche der Eiche an den mineralischen Bodengehalt sind allgemein denen der Buche ungefähr gleich, nur begnügt sie sich mit geringerem Kalkgehalt und wächst sogar noch auf Sandboden, sofern er nur noch einigen Gehalt an Kalk, Lehm oder Humus besitzt. Im Besonderen der Schälwald ist bezüglich der Bodennährstoffe sehr bescheiden. Nach den sehr gründlichen Untersuchungen von v. Schröder (Thar. Jahrb. 1890 S. 207 ff.) bedarf er von den meist beschränkt vorhandenen wichtigsten Bodennährstoffen Kali und Phosphorsäure im Mittel weniger als Buchenhochwald, annähernd gleichviel wie Fichtenhochwald und nur der Kiefernhochwald steht ihm erheblich nach. Ziemlich hoch dagegen ist der Bedarf an Kalk. v. Schröder kommt zu diesem Ergebniß bezüglich des mittelmäßigen Schälwaldes. Bei größerer Massenproduktion dagegen steigt der Bedarf wesentlich und stellt sich bei maximalen Erträgen ebenso hoch oder wohl noch höher als der des Buchenhochwaldes. „Solche Schälwälder höchster Produktion lassen sich danach nur auf den besten Waldböden erziehen. Bei geringerem, aber jedenfalls häufig noch lohnendem Ertrage reduziren sich die Ansprüche an den Boden sehr stark" und es ist unter Umständen noch lohnend, Eichenschälwald auf verhältnißmäßig geringem Boden zu erziehen. Auch der Stickstoffbedarf des Schälwaldes ist kein außergewöhnlich hoher. v. Schröder hat (a. a. O., S. 238 und 218) folgende Werthe ermittelt für die mittleren Mineralstoffansprüche und den Stickstoffbedarf des 15—20jährigen Eichenschälwaldes für 1 Jahr und Hektar in kg:

	Festmeter	Trockensubstanz	Reinasche	Kali	Natron	Kalk	Magnesia	Eisenoxyd	Manganoxydoxydul	Phosphorsäure	Schwefelsäure	Kieselsäure	Stickstoff
I. Sehr hoher Ertrag													
Rinde	—	430	14,00	1,66	0,08	9,77	0,93	0,09	0,37	0,63	0,19	0,28	3,58
Schälholz	2,935	2275	9,26	3,85	0,20	2,19	1,16	0,09	0,16	1,11	0,36	0,14	5,55
Abfallreisig . . .	1,510	1036	18,49	3,58	0,20	8,92	1,97	0,16	0,76	1,84	0,52	0,54	8,47
Durchforstungs-Reisig	0,171	117	2,09	0,40	0,02	1,01	0,22	0,02	0,09	0,21	0,06	0,06	0,96
Summa	—	3858	43,84	9,49	0,50	21,89	4,28	0,36	1,38	3,79	1,13	1,02	18,56
II. Mittelertrag													
Rinde	—	258	8,40	0,99	0,05	5,87	0,56	0,05	0,22	0,38	0,11	0,17	2,15
Schälholz	1,761	1365	5,56	2,31	0,12	1,31	0,70	0,05	0,10	0,67	0,22	0,08	3,33
Abfallreisig . . .	0,906	622	11,10	2,15	0,12	5,36	1,18	0,10	0,45	1,11	0,31	0,32	5,09
Durchforstungs-Reisig	0,171	117	2,09	0,40	0,02	1,01	0,22	0,02	0,09	0,21	0,06	0,06	0,96
Summa	—	2362	27,15	5,85	0,31	13,55	2,66	0,22	0,86	2,37	0,70	0,63	11,53
III. Sehr geringer Ertrag													
Rinde	—	129	4,20	0,50	0,02	2,94	0,28	0,02	0,11	0,19	0,06	0,08	1,07
Schälholz	0,881	683	2,78	1,16	0,06	0,66	0,35	0,02	0,05	0,33	0,11	0,04	1,67
Abfallreisig . . .	0,453	311	5,55	1,08	0,06	2,68	0,59	0,05	0,22	0,56	0,15	0,16	2,54
Durchforstungs-Reisig	0,171	117	2,09	0,40	0,02	1,01	0,22	0,02	0,09	0,21	0,06	0,06	0,96
Summa	—	1240	14,62	3,14	0,16	7,29	1,44	0,11	0,47	1,29	0,38	0,34	6,24

Zur Vergleichung giebt er nach älteren Berechnungen (Thar. Jahrb. 1874 S. 270/71) folgende Zahlen an:

Es werden für 1 Jahr und Hektar in kg dem Boden im Durchschnitt entzogen:

	Kiefer		Fichte		Buche		Eichenschälwald		
	I	II	I	II	I	II	Max.	Mittel	Min.
Kali	2,1	2,7	4,1	5,5	7,2	8,2	9,5	5,9	3,1
Kalk	7,7	9,0	10,2	11,8	22,3	25,7	21,9	13,6	7,3
Magnesia	1,4	1,8	2,0	2,6	5,8	6,9	4,3	2,7	1,4
Phosphorsäure	1,1	1,6	1,6	2,6	4,2	5,5	3,8	2,4	1,3
Schwefelsäure	0,2	0,3	0,7	1,1	0,3	0,4	1,1	0,7	0,4
Kieselsäure	0,5	0,7	5,0	8,9	3,7	4,4	1,0	0,6	0,3

b) bezüglich der Rindenproduktion.

Welche Art Eiche mehr oder bessere Rinde erzeuge, ist eine vielumstrittene aber müßige Frage. In Westdeutschland und Luxemburg wird allgemein der Q. sessiliflora der Vorzug gegeben. Für die Mosel schätzt Boch nach Angaben Frömblings (F. Bl. 1887 S. 34) den Ertrag der Stieleiche zur Traubeneiche gleich 19 : 25. Die Rinde der Traubeneiche hat (vgl. Neubrand, die Gerbrinde 1869 S. 44), solange sie noch glatt ist, eine silbergraue, metallisch glänzende Farbe, reichliche aber dünne und kurze Markstrahlennarben und soll unter sonst gleichen Verhältnissen dicker in der Bastschicht und saftiger sein und sich weit leichter als die von Q. pedunculata lösen. Die Altrinde ist vorwiegend nur längsrissig. Die junge Rinde von Q. pedunculata ist matt, mehr grünlich-grau und hat spärlichere aber dickere und höhere Markstrahlennarben als jene. Sie soll eine dünnere Bastschicht haben und schwerer zu schälen sein. Die Altrinde hat neben den Längsrissen viele Querrisse. In Frankreich und im nordwestlichen Ungarn, also in Ländern, welche anerkannt sehr gute Rinde liefern, wird der Schälwald ganz überwiegend aus Q. pedunculata gebildet und diese als die bessere angesehen. Die zahlreich vorgenommenen älteren und neueren Analysen des Gerbstoffgehalts in den Rinden der beiden Arten*) ergeben kein Ueberwiegen der einen vor der

*) Neubrand a. a. O. S. 45 ff. giebt mehrere an, neuere sind von v. Schröder, Councler und vielen anderen veröffentlicht.

andern. Die Frage, welche von beiden den Vorzug verdient, ist also offenbar eine durchaus lokale bezw. regionale. Entscheidend dafür ist das gute Gedeihen und kräftige Wachsthum der einen oder der andern auf dem ihr jeweils am Besten zusagenden Standorte. Oertlich wird fast überall nur je eine am besten gedeihen, und diese sollte dann allein nachgezogen werden. Für das westdeutsche Hügel- und Bergland, wo Q. sessiliflora ihre eigentliche Heimath hat, gilt diese mit Recht als die geeignetste Schälwaldeiche, in Ungarn wird man mit Q. pedunculata bessere Erfolge erzielen.

Nach dem oben skizzirten standortsgemäßen Verhalten der Eiche würde der Schälwald nahezu überall in Deutschland betrieben werden können. Wirklich ist er auch weit verbreitet und findet sich noch in Sachsen, Schlesien, Pommern, Posen, fehlt nur im äußersten Osten und Norden und im Hochgebirge. Aber dieses Vorkommen ist doch nur ein vereinzeltes und ist als Ausnahme und, wie hier gleich ausgesprochen werden kann, als ein Fehlgriff anzusehen. Entscheidend für die Prosperität des Schälwaldes ist die Menge und Art der producirten Lohrinde. In Zeiten hoher Rindenpreise konnte es wohl verlockend erscheinen, im Nordosten Deutschlands wie auch in rauhen Hochlagen des Westens Schälwirthschaft zu betreiben, nicht mehr aber bei niedrigen Lohpreisen.

Menge und Qualität der Rinde sind wesentlich, wenn nicht ausschließlich, abhängig von der Menge Wärme und Licht, welche der jugendlichen Eichenpflanze zu Theil wird, und stehen unter sonst gleichen Verhältnissen im geraden Verhältniß zu ihr. Je milder das Klima, je höher die mittlere Sommertemperatur ist, um so bessere Rinde wird erzeugt, und innerhalb der dadurch gegebenen Abstufungen je nach der Standortsgüte das jeweils Beste erreicht. Die althergebrachte Regel, nach welcher Weinbau und Schälwald dasselbe Verbreitungsgebiet haben, kann danach als im Allgemeinen richtig festgehalten werden, ohne daß sie im Einzelnen überall Anwendung zuließe.

Die angegebene Statistik läßt das erkennen. Der meiste Schälwald findet sich in den warmen milden Gebieten des deutschen Westens und Südwestens; die beste und meiste Rinde wird innerhalb dieser Gebiete in warmen Mittelgebirgslagen auf mineralisch kräftigem Boden erzeugt. Die Bodenverhältnisse stehen dabei in ihrem Einfluß den klimatischen nach und beeinflussen nur den Grad der Produktivität. Der letztere wird weiterhin hauptsächlich von der Sorgsamkeit der Wirthschaft bestimmt. Ungeeignet für Schälwald erscheinen innerhalb des Hauptschälwaldgebiets ganz kalkarme, ferner auch flache, kalte, feste Thonböden, nasse, bruchige, saure Standorte, bezüglich der Lage die rauhen Hochlagen über 800 m M. H., und rauhe Nordhänge, während z. B. am Rhein, an der Mosel, im Odenwalde nördliche Expositionen in milden Lagen, auf kräftigem frischen Boden noch immerhin gute Erträge zu liefern vermögen. Als dem Schälwald günstige Bodenarten dürfen gelten die grandigen Lehme des Syenit, die Verwitterungsböden von Phonolith, Diabas, Melaphyr, von den dolomitischen Kalken und mergeligen und kalkigen Sandsteinen; als minder günstig Böden von körnigem Granit, Trachyt, Magnesiaglimmerschiefer, Muschelkalk, von den Konglomeratgeschieben des Rothliegenden, der Grauwacke, vom Buntsandstein und die mergeligen und lehmigen Diluvialböden; ungünstiger noch erscheinen feinkörniger Granit, Felsitporphyr, Diorit, Basalt, Kaliglimmerschiefer, Urthonschiefer, Letten, Kreide, Grauwackenkalk, kieseliger Sandstein und lehmarme Sandböden.

Diese Klassifikation erleidet indessen sehr wesentliche Abweichungen unter der Einwirkung der physikalischen Standortsfaktoren. So findet sich u. a. am Rhein sehr guter Schälwald auch noch auf quarzreichem, dickschieferigem, flachgründigem Urthonschieferboden, im Odenwalde auf flachgründigem Glimmerschiefer und Gneiß, in der Pfalz auf Thon, in Thüringen auf armem Rothliegenden, in Hannover auf Moorboden. Und eben der Umstand, daß der Schälwald auf steilen, armen, flachgründigen Böden noch gedeiht, macht ihn zu einem wichtigen Faktor wirthschaftlicher Bodenbenutzung. Durch ihn können noch Gelände ökonomisch genutzt werden, welche für die Landwirthschaft aber auch für die Holzzucht in Hoch- oder Plenterwaldform nicht brauchbar sind.

Die verhältnißmäßig größere Genügsamkeit des Schälwaldes in Bezug auf die Bodennährstoffe erklärt sich aus dem Umstande, daß die Ausschlagstöcke ihre Wurzeln vornehmlich in die obersten Bodenschichten entsenden und diese hier eine große Menge assimilirbarer

Nährstoffe finden, welche in der Blattstreu und im zurückgelassenen Abfallreisig von der Pflanze selbst dem Boden zugeführt ist.

Die Rindenerträge schwanken je nach dem Standort erheblich. A. Bernhardt (Schälwaldkatechismus 1877, S. 66 f.) hat aus verschiedenen Ertragsangaben fünf Ertragsklassen gebildet und deren Erträge für 12 bis 17jährige Umtriebe ermittelt: Es ergeben danach für 1 Jahr und 1 ha

	Standortsklasse	waldtrockene Rinde kg	Holz fm
I.	Sehr günstiges Klima, sehr guter Boden	500	7
II.	Günstiges Klima, guter Boden .	400	6
III.	Westdeutsches Bergklima, mittelmäßiger Boden	250	5
IV.	Nord-, west- und mitteldeutsches Klima, guter, namentlich frischer und tiefgründiger Lehmsandboden	175	4
V.	Norddeutsches Klima, frischer Sandboden.	159	4

Diese Zahlen dürfen auch heute noch als im Wesentlichen zutreffend gelten. Nach zahlreichen Aufnahmen und Angaben, welche ich gesammelt habe, sind 10 Centner Rinde das Maximum, was nur sehr selten überschritten wird. Die niedrigsten Erträge sinken allerdings vielfach noch unter 3 Centner, sogar bis auf 1 Centner. Indessen ist ein so niedriger Ertrag nicht mehr dem geringen Standorte allein, sondern vornehmlich unpfleglicher Wirthschaft zuzuschreiben. Auf Grund eigener Beobachtungen habe ich die in Kap. IV, Abschn. 1a wiedergegebene Ertragstafel aufgestellt.

Die Qualität der Rinde wird im folgenden Kapitel besprochen werden.

2. Die Wirthschaftsführung.

Da das Ziel des Schälwaldbetriebes die Erzeugung von Gerbrinde ist, so muß die Wirthschaft so eingerichtet werden, daß der Rindenertrag nach Menge und Beschaffenheit ein Maximum bildet. Die hierzu geeigneten wirthschaftlichen Maßregeln erstrecken sich auf die Höhe der Umtriebszeit, die Bestandsbegründung, Bestandspflege und die Art der Rindengewinnung.

Den meisten Gerbstoff enthält die innere den Bast enthaltende saftige Rindenschicht junger glattrindiger Reitel, die je nach der Güte etwa 2 bis 7 mm stark ist, während die äußere Rindenlage und die wesentlich aus Cellulose und Kork bestehende Borke älterer Stämme nur wenig Gerbstoff führt. Die Borkebildung beginnt in milden Lagen an kräftig gewachsenen Stockausschlägen etwa mit 20 bis 25 Jahren, unter weniger günstigen Wachsthumsverhältnissen schon früher und unter ungünstigen z. B. bei häufigen Spätfröſten sogar sehr zeitig. Der größte Reichthum an Gerbstoff ist zumeist in etwa 12- bis 15jährigen Rinden enthalten. In diesem Alter wird deshalb an manchen Orten der Schälwald genutzt. Viel häufiger dagegen sind Umtriebe von 15 bis 20 Jahren, weil alsdann die Bastschicht die größte Dicke erreicht und der Gesammtanfall an Rinde, zugleich auch der Ertrag an Holz am größten ist. Eine Umtriebszeit von dieser Höhe gleicht dadurch den nur etwas geringeren Gehalt an Gerbstoff i. d. R. völlig aus und ist für den Waldbesitzer um so vortheilhafter, als die Rinde allgemein nach dem Gewicht verkauft wird, während genaue Gerbstoffanalysen kaum je vom Käufer vorgenommen werden.

Altrinde wurde früher besonders im östlichen und nördlichen Deutschland viel zur Lohgewinnung verwendet, indessen ist der Verbrauch ständig absolut und im Verhältniß zur gesammten Lohgewinnung zurückgegangen. Nach v. Hagen-Donner (die forstl. Verh. Preußens III. Aufl. 1894 Theil II, S. 284 f.) wurden in fünfjährigen Durchschnitten 1868 bis 1892 in den preußischen Staatsforsten folgende Mengen Grobrinde in Doppelcentnern und in Procenten der Gesammtrindennutzung verwerthet: 1868—72 58106 = 67%, 1873—77 39362 = 56%, 1878—82 20335 = 36%, 1883—87 16500 = 30%, 1888—92 8828 = 21%. Sie gilt auch heute noch zu bestimmten Arten der Lederbereitung für besonders geeignet, ist aber nirgends das Ziel der Wirthschaft, sondern nur Nebenprodukt der Holzzucht.

Wo neben der Rinde gleichzeitig auf die Erzeugung von nutzbarem Holz gewirthschaftet wird, wie es mancherorts z. B. im nördlichen Bayern, in Sachsen und im Siegener Lande der Fall ist, finden sich auch Umtriebszeiten bis zu 30 Jahren.

Die erstmalige Begründung eines Schälwaldbestandes erfolgt auf verschiedene Arten. Die Saat hat sich wohl nur auf besten Standorten bewährt, im Uebrigen tritt sie mehr nur als Aushilfemaßregel bei Pflanzenmangel ein. Die Pflanzung ist weitaus die üblichste und beste Art. Die Erfahrung hat gezeigt, daß Stockausschläge weit stärkere, glattere und saftigere Rinde liefern als Kernwüchse. Letztere wachsen langsamer, haben dünnere Rinde und lassen sich schwerer schälen. Deshalb verdient diejenige Methode den Vorzug, mit welcher von vorn herein Stockausschläge erzielt werden; es ist dies die Pflanzung von Stummeln: die 3- bis 6jährigen gut bewurzelten Eichenpflanzen werden am Wurzelknoten scharf durchschnitten und nur der untere Theil kommt zur Verwendung. Der so behandelte Wurzelstock treibt kräftige Schößlinge aus, welche zumal in den ersten Jugendjahren durch rasches Wachsthum sich auszeichnen und oft schon im ersten Umtrieb auf Rinde genutzt werden können. Wo, wie an manchen Orten z. B. im Odenwalde und an der Nahe, ungestummelte Pflanzen verwendet werden, erfolgt der Abhieb erst einige Jahre später oder sogar erst nach Ablauf der ersten Umtriebszeit. Die Rindennutzung findet dann erstmalig im zweiten Umtriebe statt.

Die bereits vorhandenen Schälwaldbestände verjüngt man regelmäßig durch den glatten Abhieb der Stangen dicht über dem Boden. Die im Boden verbleibenden Wurzelstöcke haben eine große und sehr lang andauernde Ausschlagkraft und halten i. d. R. durch viele Umtriebszeiten aus, so daß alte Stöcke von hundert Jahren und mehr keine Seltenheit sind. Dabei zerklüften sie sich meist mit zunehmendem Alter und die Theilstücke bilden mit selbständiger Bewurzelung allmählich gesonderte Individuen. Entstandene Lücken werden selten, z. B. in den Siegener Haubergen, durch Eichelstecksaat, in der Regel durch Lohden- oder Stummelpflanzung oder aber durch Senker ausgefüllt. Das Senken wird etliche Jahre vor dem Abhiebe dadurch eingeleitet, daß man geeignete am

Boden kriechende oder eigens dazu herabgebogene und festgehakte Lohden mit Erde bedeckt und nur die oberen Zweige frei läßt. Der untere Theil erhält einen halbseitigen Einschnitt und wird nach eingetretener Bewurzelung ganz abgetrennt.

Von großer Wichtigkeit für die Erzeugung reichlicher und guter Rinde ist die Erziehung der Bestände. Die Eiche ist eine Lichtpflanze; es ist indessen bekannt, daß sie in der Jugend viel Schatten ertragen kann und eine mäßige Beschattung als Schutz gegen Frost, ein dichter Stand zur Erzielung energischen Höhenwuchses ihr sogar förderlich ist. Ihr großes Lichtbedürfniß macht sich erst in höheren Lebensaltern geltend, welche für den Schälwald nicht mehr in Betracht kommen. Deshalb ist ein dichter Aufwuchs der Stockausschläge in der erst Hälfte der Umtriebszeit zur Entwicklung kräftiger, schlanker und glatter Reitel durchaus günstig. Damit wird gleichzeitig dem fast überall sich einnistenden Raumholz in seiner unerwünschten Ausbreitung wirksam Abbruch gethan. Erst wenn es sich darum handelt, dicke, saftige Rinde zu erzeugen, ist für reichliche Zufuhr von Licht und Wärme Sorge zu tragen. In pfleglich behandelten Schälwaldungen werden zu diesem Zweck in der zweiten Hälfte des Umtriebs Durchforstungen eingelegt, welche durch Beseitigung schlechtwüchsiger, krummer, ästiger Reitel die kräftigen und schlanken begünstigen und im Dickenwachsthum fördern. Ein, bisweilen auch schon zwei Jahre vor dem Hiebe wird weiterhin das Raumholz entfernt und dabei auch die noch vorhandenen zur Rindennutzung ungeeigneten Eichenlohden.

In vielen Gegenden unterbleibt die Durchforstung nicht selten trotz deren anerkannter Bedeutung. Dann wird erst durch den Raumholzhieb Licht und Luft geschaffen. Daß die Pflege des Schälwalds sehr oft arg vernachlässigt wird, ist eine Thatsache, auf deren Bedeutung später eingegangen werden soll.

Die Rindenernte ist an zwei Bedingungen geknüpft: sie soll zu einer Zeit stattfinden, in welcher die Rinde sich leicht vom Holzkörper ablöst und in welcher der Gerbstoffgehalt am höchsten ist. Das erstere findet zu Ende des Frühjahrs zumal in der Zeit unmittelbar vor dem Laubausbruche statt. Die dann vom aufsteigenden Safte strotzende Kambiumschicht gestattet ein leichtes

Schälen. Bezüglich des Gerbstoffgehalts galt früher allgemein die Annahme, daß die Rinde im Frühjahr am reichsten sei. Schon Neubrand (a. a. O. S. 57) bezeichnet diese Frage auf Grund verschiedener Analysen als eine noch nicht gelöste. Neuere Untersuchungen von v. Schröder, Päßler, Bartel u. a. ergaben, daß der Gerbstoffgehalt nach den Jahreszeiten zwar vielfach schwankt, ohne daß aber dem Frühjahr das jeweilige Maximum zufiele (vgl. Thar. Jahrb. 1891, S. 245). Es würde danach mit Rücksicht auf den Gehalt an Gerbstoff das Schälgeschäft auch im Sommer sich ausführen lassen. In der That wird auch in manchen Gegenden z. B. des Schwarzwalds und des linken Rheinufers, ebenso in Ungarn und Bosnien bis in den Sommer (Juli) hinein geschält oder sogar das ganze Schälgeschäft bis in den Sommer verschoben. Die Vornahme desselben erst nach dem Ausbruch des Laubes und der Entwicklung junger Triebe wird auch zu dem Zwecke empfohlen, die Blätter und Triebe zur Wild- oder Viehfütterung (Neumeister) oder aber zur Herstellung von Gerbstoffextrakt (Päßler) zu verwenden.

Der Sommerhieb hat indessen den Uebelstand im Gefolge, daß die Stockausschläge bis zum Herbst nicht ordentlich verholzen und dann in der Regel dem Froste zum Opfer fallen. Die Frühjahrsschälung unmittelbar vor dem Blattausbruch bildet deshalb die allgemeine Regel.

In Frankreich wird nach einem von Le Maitre angegebenen Verfahren die Rinde der eingeschlagenen und zerkleinerten Stangen durch Wasserdampf erweicht und kann dann zu jeder Jahreszeit geschält werden. Ob bei dieser Behandlung der Gerbstoffgehalt leidet, steht nicht fest. Man rühmt dem Verfahren gewisse Vorzüge nach. In Deutschland ist es meines Wissens nirgends eingebürgert.

Eichenrinde ist am gerbstoffreichsten in den unteren Stammpartien, soweit sie nicht schon rissig und borkig ist. Nach v. Schröder (Th. Jahrb. 1890, S. 223) enthielt ein 18jähriger Eichenstamm von bestem Standorte in je 2 m langen Sektionen von unten nach oben 13,03, 11,79, 11,24, 11,23, 11,11, 10,98, 10,63, 9,67 % Lw., im Mittel 11,25 %. Die Rinde der Aeste enthielt

7,73 %. Aeltere und neuere Untersuchungen ergeben das gleiche Resultat (vgl. Th. Jahrb. 1891, a. a. O.). Da die Rindenmasse nach oben zu einen immer zunehmenden Theil der betr. Baumtheile bildet, wird von dem gesammten Gerbstoff ein um so größeres Quantum genutzt, je weiter hinaufgeschält wird. Gewöhnlich kommen außer der Stammrinde nur die stärkeren Aeste zur Nutzung auf Lohe. Im Holz und in den schwachen Aesten und Zweigen bleiben 40—50 % des überhaupt vorhandenen Gerbstoffs ungenutzt.

Die Verfahren, nach welchen die Rinde vom Holzkörper getrennt wird, sind nach den Oertlichkeiten und Gegenden sehr verschieden. Bald wird die Rinde vor dem Abhieb der Stangen geschält, bald nachher, oder es wird nur der unterste Stammtheil stehend entrindet, dann der Stamm durch einen Beilhieb etwa in 1 m vom Boden zum Umknicken gebracht und der obere Theil dann im Liegen geschält. Wo am Stehenden geschält wird, erfolgt der Abhieb der Holzes bisweilen sogleich nach dem Schälen, bisweilen bleibt das Holz bis nach Abschluß des Schälgeschäfts, hier und da sogar bis in den Herbst stehen. In letzterem Falle verzichtet man auf den Stockausschlag im Jahre des Hiebs. Sehr eingehende Darstellungen der verschiedenen Methoden finden sich u. a. bei Neubrand (a. a. O.) und Geyer, Forstbenutzung.

Wesentlich und allen Arten gemeinsam ist ein möglichst tiefer und glatter Abhieb. Von ihm hängt der kräftige Wiederausschlag des Stockes ab. Nicht minder wesentlich, aber vielfach nicht oder nicht genügend berücksichtigt ist die schonende Behandlung der Rinde bei und nach dem Schälen. Jede Verletzung, jeder Schlag oder Stoß, den die Rinde erleidet, bringt eine theilweise Zerstörung des Bastgewebes und damit einen Verlust an Gerbstoff hervor. Wahrscheinlich tritt eine rasche chemische Umbildung des Gerbstoffs in solchen Wundstellen ein. Darauf deutet die Dunkelfärbung derselben hin. Auch schimmeln erfahrungsmäßig solche Stellen sehr leicht beim Trocknen. Deshalb verdienen unstreitig diejenigen Methoden den Vorzug, bei denen die Rinde, soweit es überhaupt möglich ist, mit Hilfe der dazu dienlichen sehr mannigfachen Schälinstrumente vorsichtig losgelöst und nur da durch Klopfen mit dem Beil gelockert wird, wo sie ohne das nicht „geht“.

Die losgelöste Rinde muß endlich noch lufttrocken gemacht werden. Von der guten und sorgfältigen Ausführung dieses Geschäfts hängt ausschlaggebend die Güte der Rinde ab. Es wird ebenfalls nach sehr verschiedenen Arten vorgenommen. Sie alle bezwecken, die Rinde möglichst rasch zu trocknen, ohne daß sie dabei schimmelig oder nur naß wird. Der Schimmel zerstört den Gerbstoff in der Rinde, aber auch schon Nässe, besonders Regen, bringt durch Auslaugen des Gerbstoffs empfindliche Verluste mit sich. Die Gerber legen überall das größte Gewicht darauf, daß die Rinde schimmel- und regenfrei in ihre Hände gelangt. Wo stehend geschält wird, bleiben die abgelösten Rindenstreifen oben am Baum hängen und trocknen so. Sonst dienen Trockenvorrichtungen mannigfacher Art dazu, meist einfache Stangengerüste, an welche die Rinden gelehnt oder angehängt oder in die sie eingelegt werden. Zum Schutze gegen Regen sind manchen an Orten besondere aus wasserdichtem Stoffe hergestellte Segelleinen oder auch Matten im Gebrauch. (Vgl. hierüber Kap. IV, Abschn. 2d.)

Die Behandlung der wirklichen Zustände des deutschen Schälwaldes im Einzelnen und die Prüfung, ob und inwieweit er seiner Bedeutung in der Volkswirthschaft als Erwerbsquelle für breite Schichten der Bevölkerung und als Lieferant eines wichtigen industriellen Hilfsstoffs entspricht, erscheint nur möglich unter eingehender Berücksichtigung der Gerberei als des einzigen Abnehmers für dessen Produkt. Diese und ihre Entwicklung wird also zunächst zu betrachten sein. Aus dieser Betrachtung ergiebt sich dabei von selbst eine Reihe von Folgerungen für den Schälwald in seinem gegenwärtigen Zustand und für seine wirthschaftstechnische und volkswirthschaftliche Behandlung in der Zukunft. Diese Gebiete sollen deshalb im 3., 4. und 5. Kapitel dargestellt werden.

Kapitel II.

Die Gerberei.

Unter Gerben versteht man allgemein die Umwandlung der thierischen Haut in Leder. Seit unvordenklichen Zeiten betreibt das Menschengeschlecht diese Umwandlung mit Hilfe der verschiedenartigsten Stoffe. Aber ungeachtet gründlichster wissenschaftlicher Forschung ist es bis heute nicht gelungen, das Wesen des Gerbstoffprocesses völlig klar zu stellen.

Die Haut der Säugethiere, die für die Gerberei allein in Frage kommt, besteht bekanntlich aus wesentlich drei Schichten. Die äußerste Schicht wird von der Oberhaut, Epidermis, gebildet. Sie ist meist sehr dünn. Die Haare sitzen in ihr derart, daß ihre von feinen Einstülpungen der Oberhaut umkleideten Wurzeln weit in die tiefere Schicht des Coriums hineinragen. Während die oberste Schicht der Epidermis ein mehr oder weniger horniges, nicht mehr lebensthätiges und allmählicher Abstoßung unterliegendes Gewebe bildet, ist ihr Innentheil, die Schleim- oder Netzhaut (Malpighisches Netz) noch ein Theil des lebendigen Organismus. Sie besteht aus kernhaltigen mit Flüssigkeit angefüllten Zellen und enthält die Kanäle für die Schweißabsonderung und die Organe des Tastsinns. Unter ihr befindet sich die Lederhaut, Corium, das eigentliche Substrat der Lederbereitung. Unter dem Corium endlich liegt noch das als Fetthaut bezeichnete Unterhautbindegewebe.

Die thierische Haut hat die Eigenschaft, in kochendem Wasser zu quellen, weiterhin in eine Gallerte und schließlich in Leim überzugehen, dagegen beim Trocknen zusammen zu schrumpfen, hornhart zu werden und in feuchtem Zustande leicht zu faulen. Säuren (Essigsäure, verdünnte Schwefelsäure, Salzsäure ꝛc.) und alkalische Laugen bringen bei nicht zu lang dauernder Einwirkung durch

Imbibition in das Formfaserbindegewebe eine Lockerung desselben hervor. Diese letztere Eigenschaft bildet die Grundlage für die Behandlung der Haut vor der eigentlichen Gerbung.

Zur Lederbereitung wird nur das Corium benutzt; Oberhaut und Fetthaut werden beseitigt. Die der Schleimhaut zugekehrte Seite des Corium wird als „Narben“, die der Unterhaut zugekehrte als „Fleisch- oder Aasseite“ bezeichnet. Die Elemente des Corium sind Fibroinfasern und Coriinzellen. Sie unterliegen beim Gerbprozeß gewissen physikalischen und chemischen Umwandlungen. Der Gerbstoff in flüssiger Form dringt zwischen und in sie ein, umgiebt sie mit einer isolirenden Schicht und bewirkt dadurch, daß die Fasern beim Trocknen nicht zusammen kleben und hornhart werden, in feuchtem Zustande nicht faulen.

1. Die Gerbmethoden.

Die Herstellung von Leder wird je nach dem Zwecke, dem es bestimmt ist und je nach dem angewendeten Gerbmateriale in verschiedener Weise ausgeführt. Die dafür gebräuchlichen Methoden lassen sich folgendermaßen eintheilen*):

A. Nichtmineralische Gerbung.

I. Loh- oder Rothgerbung, gerbt mit gerbsäurehaltigen Pflanzenstoffen und zwar entweder

- a) mit den Pflanzenstoffen selbst unter Zusatz von Wasser (Altes Gruben- ꝛc. Verfahren),
- b) mit aus Pflanzenstoffen bereiteten Extraktbrühen (Extraktgerbung),
- c) gemischte (kombinirte) Gerbung: erst Extraktgerbung, dann Nachgerbung nach dem alten Verfahren.

II. Fettgerbung, welche Thran, Talg, Hirn, Eigelb und andere meist thierische Fettsubstanzen unter Beihilfe des Luftsauerstoffs auf die Haut wirken läßt und zwischen deren Fasern bringt (Sämischgerberei).

*) Die Grundlagen dieser Skizze verdanke ich der Güte eines erfahrenen Lederfabrikanten und eines mit der Theorie der Gerberei wohlvertrauten Gelehrten.

B. Mineralgerbung.

I. Verschiedene Arten der Weißgerberei mit Alaun und Kochsalz:

a) Gewöhnliche Weißgerberei,

b) Ungarische Weißgerberei, wendet auch Fett an.

c) Glacéledergerberei, nimmt Eigelb (ölhaltig) zu Hilfe.

Letztere beiden arbeiten mit thierischen Fetten, bilden also den Uebergang zu A. II (Fettgerbung).

II. Neuere Mineralgerbverfahren:

a) Chromgerbung: 1. Einbadverfahren; 2. Zweibadverfahren.

b) Eisengerbung: 1. von Knapp; 2. von Ossipoff u. s. w.

c) Andere Verfahren (Nickelgerbung u. s. w.).

Die wichtigste und für den hier behandelten Gegenstand allein in Frage kommende Methode ist die Roth- oder Lohgerbung. Sie erzeugt das Oberleder, das Rohprodukt für die Herstellung wasserbeständigen haltbaren Schuhwerks, das Unterleder zu Sohlen, Bindesohlen und Kappen, endlich noch das sog. Zeug-, Riemen-, Geschirr-, Verdeck- und Pumpenleder. Eine besondere Art des Sohlleders, welche ohne forcirte Schwellung aus minder starken Häuten hergestellt wird, ist das sog. Vacheleder.

Die altgebräuchliche, noch heute wohl am weitesten verbreitete, wenn auch vielfach schon modificirte Grubengerbung vollzieht sich in vier Stadien: Reinmachen, Vorgerbung, Durch- und Sattgerbung und Zurichtung.

a) **Das Reinmachen der Haut.** Es bezweckt die Befreiung des Corium von Oberhaut, Unterhaut und Haaren. Dazu wird die vorher gewässerte und geweichte Haut entweder „geschwitzt“ oder „gekälkt (geäschert)“ oder „angeschwödet“. Beim Schwitzen, das fast nur auf Sohlleder Anwendung findet, werden die mit der Fleischseite nach innen zusammengeschlagenen Häute in Haufen über einander geschichtet. Es tritt ein leichter Fäulnißprozeß ein, der das Corium erweicht und die in ihm sitzenden

Haarbälge lockert. In Dampfgerbereien wird der Prozeß beschleunigt durch Einwirkung von Wasserdampf. Der erwünschte Grad kennzeichnet sich dadurch, daß die Haare mit den Wurzeln sich leicht ausziehen lassen. Es ist wichtig, dieses Stadium nicht überschreiten zu lassen, weil zu starkes Schwitzen die Haut schleimig, das Leder brüchig macht. Durch das Schwitzen tritt eine Quellung der Hautfaser ein, welche durch die nachfolgende Gerbung dauernd gemacht wird und die Festigkeit des Sohlleders bewirkt.

Beim Kälken oder Aeschern erzielt man die Auflockerung durch schwache Säuren oder alkalische Laugen. Gewöhnlich wird Kalkbrei benutzt. Das Kälken geschieht in Gruben. Häufig wird Holzasche (Aescher) zugesetzt oder statt des Kalkes sog. Gaskalk genommen, dessen wirksame Bestandtheile Calciumhydrosulfid und Calcumcyanid bilden, oder endlich sog. Rhusma, eine Mischung von neun Theilen Kalk und einem Theil Operment. Nach etlichen (5—8) Tagen ist das gewünschte Stadium der Lockerung erreicht. Rascher vollzieht sich die Lockerung, wenn die in die Kalkgruben gehängten Häute oder auch die Kalkbrühen selbst durch mechanische Vorrichtungen in fortgesetzter Bewegung erhalten werden.

Das Anschwöden besteht im Bestreichen der Häute mit einer Lösung von Schwefelnatrium oder Schwefelarsen in Kalkbrei. Es wirkt weit rascher als das Kälken und ermöglicht das Enthaaren schon in ½—1 Stunde.

Die geschwitzte, gekälkte oder angeschwödete Haut wird zunächst in kaltem Wasser ausgewaschen, sodann auf dem Schabe- oder Falzbaum mit einem stumpfen Schabmesser (Scheerdegen) von Oberhaut und Haaren und nach wiederholtem Wässern mit dem scharfen Scheer- oder Streicheisen von dem Unterhautgewebe, Fleisch- und Blutanhang sowie den unbrauchbaren Anhängseln, wie Schwanz, Ohren rc. befreit (Pählen, Pöhlen), schließlich nochmals gewässert und einer letzten Reinigung (Putzen, Glätten, Streichen) unterworfen. Dabei werden auch übermäßig starke Stellen mit dem Scheereisen ausgeglichen. Ober- und solche Leder, welche geschmeidig und dehnbar werden sollen, erhalten während des Reinigungsprocesses noch eine Beize, zu welcher ammoniakhaltige Substanzen, u. a. Tauben-, Hühner-, Hundemist, benutzt werden.

Die fertig reingemachte Haut heißt in diesem Stadium **Blöße**.

Die Arbeit des Reinmachens erfordert, da sie die Qualität des Leders und damit die Rentabilität des Betriebes wesentlich beeinflußt, besondere Sorgfalt und muß auf die Verschiedenartigkeit des Häutematerials wie auch auf die wechselnde Lufttemperatur Rücksicht nehmen.

b) **Die Vorgerbung** bezweckt, die nach dem Reinmachen erschlaffte, „verfallene" Haut für den einzubringenden Gerbstoff gut aufnahmefähig zu machen. Bei starken zu Sohlleder bestimmten Blößen wendet man die sog. **Schwellung**, eine besonders kräftige, „forcirte" Vorgerbung, durch saure Flüssigkeiten an. Als solche benutzt man beim alten Grubenverfahren sehr verdünnte saure Lohbrühe, deren wirksame Bestandtheile in Milchsäure und Essigsäure bestehen, oder auch angesäuertes Gerstenschrot. In der neueren Gerberei wird meist in verdünnter Schwefel- oder Salzsäure mit oder ohne Zusatz von Sauerbrühe geschwellt. Schwächere Häute werden mit süßen Lohbrühen vorgegerbt. Wesentlich ist dabei, den Gerbstoffgehalt der angewandten Brühen, „**Farben**", stufenweise allmählich ansteigen zu lassen. Unter der Einwirkung dieser allmählich gehaltreicheren Brühen straffen sich nach und nach die Coriumfasern, die Haut „geht auf", wird voller.

c) **Die Durch- oder Sattgerbung.** Nach dem alten Verfahren schichtet man in tiefen wasserdichten Gruben (Versetzgruben) abwechselnd die Häute und Lagen frischer gemahlener Lohe, bedeckt das Ganze mit steinbeschwerten Brettern und tränkt die gefüllte Grube mit Wasser oder Sauerbrühe ab. Es heißt dies „**Versetzen**". Vielfach ist daneben das sog. „**Versenken**" üblich geworden. Man breitet dabei in der mit Brühe halb gefüllten Grube auf einem mit Stricken auf- und abwärts beweglichen horizontalen Lattengestell die Häute mit Zwischenschichten von Lohe aufeinander. Versetzte Häute bleiben je nach ihrer Stärke gewöhnlich zwei bis fünf Monate, versenkte etwa sechs bis zwölf Wochen im „Satze" stehen. Dann wird die Grube entleert, die erschöpfte Lohe entfernt und die Häute kommen in umgekehrter Schichtung in einen neuen Satz mit frischer Lohe, Dies wiederholt sich noch etwa zwei bis vier Mal bis zur eingetretenen Gare oder Sattgerbung der Haut.

„Satt" ist eine Blöße, welcher man soviel Gerbstoff zugeführt hat, daß sie vernünftiger Weise nicht mehr erhalten darf. Sie hat zu wenig, wenn der Querschnitt streifig, in der Mitte heller als an den Rändern gefärbt ist, oder wenn sie getrocknet gelblich oder gar schwärzlich aussieht. Sie hat zuviel, wenn ein Theil des Gerbstoffs mit der Hautfaser nicht innig verbunden ist und sich auswaschen läßt.

Die lufttrocken gewesene Haut nimmt durch das Gerben an Gewicht zu. Das Gewichtsergebniß auf 100 Theile Haut berechnet heißt Rendement. Da alles Leder nach Gewicht gehandelt wird, bildet die Erzielung eines guten Rendements eine wichtige Aufgabe des Gerbers. Die künstliche Beschwerung des Leders mit auswaschbarem Gerbstoff oder gar besonderen Beigaben, wie z. B. Traubenzucker, gilt aber mit Recht als unreell.

Bei der neueren Schnellgerberei kommen anstatt der saueren Grubengerbung süße Gerbbrühen zur Anwendung, die man durch Auslaugen der Gerbmaterialien mit kaltem oder heißem Wasser oder aber durch Verdünnen eines fabrikmäßig hergestellten Extraktes gewinnt. Auch hier wie bei der Vorgerbung muß die Brühenstärke im Verlaufe des Gerbprozesses allmählich zunehmen, weil sonst der Gerbstoff leicht nicht bis in das Innere der Haut eindringt, die Haut nicht gleichmäßig gar wird. Der Gerber sagt dann: „Die Haut ist zugegerbt oder sie erschrickt."

Die beschriebenen Verfahren werden vielfach kombinirt. So tränkt man die nach alter Weise mit Lohe beschickten Gruben mit Extraktbrühen ab anstatt mit Wasser oder Sauerbrühe, oder gerbt die erst mit sauern Brühen vorgegerbten Häute mit süßen Extrakten gar oder bewirkt die Vorgerbung mit Extraktbrühen (Farben) und die Nachgerbung nach dem alten Verfahren.

d) Die Zurichtung. Die gar gegerbten Häute reinigt man von der anhaftenden Lohe durch Waschen, läßt sie trocknen und fettet sie mit Thran oder Talg ein. Die weitere Zurichtung besteht in kleinen Gerbereien bei Sohlleder in längerem Klopfen des Leders auf glatten Tischen mit Messing- oder Kupferhämmern, in großen Gerbereien benutzt man dazu Walzen und Stempel. Schuh-, Riemen- und Geschirrleder wird zur Ausgleichung verschiedener

Dicken mit dem zweischneidigen Falzmesser gefalzt oder mit dem Schlichtmond, einem scheibenartigen scharfrandigen Instrument, nach vorherigem Einschmieren mit Kreide oder Talg „geschlichtet". Weitere Zurichtungsarbeiten richten sich auf Glätten, Rauhen, Spalten des Leders und anderes mehr.

Im großen Durchschnitt liefern 100 Gewichtstheile grüne Haut bei einem Verbrauche von 200—350 Theilen Lohe 40—50 Theile gegerbtes Leder, 100 Theile lufttrockene Haut brauchen 400—600 Theile Lohe und geben 110—112 Theile fertiges Leder. Die Extraktgerbung liefert durchschnittlich ein um etwas höheres Rendement als die alte Grubengerbung. Nach den Untersuchungen von Barthel (Deutsche Gerber-Zeitung. 1897 Nr. 114) bildet indessen der gebundene Gerbstoff im Mittel bei der Extraktgerbung einen nur etwa ebenso großen Procentsatz des Gewichts ungefetteter lohgarer Leder, wie bei reiner Eichengrubengerbung. Dagegen sind die Extraktleder etwas reicher an auswaschbaren organischen Extraktstoffen.

2. Gerbstoffbestimmung.

Es ist für die Gerberei von größter Wichtigkeit, die von ihnen verwendeten Gerbmaterialien nicht nur auf ihre specifische Wirksamkeit auf die Haut, sondern vor Allem auch auf ihren Gehalt an gerbenden Substanzen prüfen zu können. Indessen ist eben dies mit großen, bis heute erst theilweise überwundenen Schwierigkeiten verknüpft und die dafür ermittelten Methoden setzen Kenntnisse und Vorrichtungen voraus, welche dem nur empirisch gebildeten Gerber kaum je zu Gebote stehen. Die Praxis mußte sich deshalb besonders bezüglich der früher fast nur in Frage kommenden Eichen-Lohrinde mit sehr rohen und unzulänglichen Prüfungen begnügen, nach dem Bruch, der Stärke der Bastschicht, der Farbe, dem Aussehen, dem Geschmack. Dies ergab allenfalls auskömmliche Anhaltspunkte, solange der Bezug der Lohrinde ein rein örtlicher war und langjährige Erfahrung den Gerber bei der Beurtheilung der einzelnen Provenienz unterstützte. Allgemein ist die Annahme begründet, daß ein und derselbe Standort wiederkehrend Rinde von annähernd gleicher Beschaffenheit liefert. Seitdem aber einerseits die Lohrinde ein weit versendbarer Handelsartikel geworden und sogar in großen

Mengen unter Zuhilfenahme des Zwischenhandels aus dem fernen Auslande bezogen wird und anderseits zahlreiche andere Gerbmaterialien in der Gerberei Eingang gefunden haben, ist das Bedürfniß nach einer genaueren Bestimmung des Gerbstoffgehaltes immer dringlicher geworden und zahlreiche Versuche in dieser Richtung sind unternommen. Was den vollen Erfolg bisher verhindert, ist die mangelnde Kenntniß in Bezug auf die Wirkung dessen, was gemeinhin als Gerbstoff bezeichnet wird. Diese Wirkung auf die Umwandlung von Haut in Leder ist eine sehr verschiedene. Und „die gerbenden Substanzen sind“, wie Councler (F. Böckmann, Chemische Untersuchungsmethoden 1893 II. S. 516) sagt, „chemisch meist noch nicht genügend gekannt, um eine Abscheidung und Wägung derselben entweder im freien Zustande oder in Form wohl charakterisirter Verbindungen zu ermöglichen. Da aber die Technik durchaus einer quantitativen Bestimmung des Gerbwerths bedarf, sind zahllose Methoden der Gerbstoffbestimmung aufgetaucht. Den Anforderungen der exakten Wissenschaft genügt keine einzige derselben. Dagegen kann man für die Praxis brauchbare Resultate erhalten, wenn man Gerbstoff definirt als das, was gerbt, d. h. diejenigen organischen Substanzen, welche aus Lösungen durch Haut aufgenommen werden und deren Trockengewicht vermehren. Es werden hierbei in den meisten Fällen mehrere verschiedene chemische Verbindungen sein, welche man unter dem Gesammtnamen Gerbstoff oder gerbende Substanz bestimmt.“

Die quantitative Analyse wird wesentlich nach zwei Methoden ausgeführt. Die eine, ältere, ist die von Löwenthal angegebene und von v. Schröder verbesserte, die andere ist die gewichtsanalytische.

I. Die Löwenthal'sche Methode. Eine Lösung von übermangansaurem Kalium in Wasser (10 g zu 6 l), sog. Chamäleonlösung von bekanntem Wirkungswerth wird mit dem ebenfalls in wässerige Lösung gebrachten Gerbstoffe allmählich vermischt, titrirt. Das Chämaleon zerstört dabei durch Oxydation den Gerbstoff.

Um den Eintritt der vollendeten Oxydation und damit das Quantum des vom Chamäleon zerstörten in der Lösung vorhanden gewesenen Gerbstoffs genau zu erkennen, giebt man der Gerbstofflösung einen bestimmten Zusatz von Indiglösung (30 g indigschwefelsaures Natron in 3 l wie 1 : 5 verdünnter Schwefelsäure mit 3 l Wasser verdünnt), welche ebenso wie der Gerbstoff, aber später als dieser, vom Chamäleon oxydirt wird und die vollzogene Oxydation dadurch anzeigt, daß sie die ursprünglich tiefblaue Färbung ihrer Lösung in Grün und schließlich in Goldgelb umwandelt. Tritt also beim fortgesetzten ganz allmählichen Zusatze von Chamäleon zu der Mischung von Gerbstofflösung und Indiglösung die Entfärbung dieser Mischung ein, so berechnet man aus dem verbrauchten Quantum Chamäleon und dessen bekanntem Wirkungswerth das Quantum des von ihm zerstörten Gerbstoffs.

Da aber in den Gerbstofflösungen neben dem Gerbstoffe auch Substanzen enthalten sind, welche durch Chamäleon zerstört werden, ohne Gerbstoffe zu sein, so wird ein weiteres Quantum der Gerbstofflösung unter Anwendung von Hautpulver von seinem Gerbstoffe befreit, die dann erhaltene entgerbte Flüssigkeit ebenfalls mit Chamäleon titrirt und aus dem dabei verbrauchten Chamäleon das Quantum der löslichen und oxydirbaren Nichtgerbstoffe ermittelt. Der zuerst gefundene Chamäleonverbrauch abzüglich des letzteren ergiebt das Quantum des vorhandenen Gerbstoffs.

Der Wirkungswerth des Chamäleon wird nach Tannin ermittelt oder, wie der Chemiker sagt, der Titre des Chamäleons wird auf Tannin gestellt. Das geschieht deshalb, weil das Chamäleon bei der Ausführung des Titrirens auf Gerbstoffe in seinem Verhalten zu diesem sich annähernd ebenso zeigt wie zum Tannin. Nun ist aber, wie wir wissen, die Konstitution der Gerbstoffe überhaupt noch nicht klar ermittelt, jedenfalls eine vielfach verschiedene. Deshalb giebt die Löwenthal'sche Methode bloß für solche Gerbmaterialien, welche als gerbenden Bestandtheil nur Tannin enthalten, das korrekte Gewichtsprocent an. Für alle anders gearteten Gerbstoffe findet man mit ihr nur, daß die im untersuchten Gerbmaterial enthaltenen Gerbstoffe an Chamäleon so viel reduciren, wie Tannin von der gefundenen procentischen Menge reduciren würde. Löwenthal'sche Procente sind also nicht Gewichtsprocente, sie sind zur vergleichenden Bewerthung verschiedener

Gerbmaterialien nicht brauchbar. „Nicht einmal genügen sie," wie Councler (Böckmann, Untersuchungsmethoden II, S. 523) hervorhebt, „verschiedene Proben desselben Gerbmaterials mit einander zu vergleichen, weil das Verhältniß zwischen Löwenthal'schen Procenten und Gewichtsprocenten auch bei ein und demselben Gerbmaterial kein konstantes ist." Zumeist ist die nach Löwenthal gefundene Zahl niedriger als die des Gewichtsprocents; z. B. nach vielen Analysen von Eichenrinde etwa wie 7 : 10. Dennoch wird die Methode schon wegen der relativen Leichtigkeit ihrer Anwendung viel benutzt. Sie giebt, wenn auch nicht genaue Gewichtsprocente, so doch brauchbare Grundlagen für die Beantwortung wichtiger die Gerberei betreffender Fragen, so zumal zur Bestimmung des Gehalts von Holzextrakten; bei ihnen liegen Löwenthal'sche und Gewichtsprocente sehr nahe bei einander.

Das Verfahren im Einzelnen vollzieht sich nach den Angaben im genannten Böckmann'schen Werke etwa folgendermaßen:

Von dem zu untersuchenden Gerbmaterial wird eine Gewichtsmenge, welche voraussichtlich etwa 2 g gerbende Substanzen enthält, also beispielsweise 20 g einer getrockneten und feingepulverten Eichenrinde, im Koch'schen Apparat in ca. zwei Stunden zu 1 Liter abgepreßt. Der Koch'sche Apparat ist wie folgt zusammengesetzt: Eine ca. 200 ccm haltende weithalsige Glasflasche wird etwa 1 cm hoch mit vorher in Salzsäure ausgekochtem, mit Wasser ausgewaschenem und dann getrocknetem Seesand beschickt. Auf die Sandschicht kommt das Gerbmaterial. Die Glasflasche erhält als dichten Verschluß einen doppelt durchbohrten Gummistopfen. Durch die eine Durchbohrung führt als Druckrohr eine zweimal rechtwinkelig gebogene unter dem Stopfen abschließende Glasröhre. Sie versieht aus einer etwa 1,5 m höher stehenden Druckflasche das Extraktionsgefäß mit Wasser. Der Zufluß wird regulirt durch ein zwischengeschaltetes mit zwei zweischraubigen Quetschhähnen versehenes Stück Gummischlauch. Durch die zweite Durchbohrung des Stopfens geht ein Glockentrichterrohr in umgekehrter Stellung. Der weitmündige nach unten gerichtete Theil desselben ist mit Müllergaze umbunden und reicht bis in den Sand hinein. Das obere Ende ist außerhalb rechtwinkelig umgebogen und durch Gummischlauch und Schraubenquetschhahn mit dem ebenfalls rechtwinkelig gebogenen Abflußrohr verbunden. Die mit Sand und Gerbmaterial beschickte Extraktionsflasche wird bis oben mit Wasser gefüllt, der Stopfen aufgesetzt und festgebunden, die Verbindung mit der Druckflasche hergestellt, die Flasche ins Wasserbad gesetzt und gekocht. Den Zu- und Abfluß regulirt man mittelst der Quetschhähne derart, daß in ca. zwei Stunden die untergestellte genau 1 l fassende Glasflasche gerade bis zur Marke gefüllt ist. Die Lösung enthält dann den leichtlöslichen und den schwerlöslichen Gerbstoff. Will man beide Arten getrennt haben, so wird die Lösung im kalten Apparat 15 Stunden dem Wasserdrucke ausgesetzt, dann der leichtlösliche Gerbstoff in zwei Stunden kalt extrahirt, danach wie angegeben der schwerlösliche.

Von der so gewonnenen und noch filtrirten Gerbstofflösung vermischt man 10 ccm mit 20 ccm Indiglösung, bringt die Mischung durch Wasserzusatz auf $^3/_4$ Liter und setzt ihr aus einer Geißler'schen Glashahnbürette Chamäleon in der Weise zu, daß man immer je 1 ccm zufließen läßt, nach jedem Zusatz fünf Sekunden lang mit einem Glasstäbchen lebhaft umrührt und damit so lange fortfährt, bis die tiefblaue Flüssigkeit sich hellgrün färbt. Von da ab werden nur noch je zwei bis drei Tropfen zugesetzt. Sobald die grüne Färbung sich in reines Goldgelb verwandelt hat, ist die Titration vollendet. Die Menge des verbrauchten Chamäleons, die sich an der Skala der Bürette ablesen läßt, giebt an, wie viel Chamäleon zur Oxydation von Indigo und Gerbstofflösung verbraucht ist. Da man vorher die zur Zerstörung der Indiglösung erforderlichen Mengen ebenso durch Titriren ermittelt hatte, so bleibt diese von dem Gesammtverbrauche abzuziehen. Die Differenz ergiebt das Quantum Chamäleon, das zur Zerstörung des Gerbstoffs erforderlich war. Und da man wiederum vorher durch Titration festgestellt hatte, wie viel Chamäleon eine Tanninlösung von bestimmtem Gehalt zur Zerstörung erfordert, so findet man danach den auf Tannin bezogenen procentischen Gerbstoffgehalt der untersuchten Lösung.

Beispiel:

a) Festsetzung des Titres der Chamäleonlösung.

20 ccm Indiglösung wurden mit Chamäleon titrirt. Der Chamäleonverbrauch betrug 11,4 ccm.

100 g reinstes Tannin wurden im Trockenofen bei ca. 100° C. bis zur Gewichtskonstanz getrocknet und dann gewogen. Es ergaben sich 87,84 % Trockensubstanz.

2 g (beim thatsächlichen Versuch 2,001 g) des Tannins wurden in 1 l Wasser gelöst. Es waren danach in 1 l = 1000 ccm Wasser

$$100 : 87,84 = 2,001 : x$$
$$x = 1,7586789$$

1,7587 g Trockensubstanz, oder in 10 ccm 0,017587 g Tannin-Trockensubstanz enthalten.

10 ccm dieser Lösung wurden bei der nun vorgenommenen Titration von 10,6 ccm Chamäleon zerstört. Danach zerstört 1 ccm Chamäleon

$$0,017587 : 10,6 = 0,001659 \text{ g Tannin.}$$

Tannin enthält aber noch andere Stoffe beigemengt, welche die Trockensubstanz vermehren und stärker das Chamäleon reduciren. Es ist deshalb die gefundene Reduktionszahl erfahrungsmäßig mit 1,05 zu multipliciren, um auf den reinen Tannintitre zu kommen:

$$0,001659 \times 1,05 = 0,001742 \text{ g.}$$

b) Titration der Gerbstofflösung.

10 ccm filtrirte Gerbstofflösung mit 20 ccm Indiglösung vermischt und durch Wasserzusatz auf $^3/_4$ l verdünnt, erforderten zur Zerstörung 21,1 ccm Chamäleon.

c) Entgerbung der Gerbstofflösung.

200 ccm der filtrirten Gerbstofflösung wurden mit 10 g reinstem, wiederholt ausgewaschenem Hautpulver in einer Flasche unter häufigem Umschütteln 1 Stunde digerirt, dann durch ein Leinwandfilter filtrirt. Die im Filter befindliche Masse wurde ausgepreßt und das Filtrat nochmals mit 4 g Hautpulver ca. 20 Stunden digerirt. Der Gerbstoff wird dabei vom Hautpulver aufgenommen und in einer in Wasser unlöslichen Form festgehalten.

10 ccm der filtrirten entgerbten Gerbstofflösung + Indiglösung verbrauchten . . . . 12,5 ccm Chamäleon.
Für die Indiglösung waren erforderlich gewesen 11,4 „ „

Mithin verbrauchten die in der Gerbstofflösung enthaltenen Nichtgerbstoffe . . } 1,1 ccm Chamäleon.

d) Berechnung des Gerbstoffgehalts aus a, b, und c.

10 ccm Gerbstofflösung + Indiglösung reducirten (b) 21,1 ccm Chamäleon.
Davon entfielen auf Indiglösung (a) . . 11,4 „ „

Mithin auf Gerbstoff + oxydirbaren Nichtgerbstoff . . . . } 9,7 ccm Chamäleon.
Der Nichtgerbstoff allein reducirt (c) . . 1,1 „ „

Mithin der Gerbstoff allein . . . . . . 8,6 ccm Chamäleon.

Diese Zahl mit dem Tannintitre des Chamäleons (a) = 0,001742 multiplicirt ergiebt 8,6 × 0,001742 = 0,0149812 g Gerbstoff in 10 ccm (b), mithin in 1000 ccm = 1 l 1,49812 g Gerbstoff und, da in dem Liter 20 g des Gerbmaterials extrahirt waren, entfallen auf 100 g Gerbmaterial 5 × 1,49812 = 7,49060 g, oder das Gerbmaterial enthält **7,49** % Löwenthal.

II. Die gewichtsanalytische Methode nach v. Schröder.

Die Lösungen werden ebenso wie bei I hergestellt. Die Gerbstofflösung wird wie dort auf 1 Liter gebracht, 100 ccm davon werden im Wasserbade eingedampft, bis zur Gewichtskonstanz getrocknet und dann gewogen. Das Gewicht giebt an, wie viel an organischen und anorganischen Stoffen in 100 ccm Lösung vorhanden sind.

Nun wird die Trockensubstanz verascht, die Asche wieder gewogen, das Gewicht derselben von dem vorher gefundenen abgezogen. Die Differenz ergiebt die Summe der in 100 ccm Lösung enthaltenen organischen Substanz. Diese letztere besteht aus Gerbstoff + Nichtgerbstoff.

200 ccm der Gerbstofflösung werden, wie I. c beschrieben, mit Hautpulver entgerbt, die entgerbte Flüssigkeit wird filtrirt, eingedampft, bis zur Gewichtskonstanz getrocknet, gewogen, dann ver-

ascht und die Asche ebenfalls gewogen. Das Trockengewicht abzüglich des Aschengewichts ergiebt die Gewichtsmenge der organischen Nichtgerbstoffe. Zieht man diese von der gefundenen Menge der Gerb- und Nichtgerbstoffe ab, so erhält man das Gewicht der gerbenden Stoffe.

Beispiel:

a) Lösung des Gerbstoffs.

Ganz wie bei I.

b) Bestimmung des Trockengewichts der organischen Substanz.

Von der filtrirten Gerbstofflösung wurden 100 ccm in einer Platinschale über dem Wasserbade verdampft; der Rückstand im Trockenofen bei ca. 100° C. so lange getrocknet, bis Gewichtskonstanz eintrat. Das Gewicht der gesammten in der Lösung befindlichen Stoffe betrug:

Trockensubstanz + Schale . . .	59,6900 g
— Asche + Schale	59,3990 „
Gerbstoff + Nichtgerbstoff . . .	0,2910 g

c) Bestimmung des löslichen Nichtgerbstoffs.

100 ccm Lösung mit Haut ausgefällt, filtrirt, eingedampft und getrocknet bis zur Gewichtskonstanz wogen:

Trockensubstanz + Schale . . .	60,6427 g
— Asche + Schale	60,4860 „
Nichtgerbstoff =	0,1567 g

In dieser Menge ist aber noch enthalten das Gewicht der aus dem Hautpulver in Lösung übergegangenen Stoffe. Um dies Gewicht zu ermitteln, wurden 14 g reines Hautpulver bloß mit Wasser digerirt, die Lösung eingedampft und weiterhin ganz wie vor behandelt. Die Wägung ergab als Gewicht für die Trockensubstanz des Hautextrakts 0,0630 g. Dieser Betrag ist von der für den Nichtgerbstoff ermittelten Zahl abzuziehen:

0,1567 — 0,0630 = 0,0937 g organischer Nichtgerbstoffe.

d) Berechnung des Gewichtsprocents.

Gerbstoff + Nichtgerbstoff (b) = 0,2910 g
— Nichtgerbstoff (c) . . . = 0,0937 „

Gerbstoff = 0,1973 g in 100 ccm Lösung. Mithin in 1000 ccm = 1 l oder in 20 g Eichenrinde 1,973 g Gerbstoff. Dies ergiebt für 100 g Gerbmaterial 5 × 1,973 = **9,865** % Gerbstoff.

III. Die anderen Methoden.

1. Verfahren der Wiener Versuchsstation (Böckmann a. a. O.). Es ist ein gewichtsanalytisches Verfahren. Bei ihm wird eine ziemlich große Menge Substanz verwendet. Die Menge der in heißem Wasser löslichen Körper, ferner die der unlöslichen und die der löslichen und unlöslichen organischen Substanz wird ebenso wie bei v. Schröder (II) bestimmt. Zur Bestimmung der Nichtgerbstoffe dient die Entgerbung mittelst des modificirten Prokterschen Hautfilters. Derselbe besteht aus einer heberartigen Glasröhre, an deren längerem Schenkel eine kurze weitere beiderseits offene Glasröhre dicht schließend angesteckt wird. Die letztere wird mit Hautpulver gestopft, in die Gerbstofflösung gebracht und diese durch das Hautpulver langsam hindurchfiltrirt. Die so entgerbte Flüssigkeit behandelt man dann in gleicher Weise wie bei II.

2. Einfache Methode v. Schröders durch Bestimmen des specifischen Gewichts. Sie geht von der Annahme aus, daß eine Eichenrinde um so besser ist, je stärker die Brühe ist, die sie unter gleichen Verhältnissen mit Wasser zu bilden im Stande ist. Zum Messen der Brühenstärken dient ein Aräometer mit einer feinen Theilung nach Beaumégraden. 50—100 g der fein zermahlenen Rinde werden mit 1 l kalten Wasser 24 Stunden digerirt und mit der Spindel bei 15° C. Temperatur gemessen. Aus besonderen von v. Schröder aufgestellten Tabellen läßt sich der Gerbstoffgehalt wenn auch nicht genau aber doch soweit bestimmen, als die Praxis es gemeinhin braucht. Das Verfahren ist so einfach, daß es auch der gewöhnliche Gerber mit Leichtigkeit anwenden kann. Eine genaue Beschreibung findet sich im Thar. Jahrb. 1890, S. 18 ff.

Es steht zu hoffen, daß die Methoden der Gerbstoffbestimmung sowohl nach der Seite der Genauigkeit als auch nach der der Einfachheit und leichten Anwendbarkeit weiter ausgebildet werden, nachdem die deutsche Gerberindustrie in der 1897 begründeten und unter die bewährte Leitung des Dr. Päßler gestellten Versuchsstation ein dafür besonders geeignetes Organ geschaffen hat.

3. Die Hilfsstoffe der Lohgerberei.

Es ist bekannt, daß die meisten Holzpflanzen in Blättern, Blüthen, Früchten, Rinde und Holz Gerbstoff führen. Die Ablagerungsstätte im Pflanzenkörper ist verschieden. Bisweilen führen alle Zellen einer Pflanze Gerbstoff; zumeist aber ist er auf einzelne Gewebe und Zellen beschränkt, besonders, nach Büsgen (Jenaer Zeitschr. f. Naturw. 1896 14 u. 17), in den meristematischen Geweben, ferner in den Vegetationsspitzen mit Ausnahme der eigentlichen Scheitelzellen, in der Epidermis der Blätter (Gallen!) und den Epidermis-, Collenchym- und grünen Rindenzellen der Rinde (vgl. Bokorny, Vorkommen des Gerbstoffs im Pflanzenreiche, Chemikerzeitung 1896, S. 1022). Ueber die Entstehung, Bedeutung und Bestimmung der Gerbstoffe für das Leben der Pflanze herrscht noch Dunkelheit. Am verbreitetsten ist die Annahme, daß es Reservestoffe seien. Sie sind, wie Kunz-Krause (Vortragsextrakt Chem.-Z. 1896, S. 794) sagt, „theils nichtglykosidische, theils glykosidische Verbindungen", in ihrer Konstitution sehr verschieden, und stellen nur physiologisch eine Einheit dar.

Verhältnißmäßig nur wenige Pflanzen sind so gehaltreich, daß ihre Nutzbarmachung zu Zwecken der Gerbstoffgewinnung sich wirthschaftlich lohnt. Immerhin ist die Anzahl der dazu dienlichen ziemlich groß und unbegrenzt. Die Erfahrung gerade der Neuzeit zeigt, daß immer noch neue, früher ungekannte oder doch unbeachtet gebliebene Pflanzen erfolgreich auf Gerbstoff genutzt werden können.

Alle vegetabilischen Gerbmaterialien haben als gemeinsamen Bestandtheil die sog. Gerbsäure, eine mehrbasische, sauer reagirende, adstringirend schmeckende chemische Verbindung, welche mit Eisenoxydsalzen einen grün- oder blauschwarzen Niederschlag giebt, leim-

und eiweißartige Stoffe ausfällt, aus Lösungen durch die thierische Haut aufgenommen wird und diese unter Vermehrung von deren Trockengewicht in Leder verwandelt. Weil, wie wir sahen, die Gerbsäure je nach der Pflanze verschieden ist, nennt man sie vielfach nach der Pflanze, der sie entstammt z. B. Eichenrinden-, Eichenholz-, Fichtengerbsäure, Catechu-, Kaffee-, Morin- (Morus tinctoria), Chinagerbsäure u. s. w. Die wichtigste und am häufigsten vorkommende ist die Eichenrindengerbsäure, deren Formel mit $C_{17}H_{16}O_9$ angegeben wird. Die Gallussäure von der Formel $C_7H_6O_5$ findet sich in geringen Mengen in den Galläpfeln, reichlicher in Dividivi, Sumach und Mango. Durch Austritt von 1 Molekül Wasser aus 2 Molekülen Gallussäure entsteht Galläpfelgerbsäure $2\ C_7H_6O_5 = C_{14}H_{10}O_9 + H_2O$. Diese löst sich in kaltem Wasser schwer, in kochendem leicht, sie fällt in der Lösung die Leimlösung nicht. Bei 210° C. zersetzt sie sich in Kohlensäure und Pyrogallussäure $C_7H_6O_5 = C_6H_6O_3 + CO_2$. Die Gerbsäure der Eichenrinde hat die Formel $C_{17}H_{16}O_9$ (Trimethyltannin), die des Eichenholzes $C_{15}H_{12}O_9$ (Methyltannin).

Bei der großen Verschiedenartigkeit in der Konstitution der Gerbstoffe ist es als höchst wahrscheinlich anzunehmen, daß bei dem Gerbproceß nicht bloß chemische, sondern hauptsächlich physikalische Vorgänge, besonders Oberflächenanziehung, wirksam sind. Physikalisch wirkt der Gerbstoff, indem er die Fasern des Coriums mit einer isolirenden Schicht umgiebt, welche dieselben verhindert, beim Trocknen zusammenzukleben und zu faulen.

Am besten werden deshalb solche Stoffe gerben, welche sich zunächst in lösliche Form bringen lassen, in der Lösung leicht in die Haut eindringen und in dieser mit der Faser sich innig verbinden. Da nun die Chemie hinsichtlich der Kenntniß der Konstitution der Gerbstoffe bisher keine Klarheit hat schaffen können, so entscheidet auch heute noch wesentlich die praktische Erfahrung, welche Stoffe als gute Gerbstoffe sich erweisen.

A. Die Eichenrinde.

Noch heute kann die Rinde der Eiche als ein vorzügliches, ja als das vorzüglichste Gerbmaterial bezeichnet werden. Als beste

Lohrinde gilt diejenige von 12—20jährigem Stockausschlag, von etwa 3—7 mm, in der Regel 3—4 mm Stärke, glatter Oberfläche, hell zimmetbrauner oder grauer Farbe und stark adstringirendem Geschmack, die sog. Glanz- oder Spiegelrinde. Aber auch geputzte, von der äußeren Rauhborke möglichst befreite Altrinde liefert noch ein gutes Material. Sie enthält zwar weniger Gerbstoff und einen für die meisten Lohleder unerwünschten dunkeln Farbstoff, wird aber dennoch für bestimmte Verwendungszwecke z. B. bei der Verdecklederfabrikation gern angewendet.

Wie wir oben gesehen haben, ist der Standort von großem Einfluß auf den Gerbstoffgehalt der Rinde. Im großen Durchschnitt enthält die deutsche Schälwaldrinde nach sehr zahlreichen Analysen 7,5 % Lw. oder 10,1 Gewichtsprocent gerbende Substanzen mit Grenzwerthen von Minimum 2 % Lw. bezw. 2,7 Gewichtsprocenten und Maximum 11,03 Lw. bezw. 14,9. Ungarische Eichenlohe ist nach Angaben Counclers (Gerbstoffgehalt einiger zum Gerben benutzter Substanzen F.-Bl. 1889, S. 46) im Allgemeinen nicht gerbstoffreicher als die deutsche, eher ist das Umgekehrte der Fall. Von zahlreichen zur Untersuchung gebrachten Rinden enthielt die beste nur 8,18 % Lw., während die meisten noch unter 8 %, eine sogar nur 4,8 % hatten. Französische Rinde ist im Durchschnitt von guter Qualität, steht aber ebenfalls im Gehalt an Gerbstoff nicht über dem Durchschnitt deutscher Spiegelrinde. Councler ermittelte (a. a. O.) in einer südfranzösischen Rinde nur 5,28 % Lw. (vgl. Kap. II, Abschn. 4a).

Neben dem eigentlichen Gerbstoff sind noch andere Bestandtheile der Eichenrinde für den Gerber wichtig. Dieselbe enthält nämlich ziemlich viel in Wasser lösliche Nichtgerbstoffe, im Mittel nach zahlreichen Analysen 5—7 %, im Maximum 11 % und ebenso viel Zucker, 1,75—3,5 %, im Max. 6—7 %. Der Zuckergehalt spielt bei der Sohlledergerbung eine bedeutsame Rolle. Aus dem Zucker bilden sich durch Gährung der Gerbflüssigkeit Säuren, welche die Eigenschaft besitzen, die Häute zu schwellen und dadurch für die eigentlichen Gerbstoffe in besonderem Maße aufnahmefähig zu machen. Als solche Umwandlungsprodukte des Zuckers kommen vorwiegend Essig- und Milchsäure in Frage.

Wenngleich es viele Gerbmittel giebt, welche gehaltreicher sind als die Eichenrinde, so galt dennoch diese früher allgemein und gilt in gewisser Beziehung noch jetzt als das beste Gerbmittel zur Herstellung haltbaren, dichten, gleichmäßig durchgegerbten und gutfarbigen Sohlleders. Neubrand (Die Gerbrinde, Seite 19) konnte noch 1869 schreiben: „Die Unentbehrlichkeit der Eichenrinde für die deutsche Gerberei ist ebenso außer Zweifel wie diejenige des Brennholzes oder Werkholzes, für welche ja auch Surrogate existiren", und „die Schälwaldfrage ist der Lebensnerv nicht bloß für die Lederfabrikation, sondern die gesammte Lederindustrie und die Basis jeden Fortschritts der Fabrikation". Noch jetzt urtheilt ein angesehener Lohgerber: „Der Gerbstoff der Eiche ist der edelste von allen. Er ermöglicht sowohl bei ausschließlicher Verwendung als in der Mischung mit überseeischen Stoffen die Herstellung von Leder der allerbesten Beschaffenheit." Und ein namhafter Vertreter der Wissenschaft stimmt dem, wenn auch mit Einschränkung bei: „Wohl ist der Gerbstoff der Eichenrinde der edelste, mit welchem allein äußerste Prima-Qualität erzeugt werden kann. Aber wenn auch mit andern Gerbstoffen nicht ganz dasselbe geleistet werden kann, so kommen deren Wirkungen immerhin denen der Eichenrinde zum Theil recht nahe."

Der Preis des kg reinen Gerbstoffs in der Eichenlohe beträgt unter der Annahme von rund 10% Gerbstoff und einem durchschnittlichen Preis von 4,50—5,50 Mk., pro 50 kg Lohe 0,9 bis 1,1 Mk. v. Schröder ermittelte zu Anfang dieses Jahrzehnts für Sachsen als großen Durchschnitt 0,92 Mk. Erwägt man aber, daß bei dem alten Gerbeverfahren mindestens 15, häufig 30 und mehr Procent des Gerbstoffs ungenutzt bleiben, so stellt sich dann der Preis des wirklichen nutzbaren Gerbstoffs pro kg auf 1,06 bis 1,57, Durchschn. 1,25 Mk. Die Eichenlohe ist also ein sehr gutes aber auch sehr theures Gerbmittel.

B. Andere Gerbmittel.

Nächst der Eichenrinde kommen für die deutsche Lederindustrie sehr zahlreiche einheimische und ausländische Gerbmaterialien in Betracht. Eine vollständige Darstellung und Beschreibung der hierher gehörigen Rinden giebt v. Höhnel „Gerberinden Berlin 1880".

Zu den von ihm aufgeführten Gerbmaterialien sind indessen in neuerer Zeit verschiedene andere hinzugekommen, welche zum Theil eine außerordentliche Bedeutung gewonnen haben. Ich darf mich hier unter Verzicht auf eine vollständige Angabe darauf beschränken, nur einige der wichtigsten Gerbmittel zu besprechen, soweit solche für die Eichenschälwaldfrage belangreich geworden sind oder es werden können. Es sind zunächst einige einheimische Gerbmaterialien.

1. Die Fichtenrinde.

Fichtenrinde bildet das wichtigste Ersatzmittel der Eichenlohe. Sie kann sogar als das am meisten benutzte und verbreitetste aller Gerbmittel überhaupt bezeichnet werden. In Deutschland findet sie besonders Verwendung in Sachsen, Thüringen, Bayern, Württemberg und in den nordöstlichen Provinzen Preußens. Außerhalb Deutschlands sind Oesterreich, Polen, Litthauen und die russischen Ostseeprovinzen die Gebiete, welche die meiste Fichtenrinde konsumiren. In Oesterreich wurde nach v. Höhnel bis Ende der fünfziger Jahre nur mit Fichtenrinde und Knoppern gegerbt.

Nach zahlreichen Untersuchungen v. Schröders, Councler's, Eitners u. a. beträgt der durchschnittliche Gehalt an Gerbstoff 8 % Lw. oder 11,7 Gew.-Proc., im Maximum sogar 20—22 G.-P. Außerdem zeichnet sich die Fichtenrinde durch relativ hohen Gehalt an Zucker, also säurebildenden Stoffen, aus: nach v. Schröder, Bartel und Schmitz-Dumont (Dingler's polyt. Journ. 1894, 293) enthält sie $\frac{2{,}65—4{,}47}{3{,}53}$ % Zucker oder 30,4 Theile säurebildende Stoffe auf 100 Theile gerbende Stoffe. Sie eignet sich wegen dieser Eigenschaft richtig angewendet zur Herstellung der verschiedensten Ledersorten besonders als Mittel zum Schwellen, wird aber auch z. B. in Sachsen zur Bereitung von gutem Sohlleder benutzt. Der Fichtengerbstoff wird von der Haut schwieriger aufgenommen als der Eichenlohgerbstoff und gerbt deshalb in der Regel nicht so dauerhaft wie dieser und langsam. In geeigneter Mischung mit anderen Gerbstoffen wie Eichenrinde, Valonea, Knoppern, Dividivi, Mirobalanen, Quebracho ist Fichtenrinde nicht nur ein billiges, sondern auch ein gutes Gerbmittel.

Der Gerbwerth der Fichtenrinde ist nach der Provenienz, nach Standort, Alter, Jahreszeit der Gewinnung ziemlich großen Schwankungen unterworfen. Nach Councler (Gerbstoffgehalt der Fichtenrinde ꝛc., Forstl. Bl. 1890) gaben von 102 aus der Oberförsterei Oderhaus im Harz stammenden Rinden die jüngeren bis etwa 65jährigen durchschnittlich einen höheren Gerbstoffgehalt, immer über 12 G.-Pr., als die älteren viel Borkeschuppen enthaltenden. Immerhin enthielten die Rinden von 130jährigem Holze im Mittel noch ebensoviel wie die 80jährigen, nämlich über 11 G.-Pr. Eitner (v. Höhnel a. a. O. 32) fand, daß unter sonst gleichen Umständen die Rinde von unter 30jährigen Stämmen weniger Gerbstoff besitzt als die von älteren bis 60jährigen. Die Exposition und das Grundgestein übten in Oderhaus keinen wesentlichen Einfluß aus, z. B. hatte eine Probe von Boden I. Bonität nur 9,3 G.-Pr., eine andere von IV. Bonität 12,26, eine von III. Bonität 18,14. Dagegen fand Eitner bei Kärnthener Rinde von 60 Jahren beträchtlich höhere Procente auf Dolomit als auf Schiefer und ein Sinken des Gehalts mit zunehmender Meereshöhe. Die besten Sorten entstammen nach Neubrand (a. a. O. 210) sonnigen mittleren Gebirgslagen. Winterrinde liefert, weil sie geschnitzt werden muß, und deshalb mehr oder weniger sehr gerbstoffarme Holztheile enthält, i. d. R. geringwerthigere Lohe, auch Altrinde ist trotz relativ hohen Gerbstoffgehalts minder geschätzt wegen ihres größeren Reichthums an rothbraun färbenden Substanzen. v. Höhnel giebt als Grenzwerthe 5—15%, im Mittel 8—10%, Councler 5,43—18,14, im Mittel 11,7% oder 8,02 Lw.. v. Schröder (D. Gerberztg. 1889 Nr. 29) kommt für die sächsischen Fichtenrinden fast zum gleichen Ergebniß, nämlich 11,62 G.-Pr. und giebt als Maximum sogar 20—25 G.-Pr. an (D. Gerberztg. 1895 Nr. 122). Fichtenrinde ist also durchschnittlich reicher an Gerbstoff als die Eichenrinde. Denn Eichenmittellohe enthält 10%, die beste Mosellohe steigt selten über 12%.

Der gegenwärtige Konsum Deutschlands läßt sich nur sehr unvollständig schätzen. Statistische Angaben darüber fehlen. Für Sachsen allein liegen solche für Mitte der 80er Jahre vor. Der jährliche Verbrauch daselbst betrug rund 260 000 Centner. Bei dem ausgedehnten Gebrauch der Fichtenrinde in anderen Gegenden Deutschlands kann angenommen werden, daß auf Sachsen höchstens etwa der fünfte Theil des Gesammtkonsums entfällt, also der letztere wenigstens 1 300 000 Centner beträgt. Ein sehr großer Theil davon wird vom Auslande gedeckt. Das Inland producirt z. B. nach Päßler (D. Gerberztg. 1895 Nr. 15) höchstens 50% des Bedarfs. Sachsen führt jährlich rund 109 000 Centner ein, Deutschlands Gesammtimport kann danach auf mindestens ½ Million Centner geschätzt werden. Hauptimportland ist Oesterreich-Ungarn*). Es bedarf keines Nachweises, daß der deutsche Fichtenwald vollauf im Stande wäre, den heimischen Bedarf zu decken.

Das Verhältniß zwischen Holz und Rinde eines von Councler (Z. f. F. J. W. 1886 S. 355) untersuchten 40jährigen Fichtenstammes in frischem Zustande betrug für Derbholz 89,7 : 10,3, im trocknen Zustande 88,5 : 11,5 nach dem Gewicht. Ramann (Z. f. F. J. W. 1883 S. 7) fand bei 100jährigen Fichten von V. Bodenklasse 15,3 Rindenprocent, hat aber die Aeste unter 1 cm Durchmesser mit zur Rinde gerechnet und dadurch das Procent hinaufgedrückt. Mit abnehmendem Durchmesser der Sortiments- bezw. Achsentheile nimmt das Rindenprocent zu. Mithin ist anzunehmen, daß das Rindenprocent der Gesammtmasse des ganzen Stammes über der von Councler ermittelten Zahl steht, und daß Reisigstangenbestände einen noch größeren Rindenantheil aufweisen. Rechnet man gleichwohl nur 10% auf Rinde und den Festmeter frischen Holzes = 10 Centner, so würde ein Fichtenbestand mittlerer Bonität (III) bei einer Produktion von 3 Festmetern pro Jahr und Hektar drei Centner Rinde liefern können, und wenn man weiter annimmt, es gäbe rund zwei Millionen ha Fichtenwald in Deutschland, so würde die jährliche volle Rindennutzung sechs Millionen Centner liefern. Schon der vierte Theil davon würde also zur vollen Deckung des heimischen Bedarfs ausreichen.

Nur in wenigen Gebieten Deutschlands erfolgt eine regelmäßige Rindengewinnung, so in Sachsen, Thüringen und Bayern, über-

---

*) Allein Kärnthen erzeugt jährlich über 460 000 rm Fichtenlohe waldtrocken, davon kommen mehr als 300 000 zur Ausfuhr.

haupt in solchen Gegenden, wo wegen Klima und Lage die Sommerfällung üblich ist und dann wesentlich aus Rücksichten auf das Stockigwerden des Holzes und auf die Insektengefahr das Holz geschält wird. Aber auch da wird nur selten die Rinde zu Gerbzwecken verarbeitet. Im ganzen Harzgebiete z. B. ist das so gut wie nicht der Fall: ungeheure Mengen von Gerbstoff bleiben dort ungenützt; ja dortige Gerber beziehen die Fichtenlohe von der österreichisch-bayerischen Grenze. Ueber die Rindennutzung in Bayern giebt eine Notiz im Forstverkehrsblatt von 1897 Nr. 19 einige Zahlen: 1896 wurden 47 411 rm Fichtenholz, davon 45 055 Nutzholz, geschält, dabei 26 527 Ctr. oder 9342 rm Rinde gewonnen und für sie 11 876 Mark erlöst, gegen 12 840 Mark Erlös in 1895. Der durchschnittliche Nettopreis des Centners betrug 25 Pfg. (gegen 37 in 1895) und zwar in Oberfranken 1,51 Mk., in der Oberpfalz 0,71 Mk., in Schwaben 0,41 Mk., in Niederbayern 0,19 Mk. und in Oberbayern 0,09 Mk. Nach Ebermeyer (Phys. Chemie der Pflanzen I, 144) wurden 1878 in den bayerischen Staatsforsten 43 732 Centner gewonnen und für 23 403 Mk. verkauft, 1880 31 073 Centner für 12 223 Mk. Das ergiebt pro Centner 0,54 bezw. 0,39 M. Die bayerische Fichtenlohe findet durch ganz Deutschland bis Holstein und Ostpreußen Absatz.

Die Gewinnung der Fichtenrinde vollzieht sich einfach und billig, weil eben das Holzschälen vielfach ohnehin nöthig ist. Die Rinde fällt als bloßes Nebenprodukt an. Der Preis steht, wie schon die Angaben aus Bayern zeigen, durchweg beträchtlich niedriger als der der Eichenrinde. Man kauft also in der Fichtenrinde mehr Gerbstoff für einen billigeren Preis. v. Schröder (D. Gerberztg. 1895 Nr. 127) sagt: „Der Gerbstoff der Eichenlohe ist der theuerste aller Gerbmittel, den der Fichte können wir zu den allerbilligsten rechnen. Das Preisverhältniß beider zu einander stellt sich wie 60 : 25 (d. i. wie 100 : 41⅔). Alle übrigen Gerbstoffe sind billiger als Eichenlohe, dagegen sind sie alle theurer als Fichtenlohe. Da schwankt der Preis zwischen 20 und 53 Pfennigen.“ Hierin mag auch der Grund gefunden werden, daß die Nutzung der Fichtenrinde, weil zu wenig lohnend, meist unterbleibt. In Bayern schält man nur im Interesse der Holzkonservirung und zum Schutze gegen

Insekten. In Oesterreich war (Z. f. F. J. W. 1884 S. 4) vor zehn Jahren fast kein Reinertrag bei der Rindennutzung zu erzielen. Die großen Waldbesitzer überließen sie meist den Forstleuten und die eigentliche Fichtenlohnutzung wurde fast nur von bäuerlichen Waldbesitzern betrieben.

Der bereits erwähnte Umstand, daß die Fichtenrinde zu den zuckerreichen Rinden zählt, also reich an säurebildenden Stoffen ist, macht sie besonders geeignet, die Eichenrinde in dieser Beziehung zu ersetzen. v. Schröder sagt (D. Gerber-Zeitung. 1895 Nr. 127): „Solche Gerbmaterialien wie unsere Lohen (Eichen und Fichten), die viel säurebildende Stoffe liefern, sind der allgemeinsten Anwendung fähig. Denn man hat es in der Hand, die Gährung und Säurebildung bis zu einem gewissen Grade zu fördern oder zu hemmen, und das ist der Grund, warum sich unsere Lohen zu allen Ledersorten eignen.“

Zu besonderer Bedeutung endlich ist die Fichtenrinde dadurch gelangt, daß sie zur Herstellung von Extrakt benutzt wird. Fabrikmäßig wurde solcher zuerst von A. Haas in Liptó Ujvár*) in Ungarn hergestellt (1882). Bald darauf (1886) wurde eine gleiche Fabrik in Klagenfurt errichtet, welche gegenwärtig die wichtigste für den Import nach Deutschland ist, während Liptó Ujvár vorzugsweise nach England liefert. In Deutschland selbst hat die jetzt nicht mehr bestehende Farbholzextraktfabrik von Niederberger in Ottensen eine Zeit lang (1887—1891) deutsche Fichtenrinde zu Extrakt verarbeitet. Indessen war die Herstellung theurer als in Oesterreich und es fand auch das Produkt in der deutschen Gerberei keinen rechten Eingang. Auch der Import hat fast ganz aufgehört, weil die Gerber, wenigstens die größeren mit Dampf arbeitenden, den Extrakt billiger sich selbst herzustellen vermögen. Das geschieht in großem Umfange. Eine große Gerberei in Sachsen verarbeitet z. B. jährlich gegen 10000 Centner Fichtenrinde neben 12000 Centner Eichenlohe und 6—8000 Centner Quebrachoholz. Die

*) Haas hat vertragsmäßig auf eine längere Reihe von Jahren das alleinige Bezugsrecht auf alle in den ungarischen Staatsforsten (außer Siebenbürgen) anfallende Fichtenrinde gegen ein jährliches Pauschale von 20000 fl. Er nutzt nur einen kleinen Theil davon.

Extraktverwendung bietet so erhebliche Vortheile besonders zur Herstellung von Schwellbeizen, daß sie nach der Meinung Sachkundiger voraussichtlich noch sehr an Ausdehnung gewinnen wird.

Der im Handel vorkommende Fichtenextrakt enthält durchschnittlich etwa 24% Gerbstoff und an säurebildenden Stoffen bis zu 10%. Das mit ihm gegerbte Leder erhält keine fremdartige sondern nur eine etwas dunklere Färbung, die meist nicht störend wirkt. Er eignet sich ganz besonders zur Kombination mit zuckerarmen Holzextrakten wie Quebrachoextrakt. In der Sohllederfabrikation bildet er ein vorzügliches Mittel, um die schwellende Wirkung namentlich bei der Eichenlohgerbung zu erhöhen (v. Schröder, die Gerbextrakte, Manuskript Hamburg 1890).

Die Annahme ist nach alledem begründet, daß der Gerbstoff der Fichtenrinde zu den wichtigsten Gerbmaterialien gehört, welcher zumal in Verbindung mit ausländischen Stoffen so gutes Leder giebt, daß es dem rein eichengaren wesentlich Konkurrenz zu machen vermag.

Auch andere Nadelholzarten werden auf Gerbrinde genutzt, aber doch nur in untergeordnetem Maße, so die Lärche und die Weißtanne. Erstere liefert ein vortreffliches Gerbmaterial. Dasselbe wird sogar nach Eitner (Der Gerber 1875 S. 267) in manchen Gegenden der Alpen- und Karpathenländer der Fichtenrinde vorgezogen, weil es rascher und vollständiger als diese gerbt und weicheres Leder erzielt. Ihr Gerbstoffgehalt wechselt zwischen 4 und 10% Lw. Councler fand (Z. f. F. J. W. 1884 S. 16) im Durchschnitt einer Probe 9,4%. Die Lärche wird aber zu wenig angebaut, um die Rindennutzung lohnend erscheinen zu lassen. Ueberdies sinkt der Gerbwerth mit zunehmendem Alter wegen der zeitigen Borkebildung rasch. Von etwas größerer Bedeutung ist die Tannenrinde in manchen Ländern. Auch sie giebt nach den genannten Autoren ein gutes Gerbmaterial, was besonders im Gemenge mit Lärchenrinde, Dividivi, Mirobalanen u. s. w. die Fichtenrinde vollständig zu ersetzen vermag. Zusammen mit Eichenrinde wird sie hier und da u. a. in der Schweiz und in Savoyen mit Vortheil verwendet, ohne Zusatz in Steyermark, Oberösterreich, Rußland. Die Angaben über ihren Gerbstoffgehalt sind sehr verschieden und bewegen sich zwischen 0,2 und 20%. Zwei von Councler (Forstl. Bl., Gerbstoffgehalt einiger rc. 1889 S. 46) untersuchte Rinden ergaben 2,49 und 2,20% Lw., eine dritte Probe aus dem Schwarzwald 4,09 Gew.-Procent, eine märkische 7,46% Lw. (Z. f. F. J. W. 1884 S. 12). Jedenfalls ist die Tannenrinde, abgesehen von der der Kiefer, die gerbstoffärmste unter den heimischen Nadelholzarten. Die Tannenrindenlohbrühe enthält viel weniger Nichtgerbstoff als die aus Fichtenrinde, ihr Gerbstoff wird leicht von der Haut aufgenommen und liefert ein gutes, dem mit Eichenlohe gegerbten ähnliches Leder. Für Deutschland ist Tannen- sowohl wie Lärchenrinde ohne jede wirthschaftliche Bedeutung.

2. Erlen- und Weidenrinde.

Die Rinde unserer heimischen Erlen besonders der Schwarzerle liefert ein ziemlich gehaltreiches Gerbmittel, was nach Eitner (a. a. O. S. 25 und 124) 16—20 G.-Pr., nach Post (Chem. Technologie II S. 622) 8—16% enthält. Councler (Z. f. F. J. W. 1882 S. 661 ff. und 1884 S. 543) fand 4,69—12,53 und 7,38—11,15 G.-Pr. Glatte Rinde von 18—40jährigem Holze ist erheblich gehaltreicher als Borke. Der Standort ist ohne merklichen Einfluß, es ergaben sogar die geringeren Böden sehr gerbstoffreiche Rinden, während die besseren nur quantitativ mehr lieferten. Im Durchschnitt ist nach Councler die Erlenrinde der Mark gerbstoffreicher als die dortige Eichenrinde und enthält einen nur sehr geringen Theil schwerlöslichen Gerbstoffs. Die Weißerle hat zwar noch etwas größeren Gehalt als die Schwarzerle, kommt aber, weil ihre Rinde dünn ist und sie selten in Deutschland angebaut wird, überhaupt nicht in Frage. Die Schwarzerle dagegen hat ein ziemlich hohes Rindenprocent. Councler fand an einem auf nicht gutem Boden erwachsenen 20jähr. Exemplar 1 kg lufttrockene Spiegelrinde. Gleichwohl ist die Verwendung der Erlenrinde in der Gerberei eine nur beschränkte. Nach v. Höhnel wird sie nur da und dort in industriearmen Gegenden Oesterreichs, Italiens und Spaniens, in größerem Umfange in Slavonien und Rußland benutzt. Sie hat etliche unangenehme Eigenschaften. Die aus ihr gewonnene

Brühe zersetzt sich unter Hinzutritt gewisser Pilze sehr leicht und ist weniger haltbar als Eichenlohbrühe. Durch die Zersetzung wird ein großer Theil des Gerbstoffs zerstört. Sodann giebt sie dem Leder eine sehr unerwünschte dunkle Färbung (Councler a. a. O.). Für sich allein verwendet erzeugt sie ein rothes, hartes, brüchiges Leder (Eitner a. a. O.). Allen diesen Uebelständen ist indessen abzuhelfen: der raschen Zersetzung durch Beigabe eines Antiseptikums z. B. Phenol, der dunkleren Färbung durch Einwirkung verdünnter Säuren, dem Brüchigwerden des Leders durch Vermischung mit geeigneten anderen Gerbstoffen. So behandelt könnte die Erlenlohe zur Bereitung von Oberleder, jedenfalls aber zum Schwarzfärben von Zeugen zweckmäßige und ausgedehnte Verwendung finden. Zur Zeit kommt sie als Konkurrentin der Eichenlohe nicht in Betracht.

Erwähnt möge sein, daß auch Erlenzapfen reich an Gerbstoff sind und nach G. Klemp (D. G. Z. 1895 Nr. 108) in Siebenbürgen zur Corduanbereitung benutzt werden. Sie sollen eine Gerbsäure, die der des Sumachs ähnlich ist, besitzen, das Leder aber dunkel färben. Ihr Gehalt betrug nach zwei Proben 15,6 und 12,8%.

Die Weidenrinde wird (v. Höhnel S. 87 und Councler Z. F. J. W. 1884) seit Jahrhunderten zum Gerben benutzt, in Rußland noch vor kurzer Zeit in stärkerem Maße als Eichenrinde, besonders in der Juchtenfabrikation. In den 70er Jahren wurden dort jährlich 6,5 Million kg Weidenrinde, dagegen nur 2,5 Million kg Eichen-, Birken- und Fichtenrinde verbraucht. Auch in Oesterreich, Dänemark, Skandinavien, Aegypten und Amerika findet sie zum Gerben von Ziegen-, Lämmer-, Renntthierfellen und zu Handschuhleder ausgedehnte Anwendung. In diesen Ländern wird vorzugsweise die Rinde baumartiger Weiden von etwa 14—20 Jahren benutzt und zwar in Rußland am meisten Salix arenaria (Sandweide) und S. fragilis (Fieberweide), überhaupt mehr die Bruch- und Korbweiden, weniger die Salicin führenden Purpurweiden.

In Deutschland ist die Verwendung der Weidenrinde (abgesehen von der lokal bedeutenden Juchtenlederfabrikation, für welche die Rinde wohl zumeist aus Rußland importirt wird) belanglos.

Es fehlt zur regelmäßigen Beschickung des Marktes durchaus an Weidenanlagen. Die einzigen dieser Art, die auf Korbweidenkultur gerichteten, liefern ein Material, das wegen seiner Jugend sowohl qualitativ wie quantitativ für den Gerber mit Vortheil nicht verwerthbar ist. Nach Analysen Counclers (a. a. O.) ergaben lufttrockne Rinden einjähriger Korbweiden (S. purpurea, viminalis, purpurea × viminalis, caspica und amygdalina) 1,72—4,71 % Lw., davon einen unverhältnißmäßig hohen Antheil — bis zur Hälfte — schwerlöslichen Gerbstoffs. Ausnahmsweise fand derselbe höhere Gehalte (Z. F. J. W. 18. S. 296). Aeltere Analysen von Eitner u. a. ergaben dagegen für S. arenaria und fragilis 12,89 und 12,15 %, für Korbweide 11,86 und Purpurweide 8,05 % Lw., allgemein 6—12 % Lw., im großen Durchschnitt 8 %. Hier mögen vorwiegend ältere Rinden vorgelegen haben.

3. Birkenrinde.

Birkenrinde könnte in Deutschland in immerhin größeren Mengen, als thatsächlich geschieht, gewonnen werden. Sie wird zu Gerbzwecken gegenwärtig wohl nur in Rußland, Finnland, Lapland, Irland*) und in Amerika (B. lenta und excelsa) zur Herstellung von Schwellbeizen und zur Fertiggerbung des Juchtens benutzt. In Süddeutschland und den Rheinlanden soll sie zeitweise vorübergehend infolge hoher Eichenrindenpreise gewonnen und zum Gerben verwendet worden sein. Nur die innere Rinde erwachsener Stämme ist brauchbar. Aus der über dieser liegenden betulinreichen Korkschicht gewinnt man das zum Einfetten oder Parfümiren des Juchtens benutzte Birkenöl. Ueber den Gerbstoffgehalt liegen nur ältere Angaben vor, welche sich bei v. Höhnel (a. a. O. S. 53) mitgetheilt finden. Danach schwankt der Gehalt zwischen 0,8 und 5,5 % Lw. und beträgt im Mittel höchstens 3. Aus diesen Zahlen erhellt, daß die Birkenrinde mit den anderen heimischen Gerbstoffen Deutschlands nicht in Wettbewerb treten kann. Dasselbe gilt von:

*) Nach Männel (A. F. J. Z. 1897) bestehen in Norwegen Birkenschälwälder, deren Produkt vorzugsweise nach Irland versandt wird.

4. Einigen anderen heimischen Gerbstoffen.

Nach Councler (Z. f. F. J. W. 1884. S. 458) würden deutsche Galläpfel ihrem Gerbstoffgehalte nach ein recht gutes Gerbmaterial liefern können. Er fand in einer aus Schlesien stammenden lufttrocknen Probe 24,73% Lw. Danach stehen diese Galläpfel den südeuropäischen an Gehalt nicht nach, sie sind auch sehr arm an Farbstoffen. Für die Gerberei kommen sie gleichwohl nicht in Frage, weil sie zu selten sich finden, ihr Einsammeln zu zeitraubend und zu theuer sein würde.

Ein ebenfalls ziemlich gehaltreiches Gerbmittel stellen die Fichtenzapfen dar. Ihr Gerbstoff ist, wie Councler (D. G. Z. 1889, Nr. 91) vermuthet, der der Hemlockrinde, könnte also mit dieser in Bezug auf die Güte wohl konkurriren, niemals aber mit der Eichenrinde.

Weit mehr als die einheimischen Gerbstoffe und in einem von Jahr zu Jahr steigenden Maße wichtig sind für die Gerberei die ausländischen Gerbmaterialien geworden. Es giebt deren eine sehr große Zahl. Hier sollen nur die wichtigsten angeführt werden.

5. Galläpfel.

Sie gehören zu den gerbstoffreichsten Substanzen. Hierher zählen die eigentlichen Galläpfel, erzeugt am Eichenblatt durch den Stich verschiedener Gallwespenarten, sodann die Gebilde, welche durch Insektenstiche an der Kupula der Eichel oder an der Knospe entstehen und im Handel sehr verschieden benannt sind.

Südeuropäische Galläpfel — die ungarischen auf Q. pedunculata durch Cynips Hungarica Hrt., die istrischen auf Q. pubescens durch C. argentea Hrt. — enthalten nach neueren Analytikern 25—30 Theile Gerbstoff in 100 Theilen lufttrockener Substanz (Councler a. a. O.), die orientalischen oder aleppischen Galläpfel nach Post (Chem. Techn. II, S. 621) bis zu 60% Lw. Mesopotamien führt an Galläpfeln von Q. Levanticae jährlich ca. 3—400000 kg aus.

Knoppern (Eckerdoppen) entstehen durch Cynipsstich am Eichelkelch von Q. Cerris, kommen vorzugsweise aus Slavonien, Kroatien, Serbien und enthalten nach Post (a. a. O.) 28—33, im Maximum bis zu 40 % Gerbstoff. Der Preis stellte sich in Wien für beste Sorte in Mark für 100 kg 1883 37,70, 1893 27,20, 1897 17,85. Eine andere Gallenart, die sog. Rove, wird seit etwa 20 Jahren vorwiegend über Smyrna und aus Amerika eingeführt. Sie soll nach Grunert (F. Bl. 1881, S. 223) von der amerikanischen Färbereiche, Q. tinctoria Wlld., nach Semler (Trop. Waldwirthschaft und Holzkunde 1888, S. 432) von Q. infectoria stammen, von Cynips insana Ell. herrühren und in ihrem Heimathlande unter dem Namen Bassora- oder Mekka-Galle längst bekannt sein. Sie ist der ungarischen Galle sehr ähnlich aber gerbstoffreicher mit mindestens 27 %, wird deshalb vielfach mit dieser zusammen zu einem groben, schwammigen, gelben Pulver vermahlen und so unter dem Namen Rove in den Handel gebracht. Councler (a. a. O.) fand in pulverisirter Rove nur 18,92 %, davon 5,88 % schwerlöslich, v. Schröder (Dinglers polyt. Journ. 1894, S. 293) 29 %. Die jetzt importirte Rove dürfte nicht aus Amerika, sondern aus dem Orient stammen. Sie wird in Deutschland mehrfach zum Gerben benutzt.

Chinesische Galläpfel stammen von dem in China wachsenden Sumach, Rhus semialata nach Semler (a. a. O.) und Mayr (Waldungen von Nordamerika 1893) her und werden von Aphis chinensis erzeugt. Sie haben nach Stein und Bley (Post a. a. O.) 65—75 durchschn. etwa 69 % Gerbstoff. Mayr giebt 75, Semler 72 % an. Sie kommen in Deutschland in zunehmenden Mengen zur Verwendung, indessen nicht in der Gerberei. Der Preis betrug 1895 61—62 Mk. pro 50 kg.

Der Gerbstoff der Galläpfel, dessen Konstitution oben (Kap. II, Abschn. 3) Erwähnung gefunden hat, liefert bei ausschließlicher Anwendung ein zwar helles aber sehr wenig dauerhaftes, durch Wasser auswaschbares Leder. Die Galläpfel werden deshalb auch nur als Zusatz zu anderen Gerbmitteln, übrigens vorzugsweise zur Färbung und Tintenfabrikation verwendet.

6. Mangrove.

Mangrove, Kadel oder Kandel ist die gemahlene Wurzel- und Stammrinde von Rhizophora Mangle L., die im tropischen Amerika und Westafrika, und von Rh. mucronata Lam., die in Japan und Australien heimisch ist und auch in Südasien und Ostafrika vorkommt. Außerdem sind wohl noch andere Rhizophoreen Lieferanten. In Jamaica wird die Wurzel- und Stammrinde gemahlen und mit Dividivi gemischt zum Färben verwandt. Eine Probe trockener Rinde, 1890 nach England gebracht, enthielt (Semler a. a. O. 421) 25,10% Gerbstoff, alte Stammrinde 31,4%, ein aus Jamaica stammender Extrakt 58,3%. Trotz dieses hohen Gehalts und trotz des niedrigen Preises findet Mangrove in Amerika nur beschränkt Verwendung, weil sie ein schlechtes Leder ergiebt. Auch in Europa war sie bis vor Kurzem unverkäuflich. Seit 1895 hat aber in Ceylon die Crawfords Cutch Company die Koncession für Ausnutzung aller auf Kronland stehenden Mangrovebestände erworben und fabricirt hochprocentigen Extrakt. Als Beisatz zu anderen Gerbstoffen kann Mangrove vielleicht bald bei uns weitgehende Verwendung erfahren. In Deutsch-Ostafrika, welches außerordentlich reiche Mangrovebestände hat, ist eine planmäßige Ausnutzung ebenfalls in Aussicht genommen. Die von dort eingeführten Mangroverinden ergaben nach Untersuchungen des Reichs-Gesundheitsamts: Msimsii 48,76, Mkandaa 40,46, Mkomavi 32,65, Mkaka 48,42 G.-Pr., im Durchschnitt 40,5—51,6%. Die genauen Ergebnisse sind noch nicht bekannt, auch bedarf es noch der Feststellung der botanischen Gattung, welcher diese verschiedenen jetzt nur nach dem landesüblichen Namen gekennzeichneten Rinden angehören. Ueber den Gerbwerth der Mangrove stellt zur Zeit die deutsche Gerberschule in Freiberg auf Veranlassung der Reichsbehörde Untersuchungen an. (D. G. Z. 1897, Nr. 137/38.)

7. Valonea.

Valonea, auch natürliche Knoppern oder Ackerdoppen genannt, sind die Fruchtbecher von Q. aegilops, Q. oophora und Q. vallonea, welche in Griechenland, Kleinasien und den Küstenländern des ägäischen Meeres wachsen. Ihr Gerbstoffgehalt beträgt nach Post 35, nach Semler 34,78%. Councler (F. Bl. 1889, S. 46) fand in zehn untersuchten Proben nur 18,06—23,24% Lw., in Prima Smyrna Valonea 29,59% Lw. (Z. F. J. W. 1884), davon wenig schwerlöslich), v. Schröder (Dinglers pol. Journ. 1894, S. 293) 28,80 %, davon 9,3 % säurebildende Stoffe. Der Gerbstoff der Valonea ist chemisch von dem der Eichenrinde merklich verschieden, steht ihm in der Wirksamkeit aber kaum nach und kombinirt sich nach v. Schröder (D. G. Z. 1895 Nr. 127) mit vielen andern Gerbstoffen, besonders einheimischen Lohen, auch mit Quebrachoholzlohe und Mimosenrinde sehr günstig. Auch zur Extraktfabrikation wird er verwendet. Valonea kommt überwiegend von Smyrna und über Hamburg nach Deutschland und findet zur Zeit fast durchweg in der Sohllederfabrikation als Zusatz zu anderen Gerbmaterialien Anwendung, sie giebt dann ein viel festeres Leder als das nur mit diesen gegerbte. Prima Valonea von Smyrna kostete 1884 in Hamburg pro 50 kg 20 Mk., das kg reiner Gerbstoff also 1,36 Mark, 1897 12 bezw. 0,80 Mk.

In Wien stand der Preis für Valonea für 100 kg in Mark in 4 Sorten:

	I	II	III	Inselwaare
1884	45,90	37,70	22,10	30,18
1885		33,15		
1886	44,63	—	—	
1887	42,08	34,43	—	28,90
1888	34,00	—	—	32,30
1889	42,93	36,55	31,88	34,00
1890	47,60	37,40		39,10
1891	44,20	35,70		42,50
1892	37,57	34,00	25,50	27,20
1893	33,32	28,90	20,91	23,97
1894	33,15	28,90	19,55	24,31
1895	35,70	29,75	18,70	22,10
1896	30,60	28,90	17,43	20,06
1897	35,70	30,18	26,78	23,80

Die Schuppen der Valoneafrüchte werden unter dem Namen Trillo oder Trilo besonders gehandelt. Trilo enthält nach v. Schröder im Mittel 43,50 % Gerbstoff.

8. Mirobalanen.

Die unter diesem Namen gehandelten Früchte von der in Ostindien heimischen Terminalia Chebula Rxb., T. Belerica und deren Artgenossen aus der Familie der Combretaceae, sind in der Form harten, grünlichbraunen, gedörrten Pflaumen ähnlich und liefern helle Gerbstofflösungen mit einem mittleren Zuckergehalt, der nach v. Schröder, Bartel und Schmitz-Dumont (D. pol. J. 1894, S. 293) 3,15—7,05, im Durchschnitt 5,35 % beträgt, so daß auf 100 Theile Gerbstoff 17,8 Theile säurebildende Stoffe kommen. Das Gerbstoffprocent beträgt nach zwei vorliegenden Analysen Counclers (Z. F. J. W. 1884) 27,95 und 30,96 % Lw., davon 6,02 bezw. 10,87 schwerlöslich. Semler (a. a. O.) giebt 20—25 % und v. Schröder (a. a. O.) 30 % an. Mirobalanen ergeben allein ein weiches, leichtes, gelbes Leder und werden in der Sohl-, Vache- und Oberlederfabrikation wesentlich nur als Zusatz zu anderen Gerbstoffen, u. a. Lohen, Quebracho, Mimosenrinde und zur Herstellung von Extrakt verwendet. Der Extrakt besitzt nach v. Schröder (Gerbstoffextrakte S. 18) den Vorzug, leicht in die Haut einzudringen und die marktgängige Lederfarbe sehr wenig zu verändern. Er gerbt also schnell und kann auch in größeren Mengen ohne Bedenken benutzt werden. Er kombinirt sich gut mit Eichen- und Fichtenlohe und Fichtenrindenextrakt sowie mit Holzextrakten und ist schließlich ein billiger Gerbstoff. Der Preis pro 50 kg betrug 1884 12,25 Mk., 1887 7,5—10 Mk., 1890 9 Mk., 1891 11 Mk., 1892 9,80 Mk., 1895—97 5,50—5,75 Mk. in Hamburg, das kg reiner Gerbstoff stellte sich also auf etwa 0,50 bis 0,88 Mk. Hauptmarkt ist Wien, dort wird Mirobalane in 4 Sorten gehandelt: Hochprima, Prima, Sekunda, Tertia.

9. Catechu.

Catechu, auch unter dem Namen Cachou oder Terra japonica gehandelt, sind eingedickte Extrakte aus dem Kernholze von Acazia Catechu Wlld. in Vorder- und Hinterindien, es kommt in ungleich großen rauhen Würfeln von dunkelbrauner Farbe in den Handel. Das gewöhnliche heißt Pegu-Catechu, zum Unterschied von bengalischem. Ihm sehr ähnlich ist das von den Sunda-Inseln und

Hinterindien eingeführte von Uncaria Gambir herrührende Gambir. Es wird sorgfältiger hergestellt und steht im Preise höher als Pegu. Catechu ist fast ohne Rückstand in Wasser löslich. Es enthält eine Gerbsäure von eigenartiger chemischer Konstitution. Den Gerbstoffgehalt giebt Post mit 40—50% Lw., Councler (Z. F. F. W. 1882 S. 473) mit 40,85% Lw. an. Catechu wird in Kombination mit Lohen, Quebracho und Extrakten bei der Herstellung leichter Ledersorten, besonders Roßleder viel verwendet. Der Preis betrug in Hamburg 1882 33 Mk. für 50 kg, 1 kg Gerbstoff kostet 1,61 Mark, er war also theurer als Eichenlohgerbstoff. Die Preise sind seitdem erheblich gewichen, sie betrugen 1890 27,50, 1895 25, 1897 22 Mk. Danach kostet das kg Gerbstoff ca. 1,07 Mk. Ein dem Catechu ähnlicher Gerbstoff von sehr wechselnder Zusammensetzung stammt nach Haenlein (Chem. Ztg. 1896, S. 779) aus dem Holze mehrerer Baumarten, darunter Guayakholz.

10. Dividivi.

Dividivi oder Libidibi, flache braunrothe meist S-förmig gebogene, etwa 6 cm lange Schoten von Caesalpinia coriaria Wlld., werden aus Südamerika besonders Venezuela (Caracas und Curaçao) eingeführt, hauptsächlich nach England, neuerdings aber auch zu uns wegen ihres niedrigen Preises. Sie haben nach Post 19 bis 49% Lw. Gerbstoff, nach Ebermeyer 35, nach v. Schröder 41,5, nach Councler 37,54, wovon 8,10% schwerlöslich und 40,47 mit 7,63% schwerlöslichem. Säurebildende Stoffe sind reichlich vorhanden, nach v. Schröder, Bartels und Schmitz-Dumont (a. a. O.) kommen auf 100 Theile gerbende Stoffe 20,2 Theile säurebildende. Der Preis stellte sich 1884 für Primawaare ab Hamburg auf 15,75 Mk. für 50 kg und 0,77 Mk. für das kg Gerbstoff, 1897 dagegen nur noch auf 9—13,5 Mk. bezw. 0,15—0,28 Mk. Rein angewandt liefert das Dividivi ein geringwerthiges Leder, kombinirt dagegen mit Lohen, Quebracho und Mimosa bildet es ein sehr werthvolles Gerbmittel, welches auch als Extrakt viel verwendet wird und dessen einziger Mangel in der von ihm erzeugten fuchsigbraunen Färbung des Schnittes besteht. Es eignet sich deshalb wenig zur Herstellung von Unterledern, sehr gut aber für alle

Gattungen von Oberleder, überhaupt für solche Leder, auf deren Aussehen es wenig ankommt.

11. Sumach oder Schmack.

Unter diesem Namen kommt aus den Mittelmeerländern, aus Tirol und aus Amerika ein grünliches Pulver in den Handel, welches aus den getrockneten und zerriebenen Blättern, Zweigen und Blüthen von Rhus typhina, Rhus cotinus, Coriaria myrtifolia und anderen Artgenossen besteht und vorzugsweise bei der Gerbung heller oder zu färbender Ledersorten Verwendung findet. Die Sumachgerbsäure ist nach Councler (Z. F. J. W. 1883 S. 218) der Galläpfelgerbsäure sehr ähnlich, zwei von ihm untersuchte Proben, je eine aus Dalmatien und Istrien, enthielten 13,77 bezw. 15,12% Lw. Post (a. a. O.) giebt 12 bis 17% an. Ebermeyer fand 18%, v. Schröder 28 G.-Pr., auf 100 Theile gerbende Stoffe entfielen im Mittel 16,2 Theile säurebildende. Der Preis dieses Materials stand ziemlich hoch, 50 kg kosteten 1883 14,50 und 16 Mark, 1 kg Gerbstoff also 2,11—2,12 Mark. Neuerdings ist er gesunken. Sizilianischer Sumach kostete ab Hamburg 1897 7,5—8,5 Mk., das kg Gerbstoff also etwa 1,14 Mark. Sumach wird sehr viel mit gerbstoffarmen Pflanzen vermischt und ist dadurch in Gerbwerth und Preis ziemlich schwankend. Er wird hauptsächlich in Ungarn und der Türkei, wenig nur in Deutschland zur Herstellung leichter Leder, zum Kombiniren mit anderen Stoffen und zur Extraktfabrikation verwendet. Der Extrakt hatte (Councler Z. F. J. W. 1884 H. 10) in zwei Proben 30,07 bis 30,32% Lw. in fester und 11,55% in flüssiger Form (30° Beaumé) und das kg Gerbstoff im Extrakt kostet danach 3 bezw. 4 Mark, also mehr als im Rohprodukt. Sumach ist danach in allen Formen theurer als Eichenrinde und deren Gerbstoff.

12. Mimosenrinde oder Wattle.

Mimosen- oder Wattlerinde gehört zu den wichtigsten und zukunftsreichsten der überseeischen Gerbstoffe, und ist, wie Councler schon 1883 (Z. F. J. W. 83 S. 521) hervorhob, ein sehr gefährlicher Rivale unsres Eichenschälwalds. Die Rinde stammt von verschiedenen Akazienarten, welche unter der allgemeinen Bezeichnung Wattle in geordneten, nachhaltigen Schälwaldbetrieben Australiens mit immer steigendem Erfolge angebaut werden und ganz enorme, unseren Schälwald um das 10- bis 40fache übersteigende Erträge pro Jahr und Hektar liefern. v. Höhnel (a. a. O. 29 und 142) führt 20 gerbstoffführende Mimosenarten auf, die nicht nur in Australien, sondern in vielen andern Tropenländern, in Indien, am Cap, am Senegal, auf Reunion, in Algier, Südamerika, einige auch in Egypten und Kleinasien gedeihen. Nach Councler sind indessen nur die australischen Rinden von Bedeutung für den Welthandel, welche hauptsächlich von Acacia decurrens (Blackwattle), A. mollissima, lasiophylla, harpophylla, saligna (Wattlerinde), A. penninervis (Goldwattle), A. dealbata (Silverwattle) und A. melanoxylon (Blackwoodwattle) stammen. Sie kommen in Stücken (Mimosa long), klein gehackt (M. chopped) und vermahlen (M. ground) in den Handel, hauptsächlich nach England, wo sie ausgedehnte Verwendung in der Sohlledergerberei finden, aber auch in immer steigendem Maße nach Deutschland. Neuerdings werden nach Haenlein (Chem. Ztg. 1896 S. 779) Mimosenrinden auch aus Californien, Brasilien, Reunion, Java und Südafrika eingeführt. Besonders die afrikanischen sollen viel Aussicht auf regelmäßige Verwendung in Europa haben.

Vier im Jahre 1883 von Councler analysirte Proben ergaben in lufttrockener Waare an Gesammtgerbstoff 16,32, 18,88, 21,20, 23,11 % Lw., davon waren bezw. 3,60, 3,83, 4,66, 3,18 % schwerlöslich, eine 1884 untersuchte weitere Probe (Z. F. J. W. 1884 H. 10) enthielt 23,01 % mit 3,66 % schwerlöslichem, sodaß als Durchschnittsgehalt 20,5 % Lw. gelten kann. Eine Abhandlung, Westaustraliens natürliche Hilfsquellen (Köln. Volksztg. 1896) giebt für A. saligna 30 % an, Haenlein (a. a. O.) berichtet, daß drei Proben 34,77, 30,53 und 27,38 % Lw. ergaben.

Die Mimosenrinde ist im Allgemeinen arm an Farbstoff, giebt aber doch, wenn in größeren Mengen verwandt, dem Leder eine unerwünschte rothe Farbe (v. Schröder, D. G. Z. 1895 Nr. 27). Dadurch ist ihr Gebrauch beim Sohlleder immer nur beschränkt, sie darf nicht allein oder zu reichlich benutzt, sondern muß mit anderen Stoffen kombinirt und im Gerbproceß am Anfang, nicht am Ende verwendet werden. Sie enthält wenig säurebildende Substanzen (0,91% Zucker), kombinirt sich deshalb gut mit Eichenlohe, mit der sie ein sehr gutes Sohlleder liefert. Auch zu Extrakten wird Mimosa neuerdings viel verarbeitet.

Der Preis pro kg Gerbstoff stellte sich 1883 auf 1,38 bis 1,90 Mark, 1884 auf 1,46 Mark (Councler a. a. O.), 1896 auf 0,96 Mark.

Versuche, die Mimosa in Deutschland und Belgien anzubauen, sind seit 1880 mehrfach (F. Bl. 1881 S. 145) unternommen worden, aber erfolglos geblieben.

13. Hemlockrinde.

Die Rinde der Hemlocktanne, Tsuga canadensis bildet das zur Zeit noch in Nordamerika am meisten angewandte Gerbmittel. Die Hemlocktanne ist ein noch reichlich vertretener Baum im kälteren Nordamerika, besonders im Osten von Hudsonsbay bis Nordkarolina, im Süden bis zum Alleghanygebirge. Sie nimmt etwa 4 Millionen ha ein und wurde früher wesentlich nur auf Rinde genutzt, während neuerdings auch ihr Holz mehr und mehr geschätzt wird. Ihr Gerbstoffgehalt beträgt nach Mayr (a. a. O. S. 56) und Semler (a. a. O. S. 421) 13,1 G.-Pr.

Die Hemlockrinde kam erstmalig 1844 nach England und hat seitdem Verbreitung über den europäischen Kontinent bis nach Rußland hin gefunden. Sie verdankt dieselbe nicht sowohl ihrer Gerbkraft als ihrer Billigkeit. Viel mehr wie zu Lohe wird sie zu Extrakt verarbeitet. Man laugt die gemahlene Rinde in heißem Wasser aus, dampft in der Vakuumpfanne zur Syrupsdicke ein und bringt dieses Produkt in Fässern unter der Bezeichnung Tanninextrakt mit etwa 30% Gerbstoff (F. Bl. 1889, S. 47) in den Handel. Unter dem gleichen Namen kommen auch Rindenextrakte von Engelmannsfichte und etlichen anderen Tsuga-Arten (T. Pattoniana, T. Mertensiana u. a.) in den Verkehr. Der Hemlockextrakt wird aber in Deutschland wenig benutzt, denn er ist theuer, macht das Leder spröde und färbt es röthlich. Früher, besonders in den siebziger Jahren kam amerikanisches Hemlockleder in großen Massen nach Deutschland und machte dem einheimischen Sohlleder eine sehr empfindliche Konkurrenz. Wegen der röthlichen Farbe wurde es das „rothe Gespenst“ genannt. Seit Einführung des Schutzzolls für Leder und dem Aufblühen der deutschen Extrakt- und Schnellgerbereien wird es jetzt nur noch in geringfügigen Mengen eingeführt. Dagegen wird in Amerika und auch in England viel Hemlockleder erzeugt.

14. Quebrachoholz.

Dieser zur Zeit weitaus gewichtigste Konkurrent der Eichenlohe wird erst seit etwa fünfzehn Jahren, in größeren Mengen seit 1888 nach Deutschland eingeführt. 1867 wurde zerkleinertes Quebrachoholz zuerst in Paris ausgestellt, demnächst auf der Lederindustrie-Ausstellung in Berlin. Sein Heimatland ist Argentinien, Uruguay, Paraguay, Brasilien, von letzterem besonders die Gebiete Calesa und Sierra chica. Es ist das Holz einer Terebinthacee, welche Griesebach (Katalog der argentinischen Republik Philadelphia 1876) Loxopterygium Lorentzi nannte, später Quebrachia Lorentzii Gr. (Katalog der argentinischen Ausstellung in Bremen 1884, S. 28 und 29), und das im Handel als Quebracho colorado geführt wird. Der Name Quebracho, Quebrac hacha, heißt Axt zerbrechend und wird in Argentinien ohne Rücksicht auf die botanische Art überhaupt auf Bäume mit sehr hartem Holz angewendet: z. B. Aspidosperma Quebracho Schl., nach der Handelsbezeichnung Quebracho bianco, eine Apocynee, die wie Hieronymus (Icones et descriptiones plantarum, quae sponte in re publica Argentina crescunt, Breslau 1885 I., S. 52) angiebt, auch einen Gerbstoff aber nur in Blättern und Rinde enthält mit nach Saschkis (F. Bl. 1880, S. 287)*) 3,48, nach v. Höhnel (a. a. O., S. 104) 2 bis 4 % Gerbstoff. Ferner geht als Quebracho flojo Holz und Rinde von Jodinia rhombifolia Hooker, einer Jlicinee; eine Leguminose Machaerium fertile Gr. wird übrigens auch unter der Bezeichnung Quebracho colorado gehandelt.

---

*) In dem fraglichen Artikel ist Puschkin genannt, gemeint dürfte jedenfalls Saschkis sein.

Quebrachia Lorentzii, um das es sich für die Gewinnung von Gerbmaterial allein handelt, ist nach verschiedenen Berichten in ungeheuren, von Manchen als unerschöpflich bezeichneten Vorräthen in Südamerika vorhanden. Die argentinische Provinz Gran Chaco umfaßt nach einer Mittheilung in der D. G. Z. 1896 Nr. 155 ein Territorium von etwa 358000 □ km (Deutschland umfaßt 545000 □ km). Der weitaus größte Theil dieses ungeheuren Gebiets ist mit Wald bedeckt, welcher Q. colorado enthält. Aber dieser Baum kommt auch noch reichlich vor in den Provinzen Santiago, Corrientes und Santa Fé. Das als Gran Chaco bei uns eingeführte Holz kommt nicht aus dem Gran Chaco, sondern aus dem nördlichen Theil von Santa Fé, welcher Chaco Santo ferino heißt. Auch Bolivia und Paraguay enthalten noch enorme Vorräthe, so daß, selbst wenn der Verbrauch des Quebrachoholzes sich weiter verallgemeinert, noch immerhin zwei Generationen genug haben mögen. Nur werden allmählich die Entfernungen größer und damit die Transportkosten höher.

Das sehr harte Holz wird in zerfasertem, geraspeltem oder gemahlenem Zustande verwendet oder, und zwar in größtem Umfange, zu Extrakt verarbeitet. Ueber seinen Gerbstoffgehalt liegen sehr zahlreiche Analysen vor. Derselbe beträgt nach der mir bekannt gewordenen niedrigsten Angabe 16,64% Lw., nach der höchsten 22% und wird im großen Durchschnitt auf 20% Lw. bemessen werden müssen. Der Antheil des schwerlöslichen ist groß und beträgt nahezu die Hälfte des Gesammtgerbstoffs.

Der Hauptimportplatz ist unbestritten jetzt Hamburg, früher war es Havre. Von letzterem Platze kommt jetzt nur noch wenig nach Deutschland. Der Preis pro 100 kg Blockholz stand 1884 auf 16 bis 17,50 Mk., der des kg reinen Gerbstoffs danach auf 0,83 bis 0,97 Mk. Er war also schon damals niedriger als der Preis des Eichenrindengerbstoffs, ist aber seitdem noch erheblich gesunken und betrug 1895 pro 100 kg 5 bis 6 Mk. in den Seehäfen, 8,80 bis 9,00 Mk. in Sachsen*), 10 Mk. im Oberelsaß.

*) 1895 im Februar stand in Dresden Hirnschnitt 4,40 Mk., Pulver 4,45 Mk., Lohschnitt 4,50 Mk., fester Extrakt (70%) 19,00 Mk. pro 50 kg.

Das kg reiner Gerbstoff stellt sich danach auf etwa 25 bis 50 Pfennige. Zerkleinertes Quebrachoholz, sog. Lohe, werthete 1896 in Hamburg mit 7,75 Mk. für Lohschnitt, 7,55 Mk. für Hirnschnitt, 7,13 Mk. für Pulver, 1897 bezw. mit 7,78, 7,60 und 7,68 Mk. Im Ursprungslande kostete August 1895 Quebracho in Blöcken in Buenos Ayres bestes Chaco-Holz 58 Mk. pro t, Santiago del Estero und andere geringere Provenienzen 54 Mk. pro t.

Der Gerbstoff des Quebracho hat ein sehr hohes Gerbvermögen, wird vom Leder leicht aufgenommen, lockert die Haut und hebt das Gewebe. Er hat einen ganz geringen Zuckergehalt, nach v. Schröder, Bartel und Schmitz (a. a. O.) 0,10 bis 0,65 durchschnittlich 0,25 %, auf 100 Theile Gerbstoff entfielen nur 1,1 Theil säurebildende Stoffe. Quebracho giebt allein oder in größeren Mengen angewandt, (vgl. hierzu und zu dem Folgenden die schon vielfach angeführten Quellen) dem Leder eine röthliche oder violette Färbung. Bloß mit Quebracho gegerbtes Leder ist lose und leicht narbenbrüchig. Deshalb und wegen der unschönen Färbung eignet sich der Stoff nicht zu reiner Verwendung. Dagegen kombinirt er sich ausgezeichnet mit anderen Gerbmitteln. Seine geringe Fähigkeit, Säure zu bilden, macht ihn wenig tauglich für die Ledersorten, welche der Schwellung durch Säuren bedürfen, wie besonders für Sohlleder. Wird er trotzdem dazu verwendet, wie u. a. vielfach in Nord- und Westdeutschland, so müssen, um das Leder zu schwellen, Mineralsäuren benutzt werden. Für Herstellung schwachen Leders, besonders Roßleders, ist Quebracho dagegen sehr brauchbar und es darf schon jetzt als das in der Roßlederfabrikation weitaus am meisten verwendete Gerbmaterial bezeichnet werden.

Bei dem hohen Gehalt und der leichten Aufnahme durch das Leder gerbt Quebracho sehr rasch; indessen wird brauchbares Leder nur dann erzeugt, wenn die ersten Gerbebrühen anfänglich ganz schwach genommen, dann allmählich gleichmäßig verstärkt werden. Andernfalls nehmen i. d. R. nur die äußeren Schichten den Gerbstoff auf, lassen ihn aber nicht bis in die Mitte eindringen („die Haut erschrickt“) und das Leder wird nicht gleichmäßig gar. Dieser Umstand wurde Anfangs in der Quebrachogerberei nicht genügend berücksichtigt und führte mit Grund dazu, das Quebracholeder als ein zwar billiges, aber auch geringwerthiges zu bezeichnen. Durch Erfahrung und Studium sind aber seitdem die Gerber ganz erheblich weiter gekommen in der erfolgreichen Verwendung des Quebracho. Zur Zeit wird deshalb, abgesehen vielleicht von wenigen Roßledergerbereien, Quebracho nirgends mehr rein verwendet, sondern immer kombinirt. Für schwache Leder wird ein Zusatz meist von Mirobalanen oder Catechu genommen. In der Sohlleder- und Riemenlederfabrikation kommt es in Verbindung mit Eichen- und Fichtenlohe vielfach unter Mitverwendung von Valonea und Extrakten wirkungsvoll zur Anwendung. Die richtig vorgenommene Kombination vermag auch die ungünstige Färbung völlig zu verdecken. Wie im Einzelnen die Mischungsverhältnisse gewählt werden, ist meist Erfahrungssache und gilt mehr oder weniger als Geschäftsgeheimniß der einzelnen Gerber. Feststehend ist, daß Quebracho in der Roßledergerberei dominirt, bei der Herstellung von starkem Leder entweder als Grundlage oder, und zwar wahrscheinlich mit geringen Ausnahmen in ganz Deutschland, als Zusatz bei der Lohgerbung dient.

Die derart gegerbten Leder stehen unter der Voraussetzung einer sorgfältigen Gerbtechnik den mit Eichenlohe hergestellten an Güte nur noch wenig nach, sind dabei aber billiger. Die Anschauung ist weit verbreitet, daß die durch den Gerbstoff herbeigeführte Gewichtsvermehrung, das Rendement, bei der Quebrachogerbung sehr hoch sei und etwa um $1/4$ bis $1/3$ höher stehe als bei der Eichengrubengerbung. Es werde dadurch die Preisdifferenz wieder nahezu ausgeglichen. Indessen sprechen die neuerdings von Bartel (D. G. Z. 1897 Nr. 114) angestellten genauen Untersuchungen durchaus gegen diese Annahme. Aus ihnen geht hervor, daß der gebundene Gerbstoff bei beiden Lederarten im Mittel einen etwa gleichgroßen Procentsatz des Gesammtgewichts bildet und nur der auswaschbare bei der Extraktgerbung ein wenig höher steht als bei der Eichenlohgerbung.

In besonderem Maße dient Quebrachoholz zur Herstellung von Extrakt. Der Quebrachoextrakt ist der reichste, wirksamste und billigste aller Gerbstoffextrakte. Er wird sowohl fabrikmäßig dargestellt, als auch im weitesten Umfange von den größeren Gerbern selbst bereitet; er kommt im ersteren Falle flüssig (teigförmig) oder fest auf den Markt. Nach v. Schröder enthält der erstere bis 50%, der letztere bis 70%, nach Simand (Bökmann II. 536) kommen auf 100 Theile wasserlöslichen aschenfreien festen Extrakt 90 und mehr Theile gerbende Substanzen. Councler fand in drei analysirten Proben in prima flüssigem Extrakt 36,29%, in festem 53,59 und 60,22%, in einer vierten 60,16%. Nach Angaben der Firma Waitz & Renner in Hamburg enthält der von ihr fabricirte teigförmige Extrakt von 30° Bé 45% Gerbstoff. Aus 100 kg Holz werden durchschnittlich 40 kg solchen Extraktes, mithin 18 kg Gerbstoff erzeugt. 100 kg Holz kosten loco Hamburg (1895) 6,10 Mk.; das kg Extrakt kostete dort 1895 flüssig 24, 1896 23,5 bis 24,5 Pfg., fest bezw. 36 Pfg. und 33,5 bis 34,5 Pfg. Das kg Gerbstoff stellt sich dabei auf etwa 50 bis 60, im Durchschnitt 54 Pfg. Wie das geraspelte Holz, so besitzt auch der Extrakt fast kein Schwellvermögen, ist deshalb außer in Kombination wenig für Sohlleder geeignet, vorzüglich dagegen in der Oberleder- namentlich Roßledergerberei. Der Extrakt kombinirt sich am besten mit Eichen- und Fichtenlohe wegen deren hohen Gehaltes an säurebildenden Stoffen, und weil diese die rothblaue Farbe verdecken. Auch mit anderen Extrakten, so mit Fichtenloh- wohl auch Mirobalanextrakt ist er vortheilhaft zu verbinden und liefert nach v. Schröder mit ersterem in der Oberlederfabrikation „ein Produkt, wie es nach praktischen Erfahrungen nur durch Eichengerbung zu erreichen ist“. Für Riemen- und Blank- oder Zeugleder ist Quebrachoextrakt als theilweiser Ersatz oder als Zusatz zur Eichen- und Fichtenlohe ebenfalls vorzüglich geeignet.

Quebracho in Holz und Extrakt ist heute das bei Weitem wichtigste und verbreitetste aller überseeischen Gerbmaterialien. Wesentlich auf seiner Verwendung basirt die blühende Gerberindustrie ganzer Gegenden, welche viele Tausende von Arbeitern beschäftigt, so insbesondere in und um Hamburg, in Holstein und der bayerischen Pfalz. Nach Angaben der Firma Waitz & Renner in Hamburg geht ihr Produkt durch ganz Deutschland an große und kleine Gerbereien, nach Ostpreußen wie nach Bayern, und giebt es wohl nur wenige Gerbereien, die des Quebracho ganz entrathen mögen. Die Firma verarbeitete 1894 rund 28000 t theils (28 %) zu Extrakt, theils (72 %) zu Lohe. Seitdem dürfte das Jahresquantum gestiegen sein. Eine kleinere Fabrik in Sachsen, Richter-Riesa, brachte nur an Lohe 1895 jährlich gegen 1200 t in den Handel und zwar in gemahlener Form, welche eine relativ hohe Ausnutzung des Gerbstoffs auch in kleinen nur kalt betriebenen Gerbereien zuläßt und in der That von solchen sehr viel bezogen wird.

Der Verbrauch von Quebracho in Deutschland ist enorm gestiegen, von 4369 t in 1886 auf 87606 in 1895, also in zehn Jahren um das 20fache und er wird sicherlich noch weiter zunehmen. Die Vorräthe in den Ursprungsländern sind anscheinend trotz der ins Riesige gestiegenen Ausnutzung unerschöpflich.

Nach der D. G. Z. 1897 Nr. 45 exportirte Argentinien in Tonnen:

	nach deutschen	holländischen	französischen Häfen	zusammen
1890	22000	5000	6700	33700
1891	47000	20700	22300	90000
1892	12200	13400	4100	29700
1893	35300	10700	3400	49400
1894	38410	9890	6260	54560
1895	90780	43410	19880	154070
1896	53650	26610	10920	91200
1890/96	299340	129710	73580	502630

Danach ist Deutschland der bedeutendste Abnehmer.

Der Rückgang in der Einfuhr 1896 hängt mit dem gesteigerten Bedarf Argentiniens an Quebrachoholz zu Eisenbahnschwellen zusammen und dürfte kaum von längerer Dauer sein.

15. Canaigre.

Dieses seit etwa 1890 nach Europa eingeführte Gerbmittel stammt nach einem eingehenden von v. Schröder an den Central-

*) Auch in Havre zeigt sich 1896 ein kleiner Rückgang, die Einfuhr betrug dort 1893 6620, 1894 6260, 1895 19885, 1896 11710 t.

verein der deutschen Lederindustrie erstatteten Gutachten von 1894 (Ber. des C.-V. d. Led.-Ind. 1895, S. 23 ff.) von Rumex hymenosepalum aus der Familie der Polygoneae*). Diese krautartige perennirende Pflanze ist im südlichen Nordamerika heimisch und wird dort zur Gerbstoffgewinnung planmäßig angebaut. Der Gerbstoff ist vorzugsweise in dem mehrere Jahre ausdauernden Wurzelstock enthalten, dreijährige Wurzeln sind am gehaltreichsten. Die getrocknete Wurzel kommt in kurzen, leicht zu zerkleinernden Spaltstücken von runzeligem Aeußeren und rothbrauner, innen hellerer Farbe in den Handel. Im Durchschnitt enthält sie im lufttrockenen Zustande 30 G.-Pr. Gerbstoff, welcher sich leicht und zum größten Theil schon in kaltem Wasser löst. Er erzeugt ein volles, weiches Leder und verleiht demselben eine schöne helle Farbe. Sehr groß ist der Gehalt an säurebildenden Stoffen, auf 100 Theile gerbende Stoffe fand v. Schröder 23 Theile säurebildende, so daß Canaigre in dieser Hinsicht nur von Eichen- und Fichtenrinde übertroffen wird. Nach den bisher bekannt gewordenen Versuchen wird Canaigre am meisten für Oberleder, feinere Sattler- und Galanterieleder empfohlen, sowie zum Ausgerben, Farbegeben und Nachgerben von mit Lohe gegerbten Oberledern. v. Schröder hält sie aber für wohl geeignet zu sehr vielseitiger Verwendung bei der Herstellung verschiedener Lederarten. Der allgemeinen Verwendung steht bisher nur der hohe Preis entgegen. 1894 kosteten 50 kg in Hamburg 15 Mk., das kg Gerbstoff stellt sich also schon dort auf 0,50 Mk. Wenn es gelingt, die wegen des mühsamen Trocknens der Wurzel hohen Gewinnungskosten herabzusetzen, so ist nach dem Urtheile v. Schröders ein rasch zunehmender Verbrauch dieses ausgezeichneten Gerbmaterials sicher zu erwarten.

Auch zur Extraktfabrikation wird Canaigre mit Vortheil benutzt. Zwei Proben solchen Extrakts in teigförmigem Zustande enthielten 38,38 und 45,79 G.-Pr., außerdem auf 100 Theile Gerbstoff 44,7 Theile zuckerartige, säurebildende Stoffe. Der

---

*) Eine andere Polygonee Pol. bistorta mit 16—20% Gerbstoff wurde nach Anregung von Fraas schon Anfang der 70er Jahre zum Gerben empfohlen, hat aber keine Verbreitung gefunden.

Extrakt ist ohne viel Rückstand leicht löslich und giebt dem Leder eine gute helle Färbung.

Versuche, die Canaigrepflanze in Europa anzubauen, sind nach Mittheilung des genannten Vereins in Bosnien vorerst mit geringem Erfolg gemacht worden, neuerdings auch in Deutschland eingeleitet und sollen außerdem mit begründeter Aussicht auf Erfolg in Deutsch-Ostafrika unternommen werden.

Zum Schlusse mögen noch einige tabellarische Vergleichungen der verschiedenen Gerbstoffe Platz finden: Nach R. Burckhardt (D. G. Z. 1898, Nr. 68) beträgt der mittlere Gerbstoff-, Zucker- und Wassergehalt, sowie der mittlere Preis der gebräuchlichsten Gerbmaterialien:

	Gerbende Substanzen	Zucker-Gehalt	Wasser-Gehalt	Preis pro kg Gerbstoff	1 kg Gerbstoff entspricht wieviel kg Gerbmaterial
Eiche	10,10	2,61	13	1,18	9,90
Fichte	11,59	3,72	14,50	0,54	8,63
Valonea . . .	28,57	2,64	14,50	1,48	4,14
Quebrachoholz . .	24,15	0,38	14,50	0,58	3,50
Knoppern . . .	29,82	0,63	16,50	1,04	3,35
Mimosa . . .	31,89	0,96	14,50	1,04	3,13
Myrobalanen . .	30,26	5,10	13	0,96	3,30
Dividivi . . .	47,40	8,41	13,50	0,76	2,41
Algarobilla . . .	43,20	8,36	13,50	1,13	2,31

Nach Päßler (D. G. Z. 1897, Nr. 37) stellen sich im großen Durchschnitt die Preise für das kg Gerbstoff auf Mark:

bei Eichenlohe	1,20	bei Mimosa	0,65
„ Valonea	1,00	„ Dividivi	0,60
„ Fichtenloheextrakt . .	0,90	„ Fichtenlohe . . .	0,56
„ Eichenholzextrakt . .	0,80	„ Quebrachoholz (fest) .	0,50
„ Algarobilla . . .	0,75	„ Quebrachoholz . .	0,42
„ Kastanienholzextrakt .	0,70	„ Myrobalanen . . .	0,42

4. Das deutsche Gerbereigewerbe und seine Entwickelung.

Die Gerberei ist jedenfalls ein uraltes Gewerbe. Das Bedürfniß, die allerwärts dargebotene thierische Haut zu konserviren und für die verschiedenartigen Verwendungszwecke zuzurichten, hat überall schon auf den frühesten Kulturstufen der Völker dazu geführt, Mittel zu finden, welche die Haut in Leder umwandeln. So wenig man das Wesen dieses Umwandlungsprocesses verstand, so fand man dennoch fast überall die geeignetsten Gerbmittel, wie sie in den einzelnen Ländern und Gegenden sich darboten. Schon die Römer benutzten Galläpfel und Sumach, die Aegypter Akazienschoten, wohl auch Alaun. Plinius berichtet, daß die Kelten mit Birkentheer gerbten und die Indianer verstanden es von Alters her, Wildhäute und selbst starke Büffelhäute mit Sumach und unter Zuhilfenahme von Rauch in ein gutes Leder umzuwandeln, das ihnen zur Kleidung und Herstellung ihrer Zelthütten diente.

So hat sich die Gerberei durchaus empirisch und je nach dem in einem Lande zumeist gebotenen Gerbmittel verschieden entwickelt. Wie sie in Rußland die Fichten-, Weiden- und Birkenrinde, in Südeuropa Galläpfel und Sumach, in Amerika die Hemlockrinde verwendete, so bildete sie sich in Deutschland und dessen Grenzländern wesentlich auf der Grundlage der Eichenrindengerbung aus. Wo Eichenrinde reichlich erzeugt wurde, siedelte sie sich an, überall in kleinen Betrieben mit lokal begrenztem Bezugs- und Absatzgebiet. Die Landwirthschaft in diesem lieferte die rohen Häute, der nachbarliche Wald die Lohe. Das erzeugte Leder fand in eben diesem Bereiche seine Verwendung. Schon früh findet man in den aufblühenden Städten die Gerberei als selbständiges Gewerbe in Gilden organisirt, besonders in der Rheingegend. Schon damals mag da und dort das fertige Leder über das Lokalgebiet hinaus Absatz gefunden haben. Aber im Wesentlichen blieb es wohl auf dieses beschränkt. Das gegendweise zur Verfügung stehende Gerbmittel war zumeist das einzig gebotene. Eine Prüfung auf die Gerbstofffähigkeit oder den Gerbstoffgehalt war also bedeutungslos. Sie wäre auch den Gerbern unmöglich gewesen, weil ihnen die Kenntnisse dafür fehlten. Der Ausfall des Leders bestimmte rückwärts die Güte des Gerbmittels im Einzelnen. Der Gerber gewann unschwer eine gute Bekanntschaft mit den verschiedenen ihm zugänglichen Rindenproduktionsstellen. Er wußte, daß die auf milden, warmen Lagen gewachsene Lohe ihm besseres Leder gerbte, als solche von rauhen, frostigen, kalten Standorten, daß junge, fleischige, glatte, gutgetrocknete, nicht beregnete Rinde besseres leistete als alte, borkige, naßgewordene oder schimmelige. So ergaben sich von selbst gewisse Kriterien, die zum zünftigen Wissen gehörten und leichte Anwendung zuließen. Man schnitt, kaute, beroch die Lohe, brach sie, laugte kleine Proben aus und fand je nach Erfahrung und Meisterschaft genügende Anhaltspunkte, um sich einen Bewerthungsmaßstab zu bilden. Das wirkte weiter ein auf die Rindenproduktion. Der Waldbesitzer hatte sich die Frage zu stellen, bei welcher Bewirthschaftungsform er den besten Erfolg erzielte. Jenachdem bildete die Rinde da Nebenprodukt, dort Hauptprodukt. Zumeist aber sorgte der Polizeistaat dafür, daß den Gerbern zur Erzeugung des unentbehrlichen Leders der dazu unentbehrliche Hilfsstoff dauernd dargeboten war.

Da, wo die Vorbedingungen für eine gute Ledererzeugung besonders günstig waren*), begann schon zeitig eine über den rein lokalen Bedarf hinausgehende Produktion Platz zu greifen. Für den Ueberschuß mußte Absatz nach außerhalb gesucht werden. So lange die Verkehrsmittel unentwickelt waren, war auch der Versand des Leders beschränkt und erst mit der allmählichen Ausbildung derselben ward das Leder ein Gegenstand des Handels. Für Deutschland bildeten bekanntlich Frankfurt a. M., Leipzig und Braunschweig Austauschplätze für Leder, später trat u. a. Berlin hinzu, wo die Erzeugung guten Lohleders hauptsächlich durch die Geschicklichkeit französischer Emigranten seit Mitte des vorigen Jahrhunderts zu raschem Aufblühen gelangte. Der Westen Deutschlands brachte seine solide eichenlohgare Waare, insbesondere sein Sohlleder, an diese Plätze und tauschte wohl vielfach rohe Häute dafür ein. So fand das westdeutsche Leder weiterhin ostwärts seinen Weg und der ostdeutsche Konsument erkannte dessen Vorzüglichkeit bereitwillig an. Die westdeutsche Sohlledergerberei gewann einen bedeutenden Aufschwung, der noch begünstigt wurde

*) Englisches Lohleder war schon im 18. Jahrhundert eine gesuchte Handelswaare. Noch früher lieferten und verschickten besonders die Mittelmeerländer einzelne Lederarten durch die ganze Kulturwelt. Die noch jetzt üblichen Namen, Korduan (Cordova), Marocin (Marokko), Saffian (Safi), rühren daher.

durch die ebenfalls mit dem wachsenden Verkehre zusammenhängende Steigerung des Lederverbrauchs. Zwischen Producenten und Konsumenten trat der Händler als bald ständiger und unentbehrlicher Vermittler. Das Leder wurde Handelswaare.

Der Osten und Norden Deutschlands nahm an jenem Aufschwung nur geringen Antheil. Seine heimischen Gerbmittel, Eichengrobrinde und Fichtenrinde, lieferten ihm kein Leder, das dem westlichen qualitativ ebenbürtig war. Man begann Vergleiche anzustellen, welche Eigenschaften zu einem guten Gerbmittel gehörten. Gute Eichenschälrinde wurde begehrt, hoch bezahlt. Aber die Transportkosten machten ihre Verbringung auf weite Entfernung zu theuer. Man rief nach Mehrung der vorhandenen Schälwälder, nach Neubegründung von solchen, so besonders in den siebenziger Jahren dieses Jahrhunderts in der Erwartung, aus ihnen bestes Material beziehen zu können. Diese Erwartung blieb freilich unerfüllt. Klima und Standort im Osten paßten für die Erzeugung guter Lohe wenig. Selbst als die Verkehrsmittel einen wohlfeilen Transport auf weithin zuließen, fehlte es zunehmend an der begehrten Lohe. Denn der Bedarf an Leder hatte sich enorm gesteigert. Die deutsche Lederindustrie gewann machtvolle Ausdehnung. Auch die Gerberei arbeitete rüstig und zielbewußt. Aber dennoch war sie nicht im Stande, den Bedarf allein zu decken. Das Ausland brachte in rasch steigender Menge*) fertige Leder auf den deutschen Markt. In überseeischen Ländern, wo die Weidewirthschaft große Mengen Vieh producirt und die Häute reichlich vorhanden und billig waren, erblühte eine Gerberindustrie unter dem Einflusse des Verkehrs und nahm an Ausdehnung zu, zumal da, wo wie in Südamerika und Australien die Herstellung von konservirtem Fleisch und Fleischpräparaten für den Export sich einbürgerte. Das von daher nach Europa eingeführte Leder (bes. Hemlockleder aus Nordamerika und Valdivialeder aus Chile) war zwar meist qualitativ weit geringer als das deutsche, aber dafür auch sehr billig.

Unter dem Einfluß dieser Zufuhren erwuchs in Deutschland eine neue Industrie, die Schuhfabrikation. Während das Schuhmacherhandwerk zurückging, gewann sie bald eine große Ausdehnung.

*) 1872 betrug die Einfuhr 848 t, 1875 1100 t.

Denn Bedarf und Geschmack des konsumirenden Publikums, zumal in den Städten, neigte sich mehr und mehr leichtem, der wechselnden Mode entsprechendem, elegantem Schuhwerk zu, das deshalb nicht in erster Linie dauerhaft, sondern billig sein mußte. Dem kam die Schuhfabrikation mit günstigstem Erfolg für beide Theile entgegen. Die neue Industrie konnte nur billiges Leder brauchen und die deutsche Gerberei, die bis dahin solches nicht genügend lieferte, gerieth infolge der Einfuhr desselben vom Auslande in schwere Bedrängniß. Es war eine nothwendige Folge dieser Erscheinungen, daß man auch in Deutschland eine Minderung der Produktionskosten anstrebte. Und da das bei dem althergebrachten Verfahren und bei der fast ausschließlichen Verwendung von Eichenlohe nicht erreichbar war, suchte man nach billigen Bezugsquellen für Eichenrinde und nach Ersatzstoffen für diese. Man fand beides reichlicher, als man erwartet hatte. Nicht nur eine qualitativ ausgezeichnete Eichenrinde in Frankreich, Belgien und Ungarn, sondern eine Fülle von wohlfeilen und äußerst gerbkräftigen Stoffen, die früher nur zum kleinsten Theile oder nur dem Namen nach bekannt waren, jetzt aber eine völlige Umwälzung anbahnten. Es kam nur darauf an, das bisherige Verfahren der Eigenart der fremden Gerbstoffe anzupassen. Galt bisher als goldene Regel: „Wer Zeit und Lohe nicht spart, der fährt gut", so fand man jetzt, daß man dabei immer schlechter fuhr, daß man ein zwar anerkannt gutes, aber wegen der hohen Produktionskosten zu theures Leder herstellte. Es wurde eine Existenzfrage für die deutsche Gerberei, billiger und rascher zu arbeiten. Dem gleichen Bedürfnisse entsprang auch das Streben, an Stelle organischer Stoffe mit Hilfe chemischer Stoffe Leder zu bereiten. Die Bedeutung der Mineralgerbung wird unten besonders besprochen werden.

Freilich waren vorerst nur die größeren Betriebe mit maschinellen Einrichtungen, mit technischer Leitung und mit einiger Kapitalkraft im Stande, erfolgreiche Aenderungen durchzuführen. Die kleinen Handwerksbetriebe wurden immer härter bedrängt und, wenn sie auch zum Theil ihren alten gefestigten Kundenkreis lange sich erhielten, so mußten sie sich, soweit sie die Fortschritte der modernen Technik nicht nutzbar zu machen verstanden, mit immer geringerem

Gewinne begnügen und schon jetzt ist ein großer Theil derselben dem Ansturme der Zeit erlegen.

Die Erfolge der Aenderungen waren anfänglich dürftig. Nicht der procentische Gehalt an Gerbstoff allein ist, wie wir jetzt wissen, maßgebend für eine langsamere oder raschere Gerbdauer. Wie der Vorgang der Umwandlung von thierischer Haut in Leder unter der Wirkung gerbender Stoffe seinem Wesen nach noch heute nicht völlig aufgeklärt ist, so fehlte in noch höherem Maße die Kenntniß über die verschiedenartige specifische Wirksamkeit der einzelnen Gerbstoffe. Erst ganz allmählich hat die tastende Praxis, haben unzählige Fehlgriffe, kostspielige Erfahrungen einige Klarheit darüber gebracht, die noch heute sehr weit von ihrer Vollkommenheit entfernt ist. Aber unabweisbar forderte die veränderte Zeit kürzere Dauer des Gerbprocesses, bessere Ausnutzung der Gerbstoffe, Ersparnisse an Zeit und Geld bei der Arbeit. Mochte auch das so erzeugte Leder an Güte minderwerthig sein, darüber besteht kein Zweifel, daß die rastlosen Bemühungen, billiger zu produciren unbeschadet der Lederqualität, schon werthvolle Erfolge gebracht haben und werthvollere versprechen. Es verdient anerkannt zu werden, daß die deutsche Gerberei in Erkenntniß ihrer Lage selbstthätig und energisch die neuen Bahnen verfolgt und es aus eigenen Kräften erreicht hat, daß die großen Mengen auswärtigen billigen Leders verdrängt wurden und an dessen Stelle das im Inlande hergestellte trat. Ihren Bestrebungen ungemein förderlich ist aber auch die wissenschaftliche Specialforschung durch tüchtige Gelehrte und Techniker geworden. Unter diesen sind besonders Eitner, Knapp, Lietzmann, v. Schröder, Counceler, v. Höhnel, Hähnlein, Päßler, Bartel und viele andere zu nennen.

Die Gerberei der Gegenwart scheidet sich in zwei wesentliche Gruppen. Die eine Gruppe bilden die der Zahl nach überwiegenden, ihrer Produktivität nach immer schwächer werdenden Handwerksbetriebe mit wesentlich lokalen Bezugs- und Absatzgebieten. Sie gerben in der Hauptsache nach dem alten Verfahren der kalten Grubengerbung, verwenden nur Eichenlohe und nutzen einen erheblichen Bruchtheil derselben nicht aus. Ihr Produkt ist ein gutes Leder, welches immer noch gern gekauft, aber infolge der Konkurrenz im Lederhandel nicht mehr so bezahlt wird, daß auf Gewinn sicher gerechnet werden könnte. Die andere mächtig aufstrebende Gruppe bilden die mit den technischen Hilfsmitteln der Neuzeit ausgerüsteten kapitalkräftigen Großbetriebe der Lederfabrikation. Sie haben sich mit nur wenig Ausnahmen von der ausschließlichen Verwendung der Eichenlohe losgemacht*). Zwischen beiden Gruppen giebt es Zwischenstufen, die aber voraussichtlich mit der Zeit zu Gunsten der Fabrikationsbetriebe mehr und mehr verschwinden werden**).

Auf der andern Seite hat die der raschlebigen Zeit entsprechende, in weiten Kreisen bestehende Vorliebe für möglichst wohlfeile wenn auch minderwerthige Waare Gerbmethoden gezeitigt, welche als ungesunde und gefährliche Auswüchse des Erwerbslebens gelten müssen. Die Dauer der Gerbung ist unter Benutzung starkwirkender chemischer, physikalischer und mechanischer Hilfsmittel schon bis auf wenige Tage, ja Stunden beschränkt. Die Herstellungsweise selbst wird zumeist sorgfältig geheim gehalten. Das so erzeugte Leder ist sehr billig aber auch sehr schlecht, wird dadurch ein arger Konkurrent der soliden Gerberei und gefährdet auch den Konsumenten an Gesundheit und Vermögen. Aber eben dieser Umstand dürfte die wünschenswerthe Korrektur bilden und derartige Betriebe so rasch wieder verschwinden lassen, als sie erstanden sind.

Maßgebend für Beurtheilung der deutschen Gerberei sind schon jetzt die technisch und kaufmännisch organisirten Gerbereien. Das, was sie wesentlich charakterisirt, sind drei Thatsachen: einmal das Streben, beim Bezug der Roh- und Hilfsstoffe sich von den engen Verhältnissen des Lokalmarktes unabhängig zu machen und sie daher zu beziehen, wo sie unter den geschäftlich günstigsten

---

*) Es sind darunter Betriebe von ungeheurer — ungesunder — Ausdehnung; einer davon mit 3245 Arbeitern verarbeitet jährlich ca. 200000 Häute.

**) In Rußland herrscht dagegen die Dorfindustrie (Koostar) in der Gerberei noch durchaus vor. Nach einer Mittheilung der D. G. Z. 1897 Nr. 123 ist die Fabrikation des Leders, namentlich des Juchtens geradezu Monopol der Dörfer. Die Zahl der die Gerberei betreibenden Landbewohner wird auf 150000 Personen, die Zahl der ländlichen Hausindustriellen überhaupt auf etwa 6 Millionen geschätzt. Die ländliche Kleinindustrie stellt jährlich etwa für 20 Millionen Rubel Leder her, während die Lederfabriken nur für etwa 16 Millionen produciren.

Bedingungen zugänglich sind; sodann die Verwendung von Gerbebrühen, Extrakten verschiedener Gerbmaterialien an Stelle der Eichenlohe oder in Verbindung mit ihr und endlich auch die Verwendung mineralischer Gerbmittel an Stelle der vegetabilischen. Bezüglich des ersten Punktes ist für den Schälwald vor allem der Bezug der Eichenrinde von auswärts bedeutungsvoll geworden.

A. Der Bezug ausländischer Eichenrinde.

Nach zuverlässiger Schätzung werden in Deutschland alljährlich im großen Durchschnitt 3,5 Centner Lohrinde pro ha Schälwald producirt, d. i. ein Quantum von 788000 Doppelcentner und mit Einrechnung der als Nebennutzung anfallenden und der Altrinde kann die Gesammtproduktion auf 950000—1000000 Doppelcentner veranschlagt werden. Schon für 1867 berechnete Neubrand den Bedarf an Leder bei 37½ Millionen Einwohnern auf 3 Pfund pro Kopf, also 562500 Doppelcentner im Ganzen. Wäre der Bedarf pro Kopf der gleiche geblieben, so würde der Gesammtbedarf sich jetzt bei 52,2 Millionen Einwohnern auf 783000 Dc. stellen. Thatsächlich ist er, ohne daß das zahlenmäßig nachgewiesen werden könnte und müßte, viel größer und beträgt schätzungsweise etwa 5 Millionen Doppelcentner*). Würde er, wie einmal gelten möge, gleich geblieben sein, so würde unter der Annahme, daß nur Eichenlohe zur Verwendung käme und mindestens 5 Doppelcentner davon zur Herstellung von 1 Doppelcentner Leder gehören, ein Quantum von rund 3,92 Doppelcentner gebraucht werden, und also eine Mehreinfuhr von rund 2,9 Millionen Doppelcentner nöthig sein. Die nebenstehende Tabelle zeigt, daß die Mehreinfuhr an Holzborke und Gerberlohe stets weit

---

*) Schon für 1857 schätzte Kampffmeyer den Lohlederbedarf des damaligen Deutschlands mit 42,5 Mill. Einwohnern auf 2,7 Mill. Dc. Nach einer neueren Schätzung (D. G. Z. 1896 Nr. 151) ist der Gesammtverbrauch Deutschlands an Leder aller Art ca. 5 Millionen Doppelcentner. Allein der Heeresbedarf beträgt ca. 11500 Doppelcentner. Nur ein Sechstel = 0,82 Millionen Doppelcentner kann mit der Menge der vorhandenen einheimischen Lohe gegerbt werden.

geringer gewesen ist. In der fraglichen Zolltarifposition ist überdies auch Fichtenlohe und Weiden- &c. Rinde, sowie gemahlenes Quebrachoholz mit enthalten. Der Verkehr in Holzborke und Gerberlohe betrug:

	Einfuhr		Ausfuhr		Mehreinfuhr	
	t	Mill. Mk.	t	Mill. Mk.	t	Mill. Mk.
1883	59812	8,7	—	—	—	—
1884	65680	8,5	4882	0,5	60798	8,0
1885	64813	7,8	3444	0,3	60369	7,5
1886	68420	8,2	3595	0,4	64825	7,8
1887	80162	10,4	5207	0,6	74955	9,8
1888	97000	11,2	3561	0,4	93439	10,8
1889	99450	11,4	3001	0,3	96449	11,1
1890	105441	12,7	3181	0,4	102206	12,3
1891	95578	10,5	2421	0,3	93157	10,2
1892	94990	9,0	2810	0,3	92180	8,7
1893	96374	9,6	4632	0,4	91742	9,2
1894	101752	9,8	6701	0,9	95051	8,9
1895	108502	10,6	7412	1,0	101090	9,6
1896	95386	7,8	9066	1,1	86320	6,7
1897	99098	8,1	10502	1,3	88596	6,8

Diese Einfuhr zusammen mit der deutschen Eigenproduktion ist also bei Weitem nicht genügend, den Bedarf an Gerbmitteln zu decken, vielmehr ist mehr und mehr diejenige anderer Gerbmittel erforderlich gewesen, welche in ihrer Summe nach der oben zu Grunde gelegten Voraussetzung mindestens den gleichen Gerbwerth besitzt wie die verbrauchte Eichenlohe.

Das bedeutendste Importland für Deutschland ist **Oesterreich-Ungarn** und von ihm wiederum fast nur Ungarn. In Oesterreich wird zwar auch Eichenlohrinde in nicht unbedeutenden Mengen gewonnen. Von Oesterreichs Waldbestand, welcher eine Fläche von 9,7 Mill. ha einnimmt, entfallen 1,5 Mill. ha oder 15 % auf den Mittel- und Niederwald. Der letztere ist in der amtlichen Statistik nicht gesondert angegeben. In beiden Betriebsformen wird gegendweise Eichenrinde gewonnen, anscheinend aber mehr nur für den Lokalbedarf. Nur Böhmen liefert Einiges für die Ausfuhr nach Deutschland. Von um so größerer Bedeutung ist Ungarn. Die ungarische Forstwirthschaft ist verhältnißmäßig jung. Vor dem Erlaß des Forstgesetzes von 1879 bestand für die Gemeinde-, Korporations- und Privatwaldungen keine staatliche Aufsicht. Der größte Theil der dortigen reichen Waldbestände wurde unpfleglich und planlos ausgenutzt, soweit der wenig entwickelte Verkehr überhaupt eine Verwerthung der Forstprodukte gestattete. Bezeichnend für die bis dahin herrschende Auffassung ist das oberungarische Sprichwort: „Wald und Elend wachsen überall“. Begreiflicher Weise waren zunächst die werthvollsten Holzarten und Bestände der Ausnutzung ausgesetzt, vor allem die gewaltigen Vorräthe an hochwerthigen Eichen. Die allgemein herrschende Nutzungsart bestand, wie es noch heute vielfach der Fall ist, im flächenweisen Verkaufe des Holzes auf dem Stamm. Dabei blieben die minderwerthigen Hölzer zumeist ungenutzt, die abgeholzten Flächen bedeckten sich mit mehr oder weniger reichem Stockausschlag. Die rasche wirthschaftliche und merkantile Entwicklung Ungarns in den letzten etwa 20 Jahren zog immer mehr der urwaldartigen Laubholzbestände zur Abnutzung. Für die Wiederkultur geschah so gut wie nichts. Dagegen fand in ausgedehntem Maße die Viehweide auf den abgeholzten Flächen statt. Der Zustand des Waldes ward dabei immer schlechter, weite Flächen von Oedland entstanden und als weitere Folge verheerende Ueberschwemmungen. Durch das genannte Gesetz von 1879 wurde eine umfassende Staatsaufsicht über alle Waldungen eingeführt und zugleich Maßregeln für Erhaltung des noch vorhandenen Waldes und für Neubegründung auf absoluten Waldböden getroffen.

Eigentliche Schälwälder gab es ursprünglich nicht. Niederwaldwirthschaft wurde zwar in großem Umfange, besonders in den nicht dem Staate gehörigen, ca. 78% des Gesammtwaldes bildenden Waldungen betrieben, aber meist nur mit dem Ziele auf Erzeugung von Brenn- und Kohlholz in hohem 40—60jährigem Umtriebe. Nur für den ganz geringfügigen lokalen Bedarf wurde wohl Rinde gewonnen. Erst als in Deutschland in den 70er Jahren mit der enorm emporblühenden Lederindustrie der Bedarf an Eichenlohe und damit deren Preis gewaltig anstieg, als gleichzeitig das rasch entwickelte Eisenbahnnetz (1867 2238 km, 1894 13136 km) die fern gelegenen Produktionsgebiete erschloß, gewann die Rindennutzung Bedeutung. Den Waldbesitzern erwuchs aus ihr Gelegenheit, die jungen Bestände der bisher nur geringwerthiges Brennholz liefernden Niederwaldungen, aber auch die auf den früher abgeholzten Flächen durch Stockausschlag entstandenen Jungbestände gewinnbringend zu verwerthen. Es entstanden aber auch eigentliche Schälwälder in bedeutendem Umfange, die mit ihren ältesten Gliedern schon in die Nutzung eingetreten sind.

Die Rindennutzung machte eine rasche Entwicklung durch. Während in den 70er Jahren bis Mitte der 80er wesentlich nur kapitalkräftige und sachkundige Unternehmer das Rindengeschäft in der Hand hatten und nur beste Rinde exportirt wurde, trat bei der fortgesetzten Preissteigerung eine wahre Schälepidemie ein. Zahlreiche Unternehmungslustige wandten sich dem lukrativen Geschäfte zu ohne Sachkenntniß und auch ohne Kapitalkraft. Es trat bald eine Ueberproduktion und eine Verringerung der Durchschnittsqualität ein, so daß nach der Mittheilung eines ungarischen Forstmanns (Oest. F.-Z. 1893 S. 158) gegen 1889/91 ca. ³/₅ der damals vorhandenen Schälbestände gerbstoffarme, vielfach auch noch verregnete Rinde lieferten, die ganz konkurrenzunfähig war, ja die nicht selten unlauteren Manipulationen z. B. künstlichem Bleichen unterworfen wurde sehr zum Schaden für das Renommé der ungarischen Rinde.

Seitdem ist eine Gesundung eingetreten. Der Rückgang der Preise seit 1891, der auch für ungarische Rinde fühlbar eintrat, vernichtete jene zahlreichen kleinen Lohproducenten. Jetzt ruht die Rindengewinnung wieder nahezu ausschließlich in den Händen des kommerciellen Großkapitals und dieses hat, da es sich nur um den Export handelt, Einrichtungen und Maßregeln getroffen, welche eine nach merkantilen Gebräuchen leicht bestimmbare gute Handelswaare sichern. Von Anfang an also trat in Ungarn zwischen Waldbesitzer und Lohkonsumenten der Großhandel ein und bald gewann der ungarische Rindenhandel einen ungeahnten Aufschwung.

Eichenbestände sind in sehr großer Menge vorhanden. Nach dem Forststammbuch von 1892 giebt es 3,6 Mill. Joch, oder vom

Gesammtwalde 22,28 % Eichenforste, wovon 1,5 Mill. also 42 % dem Niederwalde angehören. Boden und Klima sind dem Wachsthum der Eiche viel günstiger als irgendwo in Deutschland. Die meisten und besten Schälwaldungen finden sich in Oberungarn am Südabhange des Neutragebirges, ferner in der Theißniederung und in Siebenbürgen. Neuerdings seit etwa 1892 wird auch in Kroatien und Slavonien Rinde zur Ausfuhr gewonnen. Dort nimmt die Eiche 708000 Joch ein, davon sind 94000 Joch Niederwald. Ganz überwiegend findet sich in Ungarn die Stieleiche (Q. pedunculata), nur wenig die Traubeneiche. Die anderen noch vorkommenden Eichenarten werden nicht geschält.

Die Schälwaldungen im Neutragebiet, die ich aus eigener Anschauung kenne, stocken meist auf Gneis, Trachyt oder Kalk, überwiegend tiefgründigen, frischen, kräftigen Böden. Der Bestockungsgrad ist sehr verschieden. Neben räumlich bestockten finden sich auch gut geschlossene wüchsige Bestände. Erstere zeigen meist geringen Wuchs und ihre Rinde ist dann bis weit hinauf borkig, letztere liefern auf den besseren Standorten, zu denen besonders der kalkhaltige Gneisboden gehört, beste glatte, indessen nicht eben dickfleischige Rinde. Vielfach ist schon ein regelmäßiger Durchforstungsbetrieb ein- und durchgeführt. Die Jahreserträge in den geordneten Schälwäldern, von denen viele eine sehr sorgfältige wirthschaftliche Behandlung bekunden, gehen pro ha von 5—10 Centnern Rinde. Als mittlerer Ertrag gilt bei 20jährigem Umtrieb 60 bis 70 rm Holz und 58,5—68,3 Doppelcentner (q) Rinde, also pro Jahr und ha 3—3,5 rm Holz und 5,9—6,8 Centner (50 kg) Rinde. Zum Holz wird nicht bloß Derbholz gerechnet, sondern alles Material, was auf 1 m abgelängt sich noch glatt in Stößeschichten läßt. Da es ferner allgemeine Regel ist, den Holzstößen ein Aufmaß von 20—25 cm zu geben, ist thatsächlich der Holzanfall um $^1/_5$—$^1/_4$ höher, also 3,6—4,2 rm. Diese Erträge stellen sich also um ein weniges höher als die des deutschen Schälwalds. (Vergl. Kap. IV 1a.) Was an Rinde von dem nicht aufgesetzten Schlagreisig gewonnen wird, fällt dem Rindenkäufer unberechnet zu. Auffallend ist die allerwärts zu beobachtende geringe Beimischung von Raumholz. Der Wuchs der Eiche ist hier so kräftig und freudig, daß die Mischhölzer leichter als bei uns von ihr zurückgehalten werden. In einem größeren Komplex des oberen Neutrathals entfällt vom Holzeinschlag ca. $^1/_5$ auf Raumholz.

Je nach der Konjunktur des Marktes werden außer den Schälwaldbeständen auch die mit Nadelholz aufgeforsteten Hochwaldbestände, die zwischen den Kulturpflanzen bisweilen sehr reichlichen Eichenstockausschlag enthalten, auf Rinde genutzt. Dieser Anfall ist nicht unbedeutend.

Die Werbung der Rinde wird sehr selten vom Waldbesitzer, fast überall vom Rindenkäufer besorgt. Dieser erwirbt entweder den ganzen Einschlag an Holz und Rinde oder, und zwar in der Regel, nur die Rinde schlagweise auf ein oder mehrere Jahre. Dem Kaufpreis für die Rinde wird als Einheit der Rindenanfall pro rm Holz zu Grunde gelegt. Nach dem vom Käufer eingeschlagenen, geschälten und in Metermaß geschlichteten Holzanfall, welcher dem Waldbesitzer zu anderweiter Verwerthung verbleibt, zahlt ersterer den Kaufpreis, der in den letzten Jahren zwischen 1,25 und 2 fl. für die Rinde eines Raummeters schwankte. Der Raummeter Holz dagegen wurde mit 1—2,50 fl., im Durchschnitt mit 1,50 fl. verwerthet. Die Abschlüsse werden in der Regel schon im Herbst durchgeführt.

Wenn — was sehr selten der Fall ist — der Waldbesitzer die Werbung besorgt, so erfolgt das Gebot für 100 kg (q) waldtrockener Rinde frei Waggon der nächsten Bahnstation. Für das Gewicht wird die bahnamtliche Wägung zu Grunde gelegt. Die letztjährigen Preise schwankten zwischen 2,9 und 3,5 fl., d. i. für den Centner (50 kg) 2,47—2,98 Mk.

Dem im Dienste der Gebr. Thonet stehenden Oberförster Frieb in Nagy-Ugrócz verdanke ich eine interessante Angabe der einzelnen Kosten und Erträge für 1898. In dem 691 ha großen Schälwald wurden 2842 rm Holz und 2796,65 q Rinde gewonnen, pro ha 65—70 rm Schälholz und 25 rm Raumholz. 1 rm (genau 1,25) Holz ergab im Durchschnitt 5 Bund Rinde, jedes ca. 19,5 kg schwer, also 97,5 kg pro rm. Die Kosten der

Werbung in Regie stellten sich pro rm Holz für Erzeugung (Einschlag des Holzes, Schälen und Trocknen der Rinde) . . 0,81 fl.

Spagat (Hanfstrick zum Binden)	0,05 „
Binden	0,05 „
Tagelöhne für Auf- und Umsetzen der Rindenhaufen	0,08 „
Verladen	0,06 „
Fuhrlohn (ca. 7 km weit)	0,24 „
Deckmaterialabnutzung	0,04 „
Sonstige Auslagen z. B. Assekuranz	0,05 „
	fl. 1,38

oder pro 100 kg Rinde 1,42 fl. Bei einem Rindenpreis von 2,9—3,5 fl. verbleibt also als Reinerlös 1,48—2,08 fl. oder pro Centner (50 kg) in Mark brutto 2,47—2,98, netto 1,26—1,77.

Bei der Werbung durch den Rindenhändler (Verkauf nach dem „Rindenentgang") erbrachte die Rinde pro rm Holz 1,5—2,0 fl., fast genau denselben Betrag.

Auf die Erzeugung guter Lohrinde wird die größte Sorgfalt verwendet, weil dieselbe nur für den Export bestimmt ist und, um lieferbare Handelswaare zu sein, vor allem vor der Beschädigung durch Regen geschützt werden muß. Die Rindenkäufer haben vielfach besonders geschultes Arbeiterpersonal oder übernehmen auch bisweilen kontraktlich die Verpflichtung, die ortsheimischen geübten Arbeiter zu verwenden. Das Holz wird gehauen, mit der Säge auf 1 m abgelängt, geschält und aufgesetzt. Die Rinde kommt zum Trocknen entweder in dachförmige Horden über Abraumreisig oder aber in ca. 1 m hohe Schichthaufen, die durch Zwischenlagen aus dünnen Schälprügeln luftig gehalten sind und mehrmals umgelegt werden. Die Rinde trocknet bei günstigem Wetter in 4—5 Tagen. Ganz allgemeine Regel bildet das Decken der trocknenden Rinde. Sie wird allabendlich und vor jedem drohenden Regen gedeckt. Die Decken bringt sich entweder der Käufer mit oder entlehnt sie gegen eine Abgabe vom Waldbesitzer. Es sind zumeist aus Rohr geflochtene 1,65 × 1,30 m große Matten, welche herzustellen 50—80 kr. kosten. Sie halten 2—3 Jahre. Außerdem sind zum Bedecken der in größere Haufen gebrachten trockenen Rinde große Wagendecken von 9 × 6 m Größe aus wasserdichtem

Segelleinen im Gebrauch, deren Preis sich auf 0,90—1,2 fl. pro □m, oder im Ganzen auf 70—80 fl. stellt. Sie halten ca. 10 Jahre. Endlich benutzt man zum Decken der rindenbeladenen Wagen noch Jutedecken. Das Abnutzungspauschale für die wasserdichten Decken richtet sich nach dem Rindenquantum oder wird bei den Rohrmatten auch pro Stück (ca. 2 kr.) berechnet. Für die trockene Rinde sind an den Bahnstationen große Magazine errichtet, in denen sie aufgestapelt und für den Versand zugerichtet wird. Die Vorrichtungen zum Trocknen sind, wie auch schon Josef (Gewinnung und Behandlung der Eichenlohrinden in Ungarn 1890 S. 15) sagt, mit solch peinlicher Sorgfalt getroffen, daß ein Beregnen nur in den ersten Tagen nach dem Schälen, wo es erfahrungsmäßig nichts schadet, und sonst höchstens bei sehr starkem Regen auf dem Transport zum Magazin möglich ist. Die dabei beschädigte Rinde wird dann im Magazin von der Exportwaare abgesondert, diese aber genau nach den geltenden festbestimmten Usancen sortirt.

Man handelt garantirt regenfreie Rinde in vier Sorten: Die Budapester Waarenbörse hat für sie folgende Normen aufgestellt:

Prima, eine von jungen Beständen herrührende, schuppen- und borkenfreie, glatte und fleischige Spiegel- und Glanzrinde, in welcher sich höchstens 5 % in Sekunda übergehende leichtrissige Rinde befinden darf.

Original enthält 50 % Prima- und 50 % Sekundarinde.

Sekunda besteht aus Fußrinde von Primabeständen und moosfreier Rinde von älteren Beständen, mit geringem Schuppen- und Borkenansatz behaftet.

Tertia oder Grobrinde ist Fußrinde von Sekundabeständen oder eine mit stärkerem Schuppen- und Borkenansatz behaftete, fleischige und moosfreie Rinde.

Alle vier Sorten sind nur lieferfähig, wenn sie gesund, vollkommen trocken, gut erhalten, von Regen und Feuchtigkeit nicht beschädigt und ungeklopft sind. Die Rinde muß beim Bruch die natürliche weißliche oder Rostfarbe zeigen. Wenn bezüglich der Qualität nichts vereinbart ist, muß die Lieferung immer den

Normen von Originalrinde entsprechen. Die Rinde wird entweder geschnitten in möglichst gleichmäßigen ca. 5 cm langen Stücken oder in 1 m langen Bündeln geliefert. Die Lieferung erfolgt stets an einer Bahnstation. Der Verkäufer muß für die Beistellung amtlich tarirter Wagen sorgen und die Rinde auf seine Kosten und Gefahr verladen. — Die Usancen sind abgedruckt in A. v. Engel, Ungarns Holzindustrie und Holzhandel. (Wien 1892, II. Th., S. 233 ff.)

Daß eine so gewonnene und in den Handel gebrachte Rinde von der deutschen Gerberei gern gekauft wird, ist verständlich. Seitdem mehr und mehr die Herstellung des Leders vom Handwerk an die Fabrikation übergegangen ist, tritt das Bedürfniß in den Vordergrund, das erforderliche Hilfsmaterial auf kaufmännischer Grundlage zu erlangen. Der westdeutsche Gerber ist, wenn er seinen Bedarf nach Menge und Qualität in heimischer Lohe decken will, genöthigt, örtliche Prüfungen der kommenden Schläge vorzunehmen, mit dem einzelnen Waldbesitzer oder Revierverwalter Verhandlungen zu führen, oder auf Auktionen in den lästigen und zeitraubenden Wettbewerb mit den Berufsgenossen einzutreten. Er weiß dabei nicht, ob er überhaupt etwas erlangt, oder das Erlangte nach Menge und Beschaffenheit ihm genügt. Und ist ihm ein Posten zugefallen, so wird erst hinterher die Rinde gewonnen. Sie kann durch mangelhafte Gewinnung oder unter dem Einflusse ungünstiger Witterung schlechter ausfallen, als er annahm, die Fertigstellung kann sich unerwünscht lange verzögern; er muß bei der Uebernahme der Rinde im Schlage, beim Engagement der Fuhrleute, beim Verfrachten und Einbringen der Rinde Zeit, Mühe und Kosten aufwenden, die häufig im Voraus sich nicht kalkuliren lassen. Das alles muß der Leiter eines kaufmännisch organisirten Betriebes in Anschlag bringen und zwar in der Form einer sein Preisangebot drückenden Risikoprämie.

Hier dagegen beim Bezug ungarischer Rinde genügt eine kurze, in wenig Minuten erledigte schriftliche Bestellung beim Wiener oder Pester Haus auf ein beliebiges Quantum Rinde, zu jeder Zeit im Jahre innerhalb bestimmter Frist nach Muster oder in usancemäßiger Qualität zu liefern. Der Besteller weiß genau, was er bekommt, weist nicht entsprechende Waare einfach zurück, ist in der Lage, nur eben so viel zu beziehen, als er jeweils braucht und kann genau kalkuliren, was ihm die Waare bis in sein Lager kostet. Nicht also ist es die bessere Qualität der ungarischen Provenienz, welche ihr den weitgehenden Absatz in Deutschland sichert. Die ungarische Rinde ist nach dem übereinstimmenden Urtheile von Praxis und Wissenschaft (vergl. S. 42) ihrem Gerbstoffgehalt nach der guten deutschen Rinde höchstens gleich. Josef bezeichnet sie (a. a. O. S. 11) als im Durchschnitt der deutschen erheblich nachstehend. Die nach Deutschland kommende ist zum größten Theile beste Sorte, Prima oder Original; die geringen Sorten werden meist im Inlande zu Loheextrakt verarbeitet.

Der Bezug ungarischer Rinde seitens der westdeutschen Gerber hat seit Ende der siebenziger Jahre einen Umfang angenommen, der für die heimische Schälwaldwirthschaft von fühlbarem Einfluß geworden ist. Die jetzige ungarische Rindenerzeugung ist geradezu auf den Absatz nach Deutschland gegründet und paßt sich aus wohlverstandenem Interesse der Exporteure sorgfältig dem deutschen Bedarfe an.

Ungarns gewichtigster Konkurrent auf dem deutschen Markt ist Frankreich mit seiner im Durchschnitt gerbstoffreicheren Rinde. Seit etwa 1890 gewinnt die ungarische Rinde der französischen gegenüber erfolgreich an Boden. Dagegen wird die Zukehr der Gerberei zu den überseeischen billigen Gerbmaterialien, besonders dem Quebrachoholz, auch der ungarischen Rindengewinnung von Jahr zu Jahr fühlbarer und macht sich im Preis und anscheinend auch in der Exportziffer geltend. Nahezu die ganze Jahresproduktion an Rinde kommt zur Ausfuhr. Der Inlandsbedarf ist, abgesehen von der Extraktfabrikation, ganz geringfügig und wird hauptsächlich mit den minderwerthigen nicht ausfuhrfähigen Sorten gedeckt. Ueber die Ausfuhr liegen erst seit 1882 genaue Zahlen vor. Vorher war der Rindenhandel schon länger als ein Jahrzehnt entwickelt. Ungarns Ausfuhr an Eichenlohrinde betrug nach Bedö, Wälder des ungarischen Staats (I. Aufl. 1895 und II. Aufl. 1896 I. Tab. XV, S. 308 u. 316):

	Gesammtausfuhr		Davon nach Deutschland		Die Ausfuhr nach Deutschland in Procenten der Gesammtausfuhr
	100 kg	Werth in Mark	100 kg	Werth in Mark	
1882	335205	—	191294	—	57
1883	337838	—	199706	—	59
1884	380633	—	238346	—	63
1885	327103	8537348	171383	4783059	52
1886	304794	2619686	155101	1334397	50
1887	455970	3670499	224521	1806159	49
1888	500837	3851183	251064	1930559	50
1889	551213	4713249	321127	2742150	58
1890	533121	4812502	336892	3027187	63
1891	439407	4350648	268599	2643772	61
1892	380947	3903945	215611	2209582	55
1893	418914	3104781	269780	1999474	64
1894	465374	3423989	299618	2204439	64

Aus Oesterreich-Ungarn wurden insgesammt an Holzborke und Gerberlohe nach Deutschland eingeführt (Deutsche Reichsstatistik):

	t (1000 kg)	Werth Mill. Mark	Procent der gesammten Rindeneinfuhr
1892	46747	4,4	49
1893	45288	4,5	47
1894	53943	4,3	53
1895	60797	4,9	56
1896	52294	4,2	56
1897	51258	4,2	52

Es zeigt sich also, daß die Hälfte bis zwei Drittel der ungarischen Rinde nach Deutschland ausgeführt wird. Außer Deutschland ist nur noch die Schweiz ein größerer Abnehmer.

Die Preise der Lohe betrugen nach Marktpreisen der Wiener Börse nach der Oest. Forstztg. in Mark pro 100 kg durchschnittlich jährlich:

	Prima	Original	Sekunda	Tertia
1884	10,03	—	7,65	4,65
1888	9,01	6,80	5,36	3,74
1895	11,05	9,78	7,23	5,31
1896	10,36	9,78	7,01	5,53
1897	9,78	8,93	6,70	5,14

Nach einer in der D. Gerberzeitung 1896 Nr. 102 mitgetheilten Tabelle stellten sich die Preise ungarischer Rinde für eine deutsche Firma also einschl. Fracht und von 1887—91 einschließlich Zoll von 0,50 Mk. pro 100 kg in Mark:

	Prima	Sekunda
1887	14,00—13,75	9,50—9,00
1888	14,00—13,75	9,00—8,50
1889	14,00—13,50	9,00—8,00
1890	14,00—13,25	9,00—8,00
1891	14,00—13,00	8,50—7,75
1892	13,50—12,00	8,00—7,50
1893	13,00—12,00	8,00—7,50
1894	12,50—11,75	8,00—7,00
1895	12,00—11,50	7,50—7,00
1896	11,50—11,00	7,00

Nicht unerwähnt möge sein, daß auch in **Bosnien** mit günstigem Erfolg Eichenschälwaldwirthschaft betrieben wird und zwar in den Bezirken Banjaluka und Prjedor auf einer Fläche von 6767 ha, die noch um mindestens 4000 ha ausdehnungsfähig ist. Die bisher erzeugte Rinde hatte nach von Eitner in Wien ausgeführten Probeuntersuchungen 9—13 Gew. Pr. Gerbstoff. In den Jahren 1893 und 1894 sind 3294400 kg gewonnen worden, darunter 1172400 kg, also mehr als ein Drittel, Primaqualität nach Budapester Sortirung. Die Erträge entsprechen ungefähr den in Ungarn erzielten, verheißen aber, wenn erst an Stelle des durch langjährige Futterlaubentnahme zurückgekommenen Buschwaldes geordnete Schälschläge zum Abhiebe kommen, eine erhebliche Steigerung nach Menge und Güte. Denn Boden und Klima sind dort einem guten Wachsthum der Eiche sehr günstig. Vor einer weiteren Ausdehnung des Schälwaldes scheut die bosnische Forstverwaltung lediglich mit Rücksicht auf die gesunkenen Rindenpreise zurück. Es sind aber Niederwaldbestände, Buschwälder, mit vorwiegender Eiche so reichlich vorhanden, daß zu jeder Zeit, wenn nur die Rindennutzung mehr lohnend erscheint, von dorther große Mengen Eichenrinde auf den Markt gebracht werden können. Näheres vergl. Vortrag des Forstrath K. Hoffmann in Sarajewo, abgedruckt in der Oesterr. Viertelj.-Schrift f. Forstw. 1895, S. 226 ff.

Nächst Ungarn ist **Frankreich** das bedeutendste Einfuhrland. In Frankreich ist die Nutzung der Eichenrinde schon sehr alt. Auch hier überwiegt die Stieleiche, neben ihr kommt die Traubeneiche, sowie in den südlichen Provinzen die Kermeseiche (Q. coccifera), welche 18procentige Rinde liefern soll (Garobille), die Haareiche (Q. pubescens) und die Steineiche (Q. Ilex) in Frage. Die französischen Waldungen werden nur zum kleinen Theile (41 % im Staatswald, 31 % im Gemeindewald) im Hochwald bewirthschaftet. Der größere Theil besteht aus Buschwerk. Außerdem sind zumal im Westen, Bretagne, Normandie rc., alle Felder mit dichten Hecken eingefaßt, die außer Laubholzbuschwerk auch starke Stämme besonders Eichen enthalten. Die Rindengewinnung wird hauptsächlich in der Normandie, in Berry (Dep. Cher), Bourgogne und Franche Comté (Nivernais, Haute Saône), Gascogne, Guyenne (Périgord) und Provence betrieben.

Eigentliche Schälwaldungen im Niederwaldbetrieb giebt es wenige. In diesen bewegt sich der Umtrieb zwischen 18 und 25 Jahren, ist meist 20jährig. Die verbreitetste Betriebsart ist die des Mittelwaldes mit 18—28jährigem Unterholzumtrieb und circa 60jährigem Oberholzumtrieb. Der Einschlag wird in der Regel von den Holzhändlern bewirkt. Sie übernehmen den Schlag vom Waldbesitzer zum Abtriebe. Holz und Holzkohle bilden das Hauptprodukt, die Rinde Nebenprodukt. Auch die älteren Eichen werden meist geschält, weil die französischen Gerber die Altrinde gern mitverwenden und zur Herstellung schweren Leders sogar der Jungrinde vorziehen. Sie enthält ca. 6—8 % Gerbstoff. Man schält die Rinde vom Stamm, wie er liegt, Aeste und Zweige werden zu Kohlholz auf 50 cm gekürzt und dann abgeschält. Die Rindenrollen kommen erst auf Stangengerüste zum Trocknen, dann in größere Stöße. In einigen Gegenden z. B. Nivernais sind auch S c h u t z d ä c h e r im Gebrauch. Sie bestehen aus Stangengerüsten, auf welche dachförmig Bündel aus Schäl- und Raumholzreisig gelegt werden. Auch ein nach dem Erfinder Duseillier benanntes ähnliches Deckverfahren findet an einigen Oertlichkeiten statt. Diese Schutzvorrichtungen gewähren genügenden Schutz gegen Regen und gestatten dabei gute Durchlüftung. Meist aber wird die Rinde im Freien getrocknet, oft sogar ohne jede Sorgfalt behandelt. Die Qualitäten sind danach sehr verschieden. Der Handel unterscheidet zunächst nach der Provenienz, daneben nach dem Alter. Als beste und gerbstoffreichste gilt die normannische Rinde, die in erster Qualität von 16—20jährigen Beständen 9—10% Gerbstoff enthält. Sie giebt eine besonders helle Farbe, wird aber wenig nach Deutschland ausgeführt. Die Rinden von Berry und Bourgogne sind weniger gehaltreich, aber ebenfalls hellfärbend. Die von Périgord mit ca. 8% Gerbstoff enthalten mehr Farbstoff. Gascogne und Provence liefern geringere Rinden; eine besondere Art bildet die chêne vert von der Grüneiche (Q. Ilex), sie giebt dem Kalb- und Rindleder schöne Farbe und weichen Griff und wird seit etwa 10 Jahren in Deutschland, besonders im Elsaß, zur Oberlederbereitung gern verwendet. In Gascogne und Provence besteht eine eigenartige Wirthschaftsform, hier werden bekanntlich in großem Maßstabe Trüffeln kultivirt, jener Schlauchpilz, dessen Mycelium in kalkhaltigem Boden parasitisch an den Wurzeln der Eiche sich entwickelt und die als Delikatesse hochgeschätzten rundlichen Fruchtkörper bildet. Zum Zwecke der Trüffelzucht werden dort eigene Wälder angelegt, die im Niederwaldbetriebe bewirthschaftet vielfach sehr hohe Erträge liefern. Ein gut gepflegter Trüffelwald bei Carpentras ergab nach einer Zeitungsnotiz durchschnittlich jährlich 2600 frs Ertrag pro ha. Der Anfall an Holz und Rinde der Eiche bildet dabei ein Nebenprodukt, dessen Erlös für die Gesammtrentabilität nicht entscheidet. Die Rinde kann dort also selbst zu relativ niedrigem Preise immer noch mit Nutzen abgegeben werden. Uebrigens wird auch in Algerien (Oran) eine sehr reiche, nur viel Farbstoff enthaltende Eichenrinde von Q. suber gewonnen. Am geringsten wird die Rinde der Champagne bewerthet. Nach Sortimenten scheidet man Rinde von jungen bis 20jährigen Beständen (taillis), die am Fußende meist rissig, sonst aber gut und kräftig ist; mittelalte von ca. 40jährigem Holz (surtaillis), Altrinde (moderne) und die geringste, die Astholzrinde (botillons). Als Maß gilt entweder das Gebund oder das Gewicht. Auf 100 Gebund werden 4 Gebund, auf 1000 kg 40 kg als Ausgleich für die Bindewieden zugegeben.

Zur Ausfuhr kommt fast nur Jungrinde. Diese ist nach zahlreichen Untersuchungen durchschnittlich ebenso gerbstoffreich wie die deutsche (vergl. S. 42) und bei den deutschen Gerbern deshalb besonders beliebt, weil sie dem Leder eine helle Farbe verleiht. Ueber die Gesammtproduktion Frankreichs an Gerbrinden habe ich zuverlässige Angaben nicht ermitteln können. Die Ausfuhr nach Deutschland betrug nach dem tableau général du commerce (D. Handelsarchiv 1897, S. 856) im Jahre 1896 21659 t. Die deutsche Reichsstatistik giebt folgende Zahlen für die Einfuhr französischer Rinden an:

1892	29687 t	im Werth v.	2,8 Mill. Mk.	= 31 % der gesammt. Rindeneinfuhr
1893	30751 „	„ „ „	3,1 „ „	= 32 „ „ „ „
1894	26750 „	„ „ „	2,7 „ „	= 26 „ „ „ „
1895	23174 „	„ „ „	2,3 „ „	= 21 „ „ „ „
1896	23482 „	„ „ „	1,9 „ „	= 25 „ „ „ „
1897	27299 „	„ „ „	2,2 „ „	= 27 „ „ „ „

Der größte Theil der nach Deutschland eingeführten Rinde kommt, wie mir ein namhafter elsässischer Lederfabrikant mittheilt, aus den Departements Nièvre, Cher, Var und Haute Saône. Chenelard ist der bedeutendste Handelsplatz. Feste Usancen, wie in Ungarn bestehen für den französischen Rindenhandel nicht. Es wird nach jedesmaliger Uebereinkunft gehandelt. Durch Regen beschädigte Rinde kann zurückgewiesen werden. Großindustrielle kaufen in der Regel ganze Schläge nach vorheriger Besichtigung, also wesentlich in gleicher Art wie in Deutschland. Kleinere Gerber und ausländische Käufer kaufen meist nur Prima-Rinde aus 16 bis 18jährigen Schlägen nach Waggon der nächstliegenden Bahnstation. Die Anfuhr dahin — im großen Durchschnitt 4 frs — hat der Käufer zu tragen. Zuweilen, je nach Uebereinkunft, muß der Käufer ältere Rinde zum abgemachten Preise mit übernehmen. Hauptabnehmer in Deutschland sind Elsaß, Baden und Pfalz.

Die Preise der französischen Rinde bewegen sich zwischen weiten Grenzen. Zeitlich ergiebt sich auch bei ihnen ein Schwanken und ein allmählicher Rückgang. Nach einer Zusammenstellung in der Deutschen Gerberzeitung 1896 Nr. 106, die bis 1898 ergänzt wurde, betrugen die Preise für 1040 kg (1000 kg netto) in Mark:

Lohpreise in Frankreich
für 1000 kg (1040) bezw. 1 Centner (50 kg) in Mark.

	1886	1887	1888	1889	1890	1891	1892	1893	1894	1895	1898
Normandie	108,00	117,70	116,70	112,50	112,50	110,50	109,10	109,85	118,20	121,00	106,00
	5,40	5,89	5,84	5,63	5,63	5,53	5,46	5,49	5,91	6,05	
Berry	97,70	107,00	98,20	94,85	98,50	98,20	103,00	101,85	106,50	113,00	102,00
	4,86	5,35	4,91	4,74	4,93	4,91	5,15	5,09	5,33	5,65	
Nièvre	85,35	98,85	89,70	84,35	89,35	91,70	92,00	91,85	97,35	104,65	86,00
	4,27	4,99	4,49	4,22	4,47	4,59	4,60	4,59	4,89	5,23	
Gâtinais	78,50	93,50	85,70	70,10	79,15	88,00	88,80	87,85	92,85	96,00	
	3,93	4,68	4,29	3,51	3,96	4,40	4,44	4,39	4,64	4,80	
Jura	75,15	87,00	77,70	64,00	68,70	80,20	67,85	62,00			
	3,76	4,35	3,89	3,20	3,44	4,01	3,39	3,10			
Bourgogne (Haute)	73,35	84,70	79,70	71,50	67,85	75,50	75,20	74,85	85,35	89,35	
	3,67	4,24	3,99	3,58	3,39	3,78	3,76	3,74	4,26	4,47	
Bourgogne (Basse)	69,35	81,00	75,40	61,20	62,35	72,00	70,00	67,85	77,35	81,35	68,00
	3,47	4,05	3,77	3,06	3,12	3,60	3,50	3,39	3,89	4,06	
Champagne	64,00	76,05	66,35	52,00	54,50	60,00	58,00	55,50	65,35	76,00	64,00
	3,20	3,80	3,32	2,60	2,76	3,00	2,90	2,78	3,27	3,80	

Was die französische Rinde beliebt macht, ist also nicht der kaufmännisch entwickelte bequeme Bezug, sondern die gute Qualität. Daß aber für die Höhe der Einfuhr nicht in erster Linie diese, sondern vielmehr die günstigen Bezugsbedingungen bestimmend wirken, zeigt ein Vergleich mit den die Einfuhr aus Oesterreich-Ungarn betreffenden Zahlen. Die französische Rinde ist besser, die Transportkosten nach Westdeutschland sind niedriger als für ungarische Rinde, stellen sich bis an den Rhein auf ca. 1,20—1,85 Mark pro Centner gegen 2—2,25 Mark für letztere; gleichwohl beträgt der Antheil der ersteren an der Gesammteinfuhr in max. 32 %, der der letzteren 49—56 %.

Auch **Belgien** verdient neben Ungarn und Frankreich als Einfuhrland von Rinde Beachtung. Von der dort erzeugten Rinde wird das meiste im Inland verwendet, der Ueberschuß größten Theils nach England ausgeführt. Belgien ist nur zu 17 % bewaldet, es hat überwiegend Laubwald zum größen Theil in Mittelwaldform. 27 % von den einem geordneten Betriebe unterworfenen Waldungen bestehen aus Niederwald, oder 19 % = 95000 ha vom Gesammtwaldareal. Nach einer Statistik von 1880 gab es in Belgien 75598 ha Schälwald. Davon gehörten dem Staat 2575, den Gemeinden 34266, den öffentlichen Anstalten 85, Privaten 38598 ha. Größere Schälwälder befinden sich in den Provinzen Lüttich, Luxemburg, Namur, kleine in der Campine und Flandern.

Die wirthschaftliche Lage des belgischen Schälwalds ist der des westdeutschen sehr ähnlich. Es finden sich vielfach nicht minder traurige Waldbilder wie bei uns und dieselben Nothstände besonders da, wo ebenfalls die landwirthschaftliche Zwischennutzung üblich ist z. B. in den Ardennen. Nach einer Denkschrift des Forstinspektors Grahey, deren Mittheilung ich der Freundlichkeit des Herrn Badu in Diekirch verdanke, ist die Rentabilität auf den geringeren Bodenklassen, zumal unter dem schädlichen Einfluß der Hackwaldwirthschaft, in schlimmster Weise zurückgegangen. Die belgische Regierung sucht deshalb eine baldige oder doch allmähliche Ueberführung in Hoch- und wohl auch Mittelwald anzubahnen. Dies Streben wird aber durch die Zähigkeit, mit der die Bevölkerung an der bisherigen Nutzungsweise festhält, sehr erschwert.

Die belgische Rinde wird nach 3 Arten unterschieden: 1. taillis, Rinde von bis 15jährigem Holz, die am Stehenden geschält wird; 2. balivau, ältere und 3. grosses écorces, Altrinde, die am Liegenden durch Klopfen gewonnen wird. Der größte Theil der belgischen Rinde bleibt im Inland und wird zumal in Lüttich, Luxemburg, Limburg und Ostflandern, wo zahlreiche große Lederfabriken von hervorragender Leistungskraft bestehen, verarbeitet. Hauptplätze der Lederfabrikation sind Brüssel, Lüttich, Namur, Huy, Ypres, Brügge, Stavelot, Gent, Jägern. 1890 gab es über 1000 Gerbereibetriebe mit ca. 35000 Arbeitern. Auch die Schuh- und Handschuhfabrikation ist sehr bedeutend. Wie in Deutschland werden die kleinen Lohgerbereibetriebe immer mehr von den großen Fabrikationsbetrieben verdrängt, welche zunehmend auch die billigeren Rindensurrogate verwenden, insbesondere viel Extrakte, zumal Kastanienholzextrakt und Quebracho. Für letzteres bestehen mehrere Lohfabriken, welche auch für die Ausfuhr nach Deutschland arbeiten.

Wegen des starken Eigenverbrauchs führt Belgien auch nicht unerhebliche Mengen Gerbrinden ein, davon viel aus Deutschland und Luxemburg z. B. 1897 bezw. 3450 und 7424 Doppelcentner.

Die ausgeführte Rinde besteht fast nur aus Primawaare, fleischiger, glatter Spiegelrinde. Sie kommt vorzugsweise im westlichen Rheinland (Aachen) zur Verarbeitung. Die Mehrausfuhr unterliegt großen Schwankungen. Sie betrug in Doppelcentnern 1850 110000, 1862 144000, 1870 nur 15000, 1881 wieder 75000. Dem Werthe nach war in 100 frs:

	Einfuhr:	Ausfuhr:
1891	1995	2083
1892	1828	1712
1893	1488	1605
1894	1709	1544
1895	1672	1499

(vgl. A. d. Walde 1898 Nr. 49)

Die Einfuhr nach Deutschland betrug:

1893	100760 Dc.	= 10% der Gesammteinfuhr,
1894	88880 „	= 8% „ „
1895	96540 „	= 10% „ „
1896	95755 „	= 10% „ „
1897	95997 „	= 10% „ „

Nach alledem ist es nicht wahrscheinlich, daß Belgien für die nachhaltige Ausfuhr von Lohrinde nach Deutschland größere Bedeutung gewinnt. Der relativ nicht große Umfang des Schälwalds, die allmähliche Einschränkung desselben, die entwickelte und weiterer Entwicklung fähige belgische Lederindustrie lassen vermuthen, daß der Export mehr und mehr zurückgehen werde und daß eine Bedrohung des deutschen Schälwalds von dort aus nicht zu befürchten ist. Wenn zur Zeit die Einfuhrmenge belgischer Rinde beträchtlich ist, so liegt das an der im Allgemeinen guten Qualität derselben und ihren niedrigen Preisen. Der Druck, unter dem die Lohpreise in Deutschland stehen, macht sich ganz ebenso auch in Belgien geltend. Die durchschnittlichen Preise betrugen nach einer freundlichen Mittheilung des Herrn L. Günther in Aachen:

100 kg in frs	1893	15—16 jährig	9,00,	30—40 jährig	4,75
	1894	„	10,50,	„	6,00
	1895	„	9,50,	„	7,00
	1896	„	9,00,	„	5,00
	1897	„	7,50,	„	4,25
	1898	„	8,00,	„	4,75.

Auch Luxemburg erzeugt ziemlich viel Lohrinde. Der dortige Schälwald umfaßt ca. 27000 ha und stockt zum größten Theile im Norden, dem sog. Oesling, auf Thonschiefer-, Keuper- und Kalkboden. Bei 16—18jährigem Umtriebe ergeben die besten Lagen 150—170 Centner, die mittleren 100—150, die geringen 60—100 Centner pro ha. Die Wirthschaft entspricht ganz der im benachbarten Reg.-Bez. Trier üblichen. Die landwirthschaftliche Zwischennutzung ist weit verbreitet. Die Preise sind den unsrigen ziemlich gleich, sie betrugen 1872/78 durchschnittlich je nach der Qualität 14—15, 12—14 und 10—12 frs für 100 kg, dagegen 1897 bezw. 6—7, 5—6 und 4—5 frs.

Endlich verdienen auch die **Niederlande** Erwähnung, nicht so sehr als Einfuhrland, als vielmehr wegen der intensiven Ausgestaltung des Wirthschaftsbetriebs. Die Holländer verwenden auf die Bestandspflege besondere Sorgfalt. Ihr Bestreben geht dahin, nachhaltig gute Rinde in kürzester Zeit zu erziehen. Zu diesem Zwecke behacken sie den Boden mehrmals während der Umtriebszeit grobschollig und beseitigen etliche Jahre vor dem Hiebe im Wege einer scharfen Durchforstung alles Material, das sich zur Bildung guter glatter Rinde nicht eignet. Die Bodenlockerung bewirkt ein reichliches Eindringen der Atmosphärilien, beschränkt den Unkrautwuchs und hält mechanisch das Laub zurück. Die Durchforstungen bringen den nur verbliebenen schlanken kräftigen Eichenstämmchen soviel an Licht und Luft, daß dieselben eine vollsaftige, derbe und glatte Rinde bilden, welche sich leicht schälen läßt und bezüglich der Menge in der Regel voll ersetzt, was an Durchforstungsmaterial preisgegeben war, an Güte aber den Ertrag undurchforsteter Bestände erheblich übertrifft. Die intensive Wirthschaft ermöglicht aber weiterhin bei gleichem Ertrage einen viel kürzeren Umtrieb, als er in Deutschland üblich ist. Was hier in 15 bis 20 Jahren, wird dort schon in 10 bis 14 Jahren erreicht.

B. Die Brühen- oder Extraktgerbung.

Schon bei der Besprechung der Hilfsmittel der Gerberei ist die Herstellung von Extrakten aus den meisten Gerbmitteln erwähnt worden. Genau genommen bedient sich jede Gerbmethode, auch die alte kalte Grubengerbung, einer wässerigen Lösung des in dem angewandten Gerbmaterial enthaltenen Gerbstoffs. Der charakteristische Unterschied der als Brühgerbung bezeichneten Methode von dem alten Verfahren besteht aber darin, daß bei der letzteren das Gerbmittel selbst unmittelbar mit der Haut in räumliche Verbindung gebracht und die Lösung des Gerbstoffs erst nach dem Vollzug dieser Verbindung bewirkt wird. Bei der Brühgerbung dagegen wird zunächst der Gerbstoff aus dem Gerbmaterial in Lösung extrahirt und danach erst die so gewonnene Brühe zum Gerben der Haut benutzt. Die Brühe wird dabei entweder vom Gerber selbst zum jedesmaligen unmittelbaren Gebrauche hergestellt oder aber die Extraktion des Gerbstoffs erfolgt in besonderen Fabriken, welche ihr fertiges Produkt an die Gerber weitergeben. Die eigene Herstellung der Brühen durch den Gerber bildet die Regel bei den Gerbmaterialien, die sich leicht extrahiren lassen, wie z. B. Fichtenrinde, die Extraktfabrikation dagegen bei schwer extrahirbaren sowie auch schwer transportirbaren Gerbmitteln, so besonders den Holzextrakten.

Wenngleich alle Gerbmittel sich extrahiren lassen und die meisten der verbreiteteren Extrakte auch im Handel eingeführt sind, so haben doch nur etliche davon in der Praxis bisher eine größere Bedeutung gewonnen. Das sind (vgl. v. Schröder, D. G. Z. 1895, Nr. 97 ff.) von Holzextrakten Eichen-, Kastanien- und Quebrachoextrakt, von Rindenextrakten Fichten- und Hemlockextrakt.

Eichenholzextrakt wird in Frankreich seit etwa 10 bis 12 Jahren in mehreren Fabriken hergestellt (Suresne, Maurs, Nantes, Nancy u. a.), der französische Extrakt kommt aber nur wenig nach Deutschland. Frankreich führte z. B. 1894 36138, 1896 38619 Dc. an Gerbstoffextrakten überhaupt ein. Dagegen ist ungarisches Fabrikat für uns von immer wachsender Bedeutung. Er wird u. a. in Zupanje*), Mitrowič, Nasič in vorzüglicher Beschaffenheit und zu billigen Preisen hergestellt. Man benutzt dazu die dort reichlich vorhandenen sonst fast werthlosen Abfälle des Eichenstammholzes, besonders des Kernholzes. Auch in Deutschland stellen sich etliche größere Gerbereien des Rheinlands (Frankfurt a. M., Taben a. Saar) den Eichenholzextrakt aus Stammholzabfällen und Astholz her. Nach zahlreichen von v. Schröder angegebenen Analysen enthält der gute slavonische Extrakt, der im Gegensatze zum französischen sich durch Gleichmäßigkeit der Zusammensetzung auszeichnet, im Durchschnitt $\frac{27-30}{28}$ % Gerbstoff,

---

*) Ueber die Bedeutung dieser ältesten und größten Eichenholzextraktfabrik geben folgende Angaben Aufschluß: Es wird all das Kernholz verarbeitet, das bei der Abnutzung der Eichenaltbestände in der Saveniederung wegen seiner Untauglichkeit zu anderer technischer Verwendung zurückbleibt. Das ist ungefähr 25% des gesammten Holzanfalls. Die Fabrik erhält vom Aerar auf Grund eines langjährigen Vertrags jährlich ca. 120—140000 rm davon und stellt daraus ca. 9000 t Extrakt, sog. Tannin in flüssiger Form her. Das Tanninholz muß mindestens 15 cm stark, gesund, abgerindet, darf nicht geschwemmt, sonst aber ästig, krumm und knorrig sein. Auch Spanabfälle, soweit sie von Kernholz stammen, werden mitverwendet. Der Bezugspreis für das Holz ist sehr niedrig, weil die Forstverwaltung dasselbe anderweit nicht verwerthen kann.

an Nichtgerbstoffen 7—13 % und 3,07 % Zucker, oder auf 100 Theile gerbende Stoffe 10,96 Theile säurebildende Stoffe. Stammholz und Astholz ist im Verhältniß zur Rinde sehr arm an Gerbstoffen. Vom Stammholz ist erst das Kernholz gerbstoffhaltiger, das Splintholz sehr arm. v. Schröder (Thar. Jb. 1890, S. 203) fand in 18jährigem Holz 0,63 % Lw. bezw. 0,89 Gew.-Pr. gerbende Substanzen gegen 11,25 bezw. 14,74 % in der Rinde, Henry (D. G. Z. 1887, Nr. 79) in französischem Eichenholz für die untersten und obersten Theile einer 90jährigen Eiche

im Splintholz	unten 0,96,	oben 0,84 % Lw.
„ Kernholz in den . . .		
äußersten Schichten . .	„ 7,69	„ 5,34 „ „
Zwischenschichten . . .	„ 6,55	„ 4,55 „ „
innersten Schichten . .	„ 6,59	„ 4,71 „ „

Das Astholz ergab bei v. Schröder 0,60 % Lw.

Der Eichenholzextrakt ist leicht löslich in Wasser, hat hohen Gerbeffekt, giebt dem Leder eine gute helle Farbe und wird wegen dieser Eigenschaften von v. Schröder als der beste Extrakt bezeichnet, der der Gerberei gegenwärtig zur Verfügung steht. Er findet Verwendung für alle Arten Unterleder, nicht für Oberleder, obwohl er auch dazu wohl tauglich ist. Sein Preis ist nicht hoch, er betrug 1886 36 Mk., 1895 34 Mk. pro 100 kg.

Kastanienholzextrakt wird ebenfalls in Südfrankreich (Tulle, Cornil) fabricirt und in flüssiger und fester Form in den Handel gebracht. Ersterer ist brauchbarer und bei den Gerbern beliebter und kommt in der Riemen-, Vache- und Zeuglederfabrikation viel zur Anwendung. Nach den von v. Schröder mitgetheilten Analysen flüssiger, aus altem Holze hergestellter Extrakte ist das Gerbstoffprocent im Durchschnitte 30 bei 10 % Nichtgerbstoffen. Vom Nichtgerbstoff sind 9,57 % säurebildende Stoffe. Junges Holz liefert geringere Qualitäten. Der Preis des festen (52 %) Extrakts betrug 1884 44, 1891 40 Mk.

Die übrigen wichtigeren Extrakte sind oben S. 43 ff. bei den einzelnen Gerbmaterialien bereits besprochen worden.

Bei der Herstellung von Gerbebrühen werden die in den Gerbmitteln vorhandenen gerbenden Stoffe in größtem Umfange ausgenutzt. Während nach Angaben v. Schröders bei dem gewöhnlichen Lohgerbverfahren mindestens 15—20, häufig 30 und mehr Procente des Gerbstoffs ungenutzt auf den Lohhaufen wandern*), wird der Verlust bei der Extraktgerbung auf ein Mindestmaß, etwa $^1/_2$% höchstens ca. 5% reducirt. Die Extrakte kommen ferner in einer löslichen, zum Eindringen in die Haut alsbald fähigen Form zur Anwendung, wogegen die gewöhnliche Lohe erst längere oder kürzere Zeit braucht, bis der in ihr enthaltene Gerbstoff sich löst. Wird schon dadurch an Zeit gewonnen, so dringt die Extraktlösung auch rascher in die Haut ein. Als fernerer Vorzug ist hervorzuheben, daß es mit Hilfe von Extrakten dem Gerber leicht gelingt, seine Gerbflüssigkeit genau nach dem Gerbstoffgehalte zu mischen, insbesondere sie sorgfältig abzustufen, wie es zur Gewinnung guten Leders unerläßlich ist. Das gilt zumal von den ersten Sätzen für die geschwellten Häute. Der Gerber wird dadurch unabhängig von den vielen Zufälligkeiten, die sonst nicht zu vermeiden sind. Er kann auch verschiedenartige Gerbstoffe in die jeweils geeignetsten Mischungen bringen, ist der Ansammlung großer Vorräthe an Lohrinde überhoben, unabhängig von den Konjunkturen des Rindenmarktes und erzielt endlich auch ein günstiges Rendement.

Aber auch das alte Grubensystem kann vortheilhaft mit der Extraktgerbung derart kombinirt werden, daß die Vorzüge beider Verfahren zur Geltung kommen. v. Schröder hält das reine Brühgerbverfahren für gut brauchbar nur für schwächere, besonders Roßleder, die Kombination für richtiger zur Herstellung besserer Waare und besonders des Sohlleders.

Das alles macht die Brühgerbung ganz wesentlich billiger und sichert ihr, sofern nur eben das mit ihr erzielte Leder qualitativ gut ist, ein zunehmendes und dauerndes Uebergewicht über die alte Lohgrubengerbung. Daß bei sorgfältiger Anwendung von

---

*) Päßler fand in gebrauchter Eichenlohe noch 8% Gerbstoff von ca. 10%.

Brühen ein durchaus gutes Leder hergestellt werden kann, ist durch Erfahrung und Wissenschaft erwiesen. Das geringe Ansehen des so erzeugten Leders, die Bevorzugung des rein lohgaren Leders, wo beste Qualität verlangt wird, haben freilich ihre Berechtigung, solange die Fabrikation des ersteren, wie es häufig geschieht, ohne gründliche Sachkenntniß und ohne sorgsamste Beachtung der erprobten besonderen Verwendungsregeln betrieben wird.

Die Brühgerbung ist schon jetzt weit verbreitet. Gerbereien, welche keinerlei Extrakt verwenden, gehören, abgesehen vom kleinen Handwerksbetriebe, zu den seltenen Ausnahmen. Es ist eine Frage wohl nur kurzer Zeit, daß das alte Grubenverfahren mit Verwendung bloßer Eichenlohe ganz verlassen sein, der Gerbung mit Extrakt überall den Platz geräumt haben wird.

Die in neuerer Zeit ins Leben getretenen Anstalten, welche es sich zur Aufgabe machen, die empirisch gewonnenen Kenntnisse der Gerberei mit dem Rüstzeug der Wissenschaft zu vertiefen und fortzubilden, sind für die Hebung der Lederfabrikation von großem nachhaltigen Einfluß geworden. Während sich die Forschungen von Knapp, Heinzerling u. a. vornehmlich auf die Benutzung mineralischer Gerbmittel erstreckten, wurde die Anfang der 70er Jahre in Wien begründete Versuchsstation für Lederfabrikation unter der rühmlichen Leitung Eitners für die Lohgerberei ein fruchtbares Förderungsmittel. Für Deutschland ist zu einem solchen die seit 1889 in Freiberg bestehende deutsche Gerberschule geworden. An ihrer Spitze ist der hochverdiente, leider 1895 im besten Mannesalter verstorbene v. Schröder unermüdlich bestrebt gewesen, den Gerbern die Nothwendigkeit einer Aenderung ihres alten Verfahrens nahe zu bringen und ihnen die Wege dazu zu weisen. v. Schröder hat in einem kurz vor seinem Tode gehaltenen ausgezeichneten Vortrage, der sich auszugsweise in der D. G. Z. 1895 Nr. 121 ff. findet, ausgeführt, in welcher Art das alte System umgestaltet werden müsse, um durch die Herstellung guten Leders mit Hilfe von Extraktbrühen das Gerbereigewerbe lebensfähig zu erhalten. Er weist zahlenmäßig nach, daß Eichenlohe zwar das beste Gerbmaterial aber

7*

auch das theuerste sei, daß die fremden Gerbstoffe richtig benutzt bei der Herstellung geringen Leders einen Ersatz, bei der von bestem Leder ein wesentliches, nämlich beschleunigendes und verbilligendes Hilfsmaterial bilden. Er nennt das nach diesen Gesichtspunkten veränderte Verfahren geradezu das rationelle und bezeichnet es als dasjenige, welches allein Aussicht habe, die deutsche Gerberei im Wettkampfe mit dem Auslande lebensfähig zu erhalten.

So vollzieht sich die Umwandlung der Gerberei aus dem Handwerk in die Fabrikation stetig und unaufhaltsam weiter. Der kleine Gerber sieht sich beim Festhalten an der langedauernden kalten Grubengerbung bedrängt. Seine Arbeit wird unlohnend. Der größere kapitalkräftige hat dagegen Vorrichtungen, die Lohe vollständig auszunutzen, die Extrakte und die Brühen sich selbst zu gestellen. Er verwendet hilfsweise die reicheren, billigeren, leichter löslichen Lohsurrogate, hat gelernt, die zu guter Qualität erforderliche sorgfältige Mischung und besonders Abstufung der Farben und Sätze anzuwenden, durch Hänge- und Aufschlagvorrichtungen den Gerbproceß zu beschleunigen. Die Gesammtdauer des Gerbprocesses wird dadurch nicht selten um die Hälfte und mehr vermindert. Eine durchgreifende Wandlung hat sich zumal in der Sohllederfabrikation vollzogen. Das alte Verfahren fehlt, wie v. Schröder a. a. O. wörtlich sich äußert, fortgesetzt schon im Princip gegen die goldene Regel der Gerberei, daß der Gerbstoffgehalt der Lohflüssigkeit bei fortschreitendem Gerbproceß ganz regelmäßig und stetig ansteigen müsse. So ist gerade bei ihr die Brühgerbung und die Anwendung zunehmend kräftiger Extraktbrühen üblich geworden.

Außer den Betrieben, bei denen die Lohe nach wie vor das Hauptgerbmittel bildet, sind besonders im Nordwesten und Westen Deutschlands Betriebe entstanden, welche ganz oder fast ganz die überseeischen Gerbmittel verwenden, zumeist Quebrachoholz und Quebrachoextrakt.

Wo jetzt noch das alte System herrscht, ist, wie man heute schon aussprechen kann, der Uebergang zur Brühgerbung sicher bevorstehend. Die deutschen Gerber ringen sich in voller Erkenntniß der Lage kräftig los von dem alten „ruhigen“ empirischen Verfahren der vielen Lohe und der langen Zeit. Die nachwachsende Generation begnügt sich nicht mehr mit der handwerksgebräuchlichen Lernzeit, sie sitzt zu den Füßen berufener Lehrer und eignet sich da oder auch auf Reisen durch die Ursprungsgebiete der Gerbmittel und zu den Stapelplätzen derselben weitere Kenntnisse an. Gerber mit gründlichen chemischen Kenntnissen sind schon jetzt keine Seltenheit. Die Interessen der Gerberei finden ihre Vertretung in Vereinen und Verbänden unter sachkundiger Leitung, ihre Verbreitung und Fortbildung in fachmännisch geleiteten Zeitschriften. Eine große ebendahin zielende Wirksamkeit wird auch die 1897 gegründete und unter Leitung von Päßler gestellte deutsche Gerbereiversuchsstation zu Freiberg voraussichtlich gewinnen.

Für den deutschen Schälwald aber erwachsen aus diesem Wandel tiefgreifende Folgerungen, denen er sich nicht entziehen kann weder durch wirthschaftliche Maßregeln noch durch staatliche Einwirkungen. Es ist offenbar, daß die Eichenlohe ihre Bedeutung als das einzige dem Gerber unentbehrliche Gerbmaterial dauernd und endgiltig verloren hat. Sie wird für absehbare Zeit immerhin noch der beste, am vielseitigsten verwendbare Gerbstoff bleiben, sie wird nach wie vor gekauft und zur Herstellung bester Leder verwendet werden. Aber die einstigen Preise, die früher für den unentbehrlichen Rohstoff willig gezahlt wurden und gezahlt werden konnten, werden niemals mehr erzielt werden können. Hierin liegt der Schwerpunkt der Eichenschälwaldfrage.

Die Einfuhr von Eichenlohe in bester Qualität, ihr Vertrieb nach großkaufmännischen Gesichtspunkten einerseits, der Uebergang der Lederbereitung aus einem empirischen Handwerksbetriebe andererseits, das sind die bestimmenden Ursachen für den Rückgang des deutschen Schälwalds.

Nicht oder nur in ganz unbeträchtlichem Maße hat bisher als weiterer Faktor mitgewirkt:

C. Die Herstellung von Leder ohne Zuhilfenahme organischer Stoffe.

Das Streben, mit Hilfe chemischer Substanzen, welche den organischen Gerbstoff ersetzen sollen, ein dem lohgaren Leder gleichwerthiges Leder herzustellen, ist schon alt. Die ersten bekannten Versuche reichen bis ins 17. Jahrhundert zurück. Ende vorigen Jahrhunderts gerbte J. Johnson mit Vitriol und Salz- oder Salpetersäure, S. Ashton mit Eisenoxyd und andern Metallsalzen. 1842 benutzte J. Bordier schon basisch schwefelsaures Eisenoxyd. Eine ganze Reihe ähnlicher Verfahren wurden von anderen Technologen empfohlen. Bedeutung haben aber erst die Gerbmethoden von Knapp und von Heinzerling erlangt.

Den Ausgangspunkt für die Benutzung mineralischer Gerbstoffe bildet die Annahme, daß die Umwandlung der thierischen Haut in Leder nicht oder nur nebenher ein chemischer Proceß sei, sondern ganz oder wesentlich ein physikalischer. Der Gerbstoff dient danach dazu, die beim Trocknen der Haut zum innigen Zusammenkleben, Brüchigwerden oder Faulen neigenden Fasern des Coriums mit einer isolirenden Schicht zu umgeben und dadurch sie zu konserviren und geschmeidig zu erhalten. Jeder Stoff, welcher sich in die Haut einbringen und mit der Faser in feste, durch Wasser nicht lösliche Verbindung bringen läßt, kann also offenbar zum Gerben dienen. Ein solcher muß, um in die Haut eindringen zu können, zunächst in löslicher, von dieser absorbirbarer Form darstellbar sein und nach dem Eindringen sich so fest mit der Faser verbinden, daß er mit Wasser nicht wieder ausgewaschen werden kann.

Knapp benutzt dazu, wie schon die älteren Technologen, Metallsalze (Patent v. 1861), nachmals (Patent v. 1871) insbesondere ein von ihm auf eigenartige Weise dargestelltes basisch schwefelsaures Eisenoxyd. Die damit schnell zur Gare gebrachten Häute — starke in ca. 1 Woche, Kalbfelle in 2 Tagen — tränkt er hinterher mit gelösten Fetten und einer in Wasser nicht löslichen Eisenseife. Heinzerling (Pat. 1878) nimmt statt der Eisensalze saures chromsaures Natron oder Kali oder Magnesia unter Beigabe von Blutlaugensalz, Alaun und Kochsalz (vgl. Schütze Zeitschr. f. F. J. W. 1879, 205 ff.), späterhin (1879) Chromalaunlösung. Die garen Häute werden in noch feuchtem Zustande mit Fett gewalkt oder mit in Benzin, Schwefelkohlenstoff oder ähnlichen Stoffen gelösten und mit etwas Carbol oder Thymol versetzten Fetten oder Stearin oder Paraffin und dergl. imprägnirt. Damit wird besonders Wasserfestigkeit und bleibende Geschmeidigkeit erzielt.

In großer Anzahl sind noch andere Patente auf die Benutzung ähnlicher Stoffe ertheilt worden, unter anderem für chromsaure Thonerde in Holzessig, für Tannin und Holzessig ꝛc. Genaueres darüber giebt v. Alten in einem hier zumeist benutzten Artikel über Mineralgerbung (Z. f. F. J. W. 1883, S. 306 ff.). Als Vorzüge der Mineralgerbung wurden gerühmt Zeitersparniß, Billigkeit, leichte und stete Beschaffbarkeit und leichtes Aufbewahren des Gerbstoffs und dabei auch die gute Qualität des mit ihr erzeugten Leders, welche der des lohgaren mindestens gleich sei.

Die Gerbereiindustrie erprobte durch mehrere Jahre die empfohlenen Methoden praktisch. Die Firma Gottfriedsen & Cie. in Braunschweig versuchte das Knapp'sche Patent, die Firma Hosch & Vomhof in Büdingen das Heinzerling'sche auszubeuten. Mehrere andere Firmen folgten. Aber die Erfolge waren nicht günstig. In der Generalversammlung deutscher Gerber zu Hannover 1881 wurde darüber referirt. Danach war das Chromleder schwierig zu bearbeiten wegen seiner gummiähnlichen Geschmeidigkeit. Als Oberleder schütze es nicht vor Nässe im Winter, störe die Transspiration des Fußes im Sommer, als Sohlleder sei es in trocknem Wetter zwar sehr haltbar, „wachse“ aber bei feuchtem leicht „aus“, werde blasig, schlüpfrig, nütze sich dann rasch ab und lasse sich nur sehr langsam wieder trocknen. Nur für Treibriemen bilde es einen vollen Ersatz für lohgares Leder und sei diesem wegen der geringeren Herstellungskosten sogar überlegen. Auch das Eisenoxydleder hatte sich so schlecht bewährt, daß von weiterer Herstellung seitens der Unternehmerfirmen Abstand genommen wurde. Als wesentlichen Mangel des mineralgaren Leders heben noch Councler und v. Alten (a. a. O.) hervor, daß anscheinend die verwendeten

Chemikalien auf die Hautfaser schädlich, theilweise zerstörend einwirken und zwar wohl infolge von Nebenreaktionen, welche im Gefolge der unschädlichen Hauptreaktion in der Haut auftreten.

In der That hat seitdem die Mineralgerbung nur bescheidene Fortschritte gemacht und ist nicht im Stande gewesen, der Lohgerbung fühlbare Konkurrenz zu machen. Immerhin findet neuerdings „chromsaures" Oberleder, sog. Corin oder Gummileder, in der Schuhmacherei und Starkleder in der Treibriemenfabrikation zunehmende Verwendung. Es kommen nach Haenlein (Chemiker-Ztg. 1894, S. 1243 und 1896, S. 780) gegenwärtig von zahlreichen Verfahren hauptsächlich zwei in Deutschland zur Anwendung: Das Einbad-Verfahren von M. Denis und das Zweibad-Verfahren von Schultz. Bei ersterem wird eine „Tanolin" genannte Chromchloridlösung mit Zusatz von Soda verwendet. Das damit erzeugte Leder ist sehr weich, zähe und elastisch. Schultz benutzt zuerst Kaliumbichromat und Salzsäure, sodann Natriumthiosulfat mit Salzsäure. In Amerika besteht ein neues Chromgerbungsverfahren von Otto P. Amand wesentlich in der Anwendung von freier Chromsäure, welche durch Anilinchlorhydrat reducirt wird. In Rußland ist ein Verfahren patentirt, bei welchem arsenhaltiger Wasserstoff intermittirend durch die aus organischen Stoffen bereitete Gerbbrühe geleitet wird. Die eingehängten Häute, selbst starke und schwere, gerben sich dabei sehr rasch. Dauerhaftigkeit, Qualität, Farbe und Aussehen sollen dem nach gewöhnlichem Verfahren gewonnenen Leder entsprechen. Das zeitraubende Wenden der Blößen in der Gerbbrühe kann unterbleiben. Gegen das Verfahren spricht die hohe Giftigkeit des arsenhaltigen Wasserstoffs. Inwieweit es sich bewährt, steht noch dahin (Chem.-Ztg. 1896, S. 769).

Es ist nicht unwahrscheinlich, daß die Mineralgerbung weiter ausgebildet einen wesentlichen Ersatz für die Gerbung mit vegetabilischen Stoffen bilden wird. Dann wird sie auch für die Zukunft der Rindenproduktion im deutschen Schälwald ein bestimmender Faktor werden. Auf das schon seit Jahren beobachtete Sinken der heimischen Lohpreise hat sie aber bis jetzt keinen Einfluß ausgeübt.

Das Gleiche gilt von verschiedenen Gerbmethoden, welche in neuester Zeit aufgetaucht sind, ohne daß über ihr Wesen und ihre Brauchbarkeit ein klares Urtheil sich hätte bilden können. So wird mit Hilfe von Elektrizität gegerbt u. a. nach Verfahren von Worms und Balé und von Grothe. Auch die Verwendung von Bakterien soll für Gerbzwecke mit Aussicht auf Erfolg versucht worden sein.

5. Statistisches.

Die Lederbereitung bildet zur Zeit in Deutschland einen der am weitesten verzweigten und wichtigsten Gewerbszweige. 1875 gab es in Deutschland 11421 Gerbereibetriebe mit 40879 Personen, 1882 9883 Gerbereibetriebe mit 43943 Arbeitern, davon 949 mit mehr als je 5 Arbeitern, 1895 7150 Hauptbetriebe mit 53155 Arbeitern, davon 1479 Betriebe mit mehr als je 5 Arbeitern. Es zeigt sich also, daß die Zahl der Arbeiter in zwölf Jahren um 21% gestiegen, die Zahl der Betriebe dagegen um 28% gesunken ist, ein Beweis für die Zunahme der Fabrikationsbetriebe und für den Rückgang der kleinen Handwerksbetriebe. Von den Großbetrieben (mit mehr als 5 Arbeitern) sind 1 mit mehr als 3000, 2 mit mehr als 2000, 1 mit mehr als 600, 16 mit mehr als 200, 40 mit mehr als 100 Arbeitern.

Die Gesammtproduktion aller Lederarten in Deutschland wird nach Krause (Ber. des Centr. Ver. der deutschen Lederindustrie Berlin 1895, S. 10) auf rund 500 Millionen Mark geschätzt. Davon werden für 140 Millionen ausgeführt. Der Ausfuhr steht eine Einfuhr im Werthe von rund 40 Millionen Mark gegenüber. Der Eigenkonsum Deutschlands stellt sich also schätzungsweise auf 400 Millionen Mark.

Dementsprechend sind die lederverarbeitenden Gewerbe vielfach gegliedert und großentheils hochentwickelt. Nach der Berufszählung vom 14. Juni 1895 (Vierteljh. Stat. d. D. Reichs 1896 Erg. z. H. 3) betrug die Gesammtzahl der den betreffenden Beruf ausübenden Personen in:

		davon selbständige Geschäftsleiter und Hausindustrielle
Verfertigung von gefärbtem und lackirtem Leder	4648	286
Wachstuch-, Ledertuch- und Treibriemenfabrikation	2561	199
Verfertigung von Spielwaaren aus Leder ꝛc.	1291	246
„ „ Tapezierarbeiten	32706	9671
Kürschner- und Pelzwaarenzurichtung	14785	6036
Handschuhmacherei	16278	5023
Schuhmacherei	433586	235328
Riemerei und Sattlerei	74839	28788
Zusammen	580694	285577

Rechnet man hierzu die schon erwähnten 53155 in der Gerberei, ferner 1249 in den Lohmühlen und Lohextraktfabriken beschäftigten Personen und erwägt schließlich, daß in sehr zahlreichen anderen Gewerbsarten wie z. B. im Galanteriewaaren- und Buchbindergewerbe, im Wagen-, im Maschinenbau, in der Landwirthschaft u. s. w. große Mengen Leder verarbeitet bezw. verbraucht werden, so gewinnt man einen Begriff von der Bedeutung der deutschen Lederindustrie.

Diese Bedeutung erhellt weiterhin aus dem heimischen und internationalen Verkehr in Bezug auf Häute, Leder und Lederwaaren. Lieferanten der inländischen Rindrohhäute sind für starke und schwere Waare diejenigen Ländergebiete, welche Höhenracen züchten, Bayern, Südwestdeutschland und Theile von Rheinland und Westfalen. Flachere und leichtere Häute liefern im wesentlichen die Gebiete der Niederungsracen besonders das nördliche und östliche Deutschland.

Die Rindhaut ist qualitativ danach sehr verschieden nach Klima, Bodenausformung, Art der Viehhaltung wie auch nach Geschlecht und Alter des Rindes. Weidevieh liefert stärkeres, dicht- und grobfaserigeres Leder als Stallvieh. Ochsenhäute sind zumeist stärker, besonders am Rücken, als Kuhhäute, Stierhäute gröber als Ochsenhäute, dagegen dicker an Kopf und Nacken und am Bauche als diese. Die Häute des einheimischen und europäischen Viehs werden zahme, die des überseeischen Viehs Wildhäute genannt.

Oertlich kauft der Gerber noch jetzt vielfach die frische (grüne) Haut des geschlachteten Viehs direkt vom Metzger, in den viehreichen Gegenden aber übernimmt der Zwischenhandel in der Regel die Vermittlung und die Häute kommen dann meist trocken, gekalkt oder naßgesalzen auf den Markt. Hauptplätze für den Großhandel sind Berlin, Frankfurt a. M., Leipzig, Köln; Leipzig außerdem vorzugsweise auch für russische Provenienzen. Für Kalbfelle gilt Berlin als Haupthandelsplatz.

In neuester Zeit sind vielerorts, namentlich in Mittel- und Westdeutschland, die Metzger zu Verbänden zusammengetreten, um gemeinsam die Rohhäute auf großen Auktionen zu verkaufen und den oft ebenfalls genossenschaftlich organisirten Gerbern gegenüber auf gute Preise zu halten. Der bisherige Erfolg ist trotz energischer Bekämpfung dieser Auktionen seitens der Gerber für die Metzger günstig gewesen.

Aber die deutsche Viehzucht ist bei Weitem nicht im Stande, den Bedarf an Häuten und Fellen zu decken*). Die Einfuhr aus viehreichen Ländern, besonders aus Südamerika, ist ganz bedeutend und übersteigt die Ausfuhr im Durchschnitt um das dreifache.

Obenan in der Einfuhr stehen nach Menge und Werth die Rindhäute mit über 60% der gesammten Einfuhr an Häuten und Fellen und 40% des Werths. Ihnen zunächst stehen die Roßhäute mit durchschnittlich 12% der Masse und 6% des Werths. Nahezu die Hälfte von beiden Arten liefern Argentinien und Brasilien. Hauptimportplätze sind Antwerpen, Havre, Rotterdam, Köln, daneben auch Hamburg und Bremen. Die La Plata-Rindhäute kommen überwiegend gesalzen und getrocknet auf den Markt. Die beste Sorte, gute, saubere, schnittfreie Häute werden als Saladeros, die sorgloser behandelten, mit Schnitten versehenen, mißfarbigen, geringeren als Mataderos gehandelt. Große Posten

*) Nach der Viehzählung von 1892 gab es in Deutschland 17,6 Millionen Stück Rindvieh, 13,6 Millionen Schafe, 3 Millionen Ziegen. An Rindvieh entfielen auf 1000 Einwohner im Durchschnitt 355, in Schleswig, Oldenburg und etlichen bayerischen Bezirksämtern 1200 bis 1600, in Ostpreußen und Westfalen durchschnittlich 600 bis 1000.

sog. Kipse kommen aus Ostindien und der Kapkolonie über England zu uns; es sind leichte, in der Mitte zwischen Rind- und Kalbhaut stehende, zu Oberleder bestimmte Rindhäute. Die ostindischen werden nach drei Sorten als Dakka, Hoogly slaught und Durbungah arsenic slaughtered gehandelt. Sie sind in der Regel gekalkt.

Von den einheimischen und Wildhäuten werden die stärkeren Ochsen- und Stierhäute fast nur zu Sohl- oder Pfundleder, daneben zu Riemen- und Sattlerleder verarbeitet, Kuh- und Kalbinhäute vorzugsweise zu sog. Vacheleder. Als Pfundleder wird in Oesterreich ein geschwitztes Sohlleder bezeichnet, welches nach der Schwellung mit Weißbeize hauptsächlich mit Knoppern und Valonea gar gegerbt ist. Halbsohlleder sog. Terzen werden gekalkt und in saurer, immer gehaltreicher gemachter Lohbrühe gegerbt. Sie dienen zur Herstellung von Brandsohlen. Vacheleder unterscheidet sich von Sohlleder nicht nur durch seine mindere Dichte und Stärke sondern auch durch die etwas abweichende Herstellungsart: es wird nicht wie jenes geschwitzt, sondern nur geäschert und dadurch sowie durch die dem Gerbeproceß nachfolgende besondere Zurichtung geschmeidiger und biegsamer. Es giebt feine Sohlen-, Sattler- und Treibriemenleder. Dünne, kurzfaserige Rindhäute liefern das Fahlleder, welches in der Sattlerei und als Maschinenriemenleder Verwendung findet.

Kalbleder geben Oberleder und Lack- und Sattlerleder. Roßhäute werden vorzugsweise in den nord- und westdeutschen Gerbereien auf Oberleder und Täschnerleder verarbeitet. Sie kommen zum Theil aus dem Inland, hauptsächlich aber aus Süd- und Nordamerika, sowie aus England und Frankreich nach Deutschland. Kalbfelle liefern Rußland, Frankreich und Oesterreich-Ungarn. Die Schaf- und Ziegenfelle, welche hauptsächlich aus Argentinien und Australien, aber auch aus Rußland, Oesterreich-Ungarn, Frankreich und Großbritannien eingeführt werden, kommen in der Weißgerberei zur Verarbeitung auf Glacé-, Kid- und Glanzleder.

Die folgende Zusammenstellung ergiebt die Einfuhr in den letzten 5 Jahren:

Einfuhr von Häuten und Fellen
in 100 kg und 1000 Mark (Monatl. Nachw. über den auswärtigen Handel im deutschen Zollgebiet 1894—97).

	1893		1894		1895		1896		1897	
	100 kg	1000 M.	100 kg	1000 M.	100 kg	1000 M.	100 kg	1000 M.	100 kg	1000 M.
Hasen- und Kaninchenfelle	14766	2953	10226	2045	16366	2782	14993	2399	13946	2231
Kalbfelle	127041	19871	127245	19097	142773	26757	120716	20427	132649	23634
Rindhäute	626412	48011	697569	53123	734940	82455	647955	61503	811221	77407
Robben- und Seehundfelle	249	80	258	83	332	106	441	71	426	68
Roßhäute	106891	7134	133064	8875	153525	12336	122351	8860	150035	10980
Schaf- und Ziegenfelle .	104209	15623	100695	15062	119687	17920	136474	20383	143557	21556
Rohe Häute zur Lederbereitung, nicht besonders benannt	8034	1298	9757	1581	9398	1598	8083	1132	9697	1358
Häute und Felle zur Pelzbereitung	33957	45888	28347	38153	32428	42424	31527	40718	34350	44488
Im Ganzen	1021559	140858	1107161	138019	1209449	186378	1082540	155493	1295881	181722

Die Ausfuhr bleibt gegen die Einfuhr stark zurück. Von einigem Belang ist der Versand von süddeutschen Kalbfellen nach Frankreich, von Rindhäuten nach Oesterreich und Rußland und von Roßhäuten aus dem pferdereichen Ostpreußen ebenfalls nach Rußland.

Die Ausfuhr und im Vergleich zu ihr die Mehreinfuhr in den letzten 5 Jahren giebt in 100 kg und 1000 Mark Werth die nachfolgende Tabelle an:

Ausfuhr von Häuten und Fellen.

	1893		1894		1895		1896		1897	
	100 kg	1000 M.	100 kg	1000 M.	100 kg	1000 M.	100 kg	1000 M.	100 kg	1000 M.
Hasen- und Kaninchenfelle	7828	1644	6147	1291	9836	1869	9546	1718	11433	2058
Kalbfelle	50940	8519	46960	7696	53956	10571	50196	9711	71980	13375
Rindhäute	246328	17677	303774	22005	293261	30870	240819	21843	268381	24218
Robben- und Seehundfelle	234	75	23	7	45	14	48	8	93	15
Roßhäute	7694	604	24133	1894	18868	1639	25552	2766	30110	3147
Schaf- und Ziegenfelle .	35135	5622	41937	6710	37855	6057	42099	6736	44623	7140
Rohe Häute z. Lederbereitung, nicht bes. benannt	4800	639	3771	502	3836	537	4055	527	3284	427
Häute und Felle zur Pelzbereitung	16630	27490	17883	30030	17968	30244	17293	28267	20700	33899
Häute und Felle, unvollständig deklarirt . . .	16	96	4	8	7	24	13	44	20	59
Im Ganzen	369605	62366	444632	70143	435632	81825	389621	71620	450624	84338

Mehreinfuhr von Häuten und Fellen.

	1893		1894		1895		1896		1897	
	100 kg	1000 M.	100 kg	1000 M.	100 kg	1000 M.	100 kg	1000 M.	100 kg	1000 M.
Hasen- und Kaninchenfelle	6938	1309	4079	754	6530	913	5447	681	2513	173
Kalbfelle	76101	11352	80285	11401	88817	16186	70520	10716	60669	10259
Rindhäute	380084	30334	393795	31118	441679	51585	407136	39660	542840	53189
Robben- und Seehundfelle	15	5	235	76	287	92	393	63	333	53
Roßhäute	99197	6530	108931	6981	134657	10697	96799	6094	119925	7833
Schaf- und Ziegenfelle .	69074	10001	58758	8352	81832	11863	94375	13647	98934	14416
Rohe Häute z. Lederbereitung, nicht bes. benannt	3234	659	5986	1079	5562	1061	4028	605	6413	931
Häute und Felle z. Pelzbereitung	17327	18398	10464	8123	14460	12180	14234	12451	13650	10589
Häute und Felle, unvollständig deklarirt . . .	— 16	— 96	— 4	— 8	— 7	— 24	— 13	— 44	— 20	— 59
Im Ganzen	651954	78492	662529	67876	773817	104553	692919	83843	845267	97325

Rindhäute und Roßhäute sind das wichtigste Rohmaterial für die Lohgerberei. Die Einfuhr derselben hat besonders seit Ende der 80er Jahre stetig zugenommen. Allerdings gilt das Gleiche von der Ausfuhr, die indessen bei Weitem von der Einfuhr überholt wird. Es betrug (Stat. Jahrb. f. d. D. R. 1893/98):

	die Einfuhr		die Ausfuhr	
	Tonnen	im Werthe von Mill. Mk.	Tonnen	im Werthe von Mill. Mk.
	an Rindhäuten			
1884	44251	60,6	7922	11,6
1885	45973	54,0	6741	7,4
1886	44451	48,5	8371	8,8
1887	41681	42,7	8694	8,6
1888	53847	46,6	8498	6,9
1889	54389	43,7	17253	13,1
1890	54750	48,6	24114	19,8
1891	60172	52,0	22722	18,0
1892	60654	50,1	22417	17,5
1893	62641	48,0	24633	17,7
1894	69757	52,2	30377	22,5
1895	73494	82,5	29326	30,8
1896	64796	61,5	24082	21,8
1897	81123	74,6	26837	23,1
	an rohen Roßhäuten			
1884	5911	7,7	462	0,7
1885	7039	8,4	465	0,7
1886	6262	7,0	378	0,5
1887	7627	8,5	703	0,9
1888	6591	7,3	883	1,1
1889	9446	10,4	1144	1,4
1890	8977	9,0	1224	1,2
1891	10233	7,5	1180	1,0
1892	9444	5,4	1001	0,7
1893	10689	7,1	769	0,6
1894	13306	8,6	2413	1,7
1895	15353	12,3	1887	1,6
1896	12235	8,9	2555	2,8
1897	15004	11,0	3008	3,2

Die Mehreinfuhr beträgt also bei Rindhäuten rund das 3—6fache, bei Roßhäuten das 7—17fache.

Der Verkehr mit Leder ergiebt sich aus den folgenden Uebersichten:

Leder und

im Verkehr über die Grenze des deutschen

	1893 100 kg	1893 1000 M.	1894 100 kg	1894 1000 M.
				Ein=
Leder, nicht besonders benannt .	28142	6191	28860	5909
Handschuhl., Korduan, Marokin ꝛc.	7012	7012	7406	7406
Sohlleder	17092	3846	16820	3785
Schaf= und Ziegenleder . . .	26101	7047	27287	7367
Grobe Lederwaaren	3361	1949	3879	2250
Feine Lederwaaren	5455	9819	5812	10462
Handschuhe	1298	7139	1229	6760
Im Ganzen	88461	43003	89293	43939
				Aus=
Leder, nicht besonders benannt .	34546	10018	35769	10373
Handschuhl., Korduan, Marokin ꝛc.	42321	42321	42230	42230
Sohlleder	4333	823	6018	1143
Schaf= und Ziegenleder . . .	253	73	346	100
Grobe Lederwaaren	9377	5624	9646	5788
Feine Lederwaaren	27972	50350	25917	46651
Handschuhe	3180	20670	3001	19507
Leder, unvollständig deklarirt .	11	11	12	13
Im Ganzen	121990	129890	122939	125805
				Mehr=
Leder, nicht besonders benannt .	6404	3827	8963	4464
Handschuhl., Korduan, Marokin ꝛc.	35309	35309	34824	34824
Sohlleder	— 12759	— 3023	— 10802	— 2642
Schaf= und Ziegenleder . . .	— 25848	— 6974	— 26941	— 7267
Grobe Lederwaaren	6013	3675	5767	3538
Feine Lederwaaren	22517	40531	20105	36189
Handschuhe	1882	13531	1772	12747
Leder, unvollständig deklarirt .	11	11	12	13
Im Ganzen	33529	86887	33700	81866

Lederwaaren

Zollgebietes (Monatl. Nachweis 1893—98).

1895		1896		1897	
100 kg	1000 M.	100 kg	1000 M.	100 kg	1000 M.
fuhr.					
33277	8319	28906	6359	31154	6854
8481	8905	9451	8978	11195	10635
17961	5029	16796	4031	22447	5387
31864	8603	33219	8637	36435	9473
3864	2318	4186	2428	3971	2303
6171	11725	7522	13540	8074	14533
1581	8696	1536	7680	1582	7910
103199	53595	101616	51653	115858	57095
fuhr.					
38176	12598	36942	10713	42204	12239
50104	52609	44657	42424	50020	47519
7758	1784	7537	1680	12975	2595
429	124	539	146	513	139
11587	7068	13956	8234	13251	7818
29571	56185	27752	49954	27443	49397
3963	25769	3154	18924	3871	23226
9	10	18	12	26	9
141597	156138	134555	132087	150303	142942
ausfuhr.					
4899	4269	8036	4354	11050	5385
41623	43704	35206	33446	38825	36884
— 10203	— 3245	— 9259	— 2351	— 9472	— 2792
— 31435	— 8479	— 32680	— 8491	— 35922	— 9334
7723	4750	9770	5806	9280	5515
23400	34460	20230	36414	18369	34864
2282	17064	1618	11244	2289	15316
9	10	18	12	26	9
38298	92543	32939	80434	34445	85847

Schon ein flüchtiger Blick auf diese Zahlen läßt erkennen, daß im Gegensatz zum Rohstoff „Häute und Felle“, bei welchem sich eine sehr hohe Mehreinfuhr ergab, hier bei den Halb- und Ganzfabrikaten das Umgekehrte der Fall ist. Wiederum findet sich bei zweien der wichtigsten, aber relativ wohlfeilen Halbfabrikate „Sohlleder“ und „Schaf- und Ziegenleder“ eine Mehreinfuhr, dagegen bei dem werthvollen Halbfabrikat Handschuh- 2c. Leder, vor allem aber in den fertigen, also am meisten arbeitseigenen Waaren eine hohe Mehrausfuhrziffer. Endlich ergiebt sich auch beim Vergleich der durchschnittlichen Einheitswerthe von Einfuhr und Ausfuhr, daß durchweg der Einheitswerth der ausgeführten Erzeugnisse erheblich über dem der gleichartigen Einfuhr steht. So kommt es, daß die Mehrausfuhr dem Werthe nach einen noch viel höheren Betrag darstellt als nach der Masse; gewiß ein beredtes Bild für den hohen Stand der deutschen Lederindustrie.

Im Einzelnen ist für die Lohgerberei zunächst das Sohlleder von Belang. Bei ihm findet sich eine starke Einfuhr bezw. Mehreinfuhr. Sie besteht zu beinahe $^{3}/_{4}$ in Valdivia-Leder aus Chile, einem mit Persea-Rinde gegerbten Sohlleder von meist kräftiger Statur, welches zäh und genügend haltbar, aber wenig ansehnlich ist. Aber auch viel geringwerthige Waare ist darunter. Wird es durch Appretur im Inlande äußerlich gut zugerichtet, so wird es gern gekauft, weil es viel billiger ist als einheimisches Leder, z. B. kostete 1895 der Centner ab Hamburg 80—90 Mk. gegen 140—150 Mk. des einheimischen Leders. Der niedrige Preis hängt wohl wesentlich mit der unterwerthigen Valuta in Chile zusammen. Chile hatte z. B. 1897 einen Kurs von etwa 100 : 265*). Dazu kommt, daß dort die Löhne niedrig, die Lebensunterhaltsmittel billig sind. Kleine Posten minderwerthigen Sohlleders kommen aus Nordamerika, Australien und England. Oesterreich-

*) Chile geht jetzt zur Goldwährung über.

Ungarn und Belgien*) liefern gutes Sohlleder in nicht eben großen Mengen. Den bedeutendsten Theil der Einfuhr und Mehreinfuhr bildet Schaf- und Ziegenleder, der Rohstoff für die hochentwickelte Handschuhlederfabrikation und die feiner Lederwaaren, der in der heimischen Viehzucht nur wenig erzeugt wird. Das weitaus bedeutendste Importland hierfür ist Großbritannien bezw. die britischen Kolonien mit etwa $^3/_5$ der gesammten nach Deutschland eingeführten Menge. Fertiges Handschuhleder wird dagegen mehr aus- als eingeführt. Die Mehrausfuhr dieses Halbfabrikats, mehr noch die gewaltigen Ausfuhrwerthe der Lederfabrikate und fertigen Handschuhe legen ein beredtes Zeugniß ab für die Bedeutung der deutschen Lederindustrie auf dem Weltmarkte. Trotz der auf die Mehreinfuhr von Sohlleder und Schaf- und Ziegenleder entfallenden 10 bis 12 Millionen Mark ergiebt die Ausfuhr in fertigem, besonders feinem Leder sowie in fertigen Lederwaaren einen Ueberschuß der Ausfuhr über die Einfuhr von 80 bis 92 Millionen Mark. Die deutschen Lederwaaren finden Absatz in nahezu allen Ländern und Erdtheilen. Mit Grund gilt die deutsche Lederindustrie als eine der höchststehenden.

Wenngleich nun die für das Ausland producirten Leder und Lederwaaren zum sehr großen Theile nicht Erzeugnisse der Lohgerberei sind, so ist doch eben auch diese erheblich an der Ausfuhr betheiligt, ganz besonders aber für die Lederkonsumtion des Inlandes eine wichtige und unentbehrliche Industrie. Die Erzeugnisse der deutschen Lohgerberei zählen heute zu den besten, die es giebt. Die vorstehenden Zahlen ergeben aber auch, daß die ausländische Lederindustrie ein mächtiger und gefährlicher Konkurrent auf dem Weltmarkt und in Deutschland selbst ist. Denn trotz des seit 1879 von Deutschland erhobenen Eingangszolls von 18 Mk. für Leder aller Art und 36 bezw. 30 Mk. für Sohl-, dänisches Handschuh-Leder, Korduan ꝛc. pro 100 kg und 50—100 Mk. für verschiedene Lederwaaren hat die Einfuhr von Sohlleder und Lederwaaren bis

*) Der früher bedeutende Import belgischer Sohlleder ist seit der Erhöhung des Zolls stark zurückgegangen. Jetzt liefert Belgien nur noch vorzugsweise Maschinenleder.

1890 bezw. 1891 stetig zugenommen und erst von da an tritt eine Minderung in der Einfuhr und eine namhafte Zunahme in der Ausfuhr ein. Die Hebung der Produktion ist also keine leicht errungene und ist nur möglich geworden durch die stetige Regsamkeit der industriellen Gerber und das erfolgreiche Bestreben, die Produktionskosten zu mindern durch Beschleunigung des Gerbprocesses, insbesondere Ausbildung des rationellen Brühverfahrens und Verwendung gerbkräftiger Materialien neben oder anstatt der Eichenlohe.

Kapitel III.

Die wirthschaftlichen Verhältnisse des westdeutschen Schälwaldes.

Neben den im Vorigen besprochenen auf Seiten der Lohrindenkonsumenten wirksamen Umständen, welche auf die Einträglichkeit der Lohproduktion nachtheilig einwirken, wird es auch solche auf Seiten der Rindenproduktion geben. Sie können begründet sein auf dem wirthschaftlichen Zustand des Schälwaldes im Allgemeinen, sodann im Besonderen auf der Ausbeute an Rinde nach Menge und Güte und auf dem Aufwand an Produktionskosten.

1. Der wirthschaftliche Zustand des westdeutschen Schälwaldes im Allgemeinen.

Die im vorstehenden Kapitel dargelegten Untersuchungen lassen erkennen, daß in der That der deutsche Schälwald unter dem Einflusse des Verkehrs und der durch diesen verursachten Umwälzungen im Gerbereigewerbe in eine üble Lage gekommen ist. Früher war er als der einzige oder doch allein maßgebende Lieferant des im Großen ausschließlich verwendeten Gerbmittels in der günstigen Stellung einer Monopolwirthschaft. Die Gerberei war in ihrer Existenz unweigerlich auf ihn angewiesen und hatte das vitalste Interesse daran, ihn lebens- und leistungsfähig zu erhalten. Hätte sie ihn verkommen lassen, so hätte sie die Henne geschlachtet, die ihr die goldenen Eier legte. Jetzt hat sich das Verhältniß umgedreht. Die Gerberei kann die Schälrinde noch gebrauchen, sie muß es aber nicht. Denn eine Fülle hochwerthiger Ersatzstoffe ist ihr geboten, einmal in der ausländischen Schälrinde, sodann und vor allem in den mannigfachen anderen Gerbmitteln. Der Schälwald aber hat jetzt und in Zukunft wie vordem keinen anderen Abnehmer seines Erzeugnisses, als eben die Gerberei. Konnte er also früher die Preise monopolistisch normiren, so normirt jetzt die Gerberei ihm die Preise monopolistisch und dieses Verhältniß wird und muß sich in der Zukunft zu Ungunsten des Schälwaldes verschärfen. Es hieße die Augen absichtlich verschließen, wollte man dies nicht erkennen. Vielmehr gilt es, mit vollster Entschiedenheit dies klarzustellen und daraus die Konsequenzen für die Zukunft des Schälwaldes zu ziehen.

Die Gerberei, das sahen wir, hat den veränderten Verhältnissen in ihrem Interesse weitgehend Rechnung getragen. Läßt sich das auch von den Rindenproducenten sagen? Die Frage muß leider für große Theile des Schälwaldgebietes verneint werden.

Die Forstwirthschaft wird mit Recht gemeinhin als eine konservative bezeichnet. Ihr Charakter bedingt eine gewisse Stetigkeit der Wirthschaftsführung, sie arbeitet mit Wirthschaftsperioden, welche zumeist viel länger sind als ein Menschenalter. Da sie im Großen vor jähen Fluktuationen der Produktions- und Absatzverhältnisse geschützt ist, begnügt sie sich mit einer gegenüber anderen Bodenwirthschaften meist niedrigeren, aber eben dafür weniger schwankenden und sicher eingehenden Rente. Das gilt für die Wirthschaftsformen mit hohen Umtriebszeiten. Die Gewohnheit, den Wald als sichere Sparkasse anzusehen, hat sich sehr zu Unrecht und sehr zum Schaden der davon Betroffenen auf den Schälwald übertragen. Für ihn gilt das vom Hochwalde Gesagte nur sehr bedingt oder garnicht. Er bildet die arbeitsintensivste Form der Waldwirthschaft, er arbeitet mit kurzen Wirthschaftsperioden, liefert im Verhältniß zu den anderen Formen die höchsten Erträge, aber — und das ist das hier Entscheidende — diese Erträge unterliegen größeren Schwankungen. Das hat man in den Zeiten hoher Rindenpreise unbeachtet gelassen. Jetzt machen sich die übeln Folgen dieser Lässigkeit fühlbar. Wenn nun auch damals vielleicht die allmählich eintretende Wandlung in der Gerberei nicht vorausgesehen werden konnte und deshalb den Vertretern der Schälwaldinteressen aus diesem Nichterkennen ein Vorwurf kaum gemacht werden darf, so kann der andere schwerwiegende denselben nicht erspart bleiben, daß sie den eingetretenen und sich stetig weiter vollziehenden Wandel in seiner eminenten Bedeutung für den Schälwald zu lange unbeachtet gelassen haben und noch jetzt vielfach die Augen davor verschließen.

Zwar wurden schon in den siebenziger Jahren Stimmen laut, welche einen Rückgang des Schälwaldertrags prophezeiten. Theod. Hartig (Ueber den Gerbstoff der Eiche 1871) warnte vor der Mehrung derselben, der temperamentvolle Schutzwart des Odenwälder Schälwalds, Forstmeister Neidhardt, erhob seit 1873 alljährlich seinen Mahnruf zum Maßhalten und zur Vorsicht und auch Borggreve wies schon damals (vgl. F.-Bl. S. 274) auf das Bedenkliche einer Ausdehnung des Schälwalds hin. Aber die Stimmen dieser und anderer Autoritäten sind damals ungehört verhallt. Man genoß die hohen Rindenpreise, ohne die Wandlungen der Absatzverhältnisse zu verfolgen, und unbekümmert um die veränderte Zeit wurde in alter Gewohnheit fortgewirthschaftet in der bequemen Meinung, die Natur und der liebe Gott würden die guten Schälwalderträge schon besorgen, es sei eben nur nöthig, alljährlich einen Schlag zu hauen, die Gerber müßten ja kaufen und zahlen, was man verlange. Ein bemerkenswerther Unterschied zeigte sich allerdings in dem im Staatsbesitz befindlichen Schälwalde, zum wenigsten bezüglich der qualitativen Wirthschaft. Aber auch von den Staatsforstverwaltungen wurde doch da und dort dem Rufe der Gerber nach Mehrung des Schälwalds zu weit Folge gegeben und solcher eingerichtet, wo er nach Klima und Standort nur wenig am Platze war. Auch hier ist er vielfach bis zur Gegenwart beibehalten selbst da, wo eine andere Betriebsart unstreitig höhere und sicherere Erträge gewähren würde und wo selbst die allgemein der Staatswaldwirthschaft eigene gute Bestandspflege und Sorgfalt bei der Ernte nicht mehr im Stande ist, eine billigen Anforderungen genügende Rente zu erzielen.

Indessen der im Staatsbesitz befindliche Schälwald bildet nur einen geringen Theil des gesammten Schälwaldes, in Westdeutschland nur 5%*) mit Grenzwerthen von 27 und 0% und ist infolge

*) Nach der vorhandenen Statistik und nach den mir gütigst von ver-

dessen nicht ausschlaggebend für die Gesammtlage. Der bei Weitem größte Theil befindet sich in den Händen von Gemeinden und Privaten. Der Gemeindewald ist nach der in den einzelnen Staaten herrschenden Gesetzgebung theils vom Staate beaufsichtigt, theils auch unkontrolirt. Dasselbe gilt von demjenigen Privatbesitz, der sich in der todten Hand als Stiftungs-, Korporations- oder Fideikommißwald befindet und von den genossenschaftlich besessenen Waldungen. Der Rest ist nicht beaufsichtigt. Er bildet einen jedenfalls beträchtlichen Theil des Schälwaldes. Nun ist ja

---

schiedenen Herren der betreffenden Staatsverwaltungen mitgetheilten Zahlen giebt es in:

Regierungs-Bezirk oder Staaten	Schälwald ha	Davon Staatswald ha	% vom Gesammt-Schälwald
Hildesheim	2072	87	4
Lüneburg	212	—	—
Stade	518	—	—
Osnabrück und Aurich . . .	377	—	—
Münster	1476	—	—
Minden und Schaumburg . .	529	99	19
Arnsberg	54179	236	0,4
Cassel	12644	2502	12
Wiesbaden	21115	1359	6
Coblenz	88813	3490	4
Düsseldorf	4551	362	8
Köln	21658	404	2
Trier	63257	2327	4
Aachen	22900	2499	11
Sigmaringen	111		—
Westl. Preußen	294412	13365	4,5
Bayern	54488	540	2
Württemberg	2922	791	27
Baden	23941	2015	8
Hessen	22821	4178	18
Birkenfeld	6435	272	4
Elsaß-Lothringen	6187	249	4
Im Ganzen	411206	21710	5,2

bekannt, daß die Forstwirthschaft in besonderem Maße der Ordnung und Aufsicht bedarf. Das im Holzvorrath stockende Betriebskapital, welches zum Bezuge hiebsreifen Holzes durch soviel Jahre aufgespeichert werden muß, als das Holz alt werden soll, ist leicht angreifbar, sei es durch Unverstand oder durch Absicht. Wer also 15- oder 20jährige Eichenrinde gewinnen will, muß den betreffenden Bestand 15 oder 20 Jahre wachsen lassen und wer 100- oder 120jährige Stämme erzeugen will, muß den erwachsenden Holzvorrath ebenso viele Jahre schonen. Weil in dem ganz überwiegenden Hochwaldbetriebe diese Zeiträume bei Weitem ein Menschenalter überdauern, liegt die Gefahr nahe, daß der jeweilige Besitzer aus Noth oder Gewinnsucht oder Unverstand vorzeitig das Betriebskapital und damit die höchsten Enderträge, die doch nicht ihm sondern unbekannten Besitznachfolgern zufallen würden, vermindert und damit die Nachhaltigkeit, den dauernden Fortbezug des Holzertrags eines Waldes, zerstört.

Beim Schälwald, der in nur kurzen Umtrieben von 12—30 Jahren bewirthschaftet wird, ist diese Gefahr eine nur geringe. Die vorzeitige Nutzung würde hier, wenn sie ganz unreife Altersklassen trifft, noch kein verwerthbares Material liefern. Es fehlt also der Antrieb dazu. Trifft sie ältere Bestände, so ist die Lohnutzung zwar möglich, der Besitzer gewinnt aber durch ein längeres Zuwarten von immerhin nur wenigen Jahren in der Regel soviel mehr aus dem Hiebe, daß er, abgesehen von dringender Nothlage oder besonders günstigem Preisstande, nicht leicht darauf verzichten wird. Und thut er es dennoch, so wird die Nachhaltigkeit dadurch wohl gestört, indessen ist sie bei den kurzen Umtrieben auch leichter wiederherzustellen, als bei den langen des Hochwaldes.

Von viel größerer Bedeutung ist die Wahrung geordneter und sorgfältiger Bestandspflege im Schälwald: Akkurater, tiefer Abhieb bei der Ernte zur Erhaltung der Ausschlagkraft der Stöcke, Pflege derselben bei den Zwischennutzungen, insbesondere bei dem gerade im Schälwalde weitverbreiteten Anbau von landwirthschaftlichen Kulturgewächsen und bei der gefährlichen Viehweide, Ergänzung der Fehlstellen durch Saat oder Pflanzung, dazu Erziehung und Bereithalten von gutem Pflanzmaterial, korrekte

Ausführung der Kulturen, Schutz der Jungwüchse vor Unkraut und Weichholz, vor Weidevieh und vor der Sichel des Grasschneiders, Zurückhaltung des Weichholzes, rechtzeitige Durchläuterung dichter zur Verdämmung neigender Aufwüchse, Durchforstungen zur Lichterstellung der Eichenwüchse, Entfernung sperrigen Raum- und untüchtigen Eichenholzes. Um das alles rechtzeitig und erfolgreich auszuführen, ist Sachkunde unerläßlich. Solche kann gewiß durch langjährige Erfahrung und durch Aufmerksamkeit auch von forsttechnisch nicht geschulten Personen genügend erworben werden, wie umgekehrt auch die staatliche Aufsicht durch Forstbeamte vielfach nicht ausreicht, grobe Säumnisse auf diesem Gebiete hintanzuhalten. Aber nur zuviel fehlt diese Sachkunde, ja fehlt selbst der gute Wille, sie zu gewinnen. Es ist geradezu erschreckend, was für Bilder der Nachlässigkeit und Verwahrlosung bei einer Umschau in den westdeutschen Schälwaldgebieten an zahlreichen Punkten sich darbieten. Aber selbst wo geordnete Aufsicht und Leitung gesichert ist, findet sich oft ein auffallendes Widerstreben der Schälwaldbesitzer gegen die nur in ihrem Interesse getroffenen Maßregeln. Die Gemeinde-Schälwälder im Werrathale zeigen Partien, wo die der Schlagfähigkeit nahe stehenden Schläge so lückig, so voller ganz werthlosen Raumholzes stehen, daß die Eiche nur als beigemischte Holzart erscheint. Und dies findet sich in nächster Nähe von vortrefflichen, pfleglich behandelten und rentablen Schälwäldern im Staatsbesitze. Der principiell überaus förderliche Durchforstungshieb etliche Jahre vor dem Abtriebe wird in den Siegerländer Haubergen fast nirgends ausgeführt, im Odenwalde nur im Staats- und größeren Privatbesitz, in der Eifel und im Lahnthal in den bäuerlichen Waldungen nur ganz vereinzelt. Aehnlich steht es mit den Ergänzungskulturen im Hunsrück, Taunus, Odenwald. Die Weidenutzung in den Siegener Haubergen wird aller Aufsicht ungeachtet über die freigegebenen Schläge hinaus in den jungen Beständen geübt und dadurch empfindlicher Schaden verursacht. Beim Hainen vernachlässigt man die Schonung der Stöcke, beim Hauen verfährt man mit unglaublicher Sorglosigkeit. Was Wunder, wenn so behandelte Lohschläge lückig, voller Raumholz aufwachsen, schlechte sperrige Eichenbüsche mit zeitig borkig werdender Rinde, im Ganzen minimale Erträge, ja nicht selten so geringe Massen geben, daß der Besitzer sich scheut, die Arbeit des Schälens überhaupt noch vorzunehmen.

Andere kaum minder traurige Bilder gewähren die Schälwaldungen auf armen, trockenen oder dem Spätfroste ausgesetzten Standorten. Als vor ca. 20 Jahren die Lohpreise hoch standen, wandelten viele bäuerliche Besitzer Theile von ihrem geringen oder entlegenen Grundbesitze in Schälwald um. So wird 1874 aus dem Odenwalde berichtet (A. F. J. Z. 1874, S. 320), daß der überwiegend größte Theil der bäuerlichen Privatwaldungen allmählich von Hochwald in Niederwald resp. in Eichenschälwald umgewandelt worden sei. Es hat sogar da und dort offenkundig die Annahme geherrscht, mit der Begründung des Schälwaldes sei an Arbeit alles verrichtet, was nöthig sei zur Erzielung fortlaufender guter Erträge. Da solche Bestände nun hiebsreif werden, sind die Preise des Produkts um 50 % und mehr gegen die Zeit der Begründung gesunken und die damalige Spekulation erweist sich als ein Fehlschlag. Die ungünstige Lage der Landwirthschaft zeitigte ebenfalls die Neigung zur Umwandlung von Ackerland in Schälwald bei freien Grundbesitzern. Sie hofften und hoffen noch darauf, daß diese Bewirthschaftungsart ihnen höhere Reinerträge liefern werde als die Landwirthschaft. Mindestens ist doch die bei der letzteren alljährlich erforderte Arbeitsaufwendung dann größtentheils gespart und läßt sich anderweit besser nutzbar machen. Dieser Art ist mancher Schälwald auf Standorten begründet, die selbst bei sorgsamer Pflege nur geringe Erträge zu liefern vermögen. Und nun, da die trüben Erfolge fühlbar werden, steht der Lohwaldbesitzer rathlos und muthlos da und nur zu natürlich ruft er die Staatsgewalt um Abhilfe an.

Einen großen Einfluß in derselben Richtung übt auch der Gebrauch der landwirthschaftlichen Zwischennutzung aus, wie er in vielen Gegenden, so in Westfalen, an der Mosel, im Odenwalde, im badischen Schwarzwalde, auch in Luxemburg und Belgien üblich ist. Er gründet sich auf uraltes Herkommen, an dem die eingesessene Bevölkerung mit Zähigkeit festhält, entspricht aber auch den Bedürfnissen derselben. Wo er besteht, ist die Bevölkerung dicht und ärmlich, der Grundbesitz zersplittert, die natürliche Fruchtbarkeit des Bodens gering, zu weitgehender Meliorirung desselben fehlt die wirthschaftliche Kraft der Besitzer. Ständige landwirthschaftliche Benutzung ist dadurch nach Standort und Klima ausgeschlossen. Es ist zum weitaus größten Theile absoluter Waldboden. Zur Beschaffung der für die zahlreiche Bevölkerung nothwendigen Nahrungsmittel bot sich unter diesen Umständen von selbst als einziges, aber auch ausreichendes Hilfsmittel der landwirthschaftliche Zwischenbau im Niederwaldbetriebe. Kein anderer gewährt so wie dieser dem kleinbäuerlichen Besitzer die Möglichkeit, Nahrung für sich und die Seinen, Futter für sein Vieh und zugleich eine aus der Rinden- und Holznutzung fließende baare Geldeinnahme zu gewinnen, seine eigene Arbeitskraft und auch die der Frauen und Kinder nutzbringend zu verwenden, den Boden selbst auf kleinsten Flächentheilen auszunutzen. Mag auch ein Theil der in den landwirthschaftlichen Produkten dem Boden entzogenen Nährstoffe durch die günstige Wirkung der Bodenlockerung aufgewogen werden, so findet ein solcher Ersatz doch nicht statt bezüglich der Weide-, Streu- und Grasnutzung. Mehr noch schadet das Weidevieh und die Sichel dem Wachsthume der Eichenjungwüchse. Tritt dazu, wie es häufig der Fall ist, Unachtsamkeit beim Brennen der Schläge und mangelhafte Nachbesserung der Lücken und wird das Weichholz nicht zurückgehalten, so kann der Rindenertrag nach Menge und Güte nur kärglich sein und das Gesammtbild solcher Schälwaldungen ist ein recht trauriges.

Wie einflußreich alle diese Faktoren für die Beurtheilung der Gesammtlage sind, erhellt aus einer Vergleichung der Erträge, welche Staatswaldreviere oder ordnungsmäßig behandelte Privatschälwaldungen liefern, mit denen der schlecht behandelten. Hier ist die Wirthschaft stetig fortgegangen, der Schälwald stockt — abgesehen von natürlichen Ausnahmen — auf den ihm zusagenden Standorten, die zu geringen sind anderen Betriebsarten zugewiesen. Im Staatswalde wird die Bestandspflege, die sorgsame Hiebsführung von Alters her geübt und der Erfolg kommt klar zum Ausdruck in den Preisnotirungen für die Rinde. So stehen beispielsweise die Strichergebnisse in St. Goar und Bingen durchschnittlich höher als auf den anderen rheinischen Märkten, weil die dort ausgebotene Rinde zum größten Theil aus den anliegenden Staatswaldungen herrührt. Noch auffälliger ist der Unterschied zwischen der aus der Königlichen Oberförsterei Allendorf im Werrathale stammenden Rinde und der aus den unterhalb angrenzenden Gemeinde- und Privatwaldungen. Nach mir vorliegenden Angaben stehen im zehnjährigen Durchschnitt die ersteren um 52 % höher als diese*). Auch im Odenwalde zeigen sich derartige Unterschiede zwischen den unter forsttechnischer Leitung stehenden großen Privatwaldungen und den freien bäuerlichen Schälwäldern.

Ich nehme nicht Anstand, nach den darüber angestellten Beobachtungen die mangelhafte Wirthschaft in einem großen Theile der westdeutschen Schälwälder den einflußreichsten Ursachen der Preis- und Rentabilitätsrückgänge beizuzählen.

Es bleibt hiernach zu untersuchen, ob und inwieweit ein Rückgang in den Erträgen nach Menge und Güte und die Steigerung der Produktionskosten der Lohrinde die Rentabilität des Schälwaldes nachtheilig beeinflussen.

2. Ertrag an Rinde nach Menge.

Der Ertrag des Schälwaldes ist die Funktion mehrerer Faktoren, deren wesentlichste der Standort, das Klima, die Umtriebszeit, die Witterung bei der Ernte, die allgemeine Konjunktur und die Art der Wirthschaftsführung sind. Angaben aus verschiedenen Oertlichkeiten sind deshalb nicht vergleichbar. Aber auch die Erträge eines und desselben Reviers in zeitlicher Folge können nicht ohne weiteres verglichen werden, weil in den einzelnen Jahren jene Faktoren verschieden wirksam sind. Könnte man für große Schälwaldgebiete und lange, mehrere Umtriebszeiten umfassende Zeiträume genaue Angaben über die Rindenerträge gewinnen, so würde aus ihrer Nebeneinanderstellung ein guter Ueberblick über

---

*) 1886/95 in Witzenhausen 4,50—1,80 = 2,70 Mk. pro Ctr.
„ „ Allendorf 4,11 Mk. pro Ctr.

den Gang derselben gefunden werden. Aber derartige genaue Grundlagen fehlen. Es können nur einige unvollständige Ertragsangaben benutzt werden. Immerhin werden sie einige Folgerungen zulassen.

Wir benutzen zunächst die statistischen Angaben aus dem v. Hagen-Donnerschen Werke, die forstl. Verh. Preußens III. Aufl. II. Tab. 42, für die preußischen Staatsforsten, unter Beschränkung auf die Spiegelrinde und weiter auf diejenigen Provinzen, in denen der Schälwald einen namhaften Theil des Gesammtwaldes bildet: Westfalen, Hessen-Nassau, Rheinprovinz. Um den Anfall pro ha zu ermitteln, wurden die Flächenangaben für 1865 (a. a. O. I. Aufl. Tab. 12, S. 99), für 1881 (a. a. O. II. Aufl. Tab. 25a, S. 49) und für 1893 (a. a. O. III. Aufl. II. Tab. 25a, S. 63) zu Grunde gelegt und für die Zwischenjahre arithmetisch interpolirt:

Anfall an Eichenspiegelrinde in den preußischen Staatsforsten der Provinzen Westfalen, Hessen-Nassau und Rheinland

	Flächengröße des Eichenschälwalds in ha			pro Jahr und pro ha der Schälwaldfläche in Doppelcentnern							
	1865	1881	1893	1862	1863	1864	1865	1866	1867	1868	1869
Westfalen . .	282	433	335	3,28	2,37	2,24	3,08	2,54	2,13	2,56	1,58
Hessen-Nassau . .	—	3707	3861	—	—	—	—	—	—	1,63	2,39
Rheinland .	6911	7807	9082	2,12	2,62	3,05	2,52	2,27	2,34	2,44	2,56

	1870	1871	1872	1873	1874	1875	1876	1877/78	1878/79	1879/80	1880/81
Westfalen . .	1,44	1,29	2,83	2,67	3,07	3,33	3,43	3,87	3,51	3,49	3,17
Hessen-Nassau . .	1,33	1,41	1,55	1,77	1,55	1,91	0,98	0,93	0,82	1,19	1,11
Rheinland .	2,15	2,01	2,28	1,96	2,21	2,49	1,88	2,37	2,22	2,16	2,11

	1881/82	1882/83	1883/84	1884/85	1885/86	1886/87	1887/88	1888/89	1889/90	1890/91	1891/92	1892/93
Westfalen . .	2,89	4,14	5,28	5,52	6,51	6,17	11,66	3,75	1,24	1,63	1,32	1,42
Hessen-Nassau . .	1,12	1,72	1,65	1,86	1,71	1,61	2,33	1,96	2,02	1,98	1,87	1,77
Rheinland . .	2,57	2,43	2,20	2,67	2,62	2,34	2,73	2,40	2,19	1,88	1,71	1,71

Für den Kreis Siegen dürfen insbesondere die für die dortigen Hauberge vorhandenen genauen Angaben gelten.

Schon ein flüchtiger Blick auf die so gewonnenen Zahlen zeigt, daß die Erträge pro Jahr und ha erheblichen Schwankungen unterliegen, daß aber ein fortschreitender Rückgang in dem letzten Jahrzehnt des betrachteten Zeitraums nicht eingetreten ist. Wenn man zahlenmäßig genau das durchschnittlich jährliche Procent der Aenderung des Massenanfalls an Rinde im preußischen Staatswalde darstellt, so findet sich 1862—1892 für Westfalen ein Ansteigen von 1 %, für Rheinland eine Minderung von 0,49 %, 1866—1892 für Hessen-Nassau ein Ansteigen von 0,16 %*). Allerdings bleibt zu berücksichtigen, daß die Erträge im Staatswalde einen sicheren Maßstab für den gesammten Eichenschälwald nicht bilden, weil allgemein im Staatswalde eine pflegliche und geordnete Wirthschaft besteht, die im Privat- und auch Gemeindewald großentheils fehlt. Besonders fällt die in den letzteren umfänglich gehandhabte Gewinnung von Nebennutzungen nachtheilig ins Gewicht. Sie ist eher gestiegen als zurückgegangen unter dem Einflusse der mißlichen Lage der kleinbäuerlichen Landwirthschaft und hat nothwendiger Weise eine Beeinträchtigung des Rindenertrags im Gefolge. Weiterhin gilt auch die begründete Annahme, daß im Durchschnitt die staatlichen Lohwälder auf besseren Standorten stocken, als die nicht dem Staate gehörigen. Denn die Staatsverwaltung ist viel eher bereit und im Stande, schlecht rentirende Lohwälder in andere Betriebsformen überzuführen als Gemeinden und Private. Endlich

*) Die jährlich gleiche procentische Aenderung ist ermittelt nach der in der Z. f. F. u. Jw. 1887, S. 91 ff., dargestellten Methode.

muß auch berücksichtigt werden, daß die in der benutzten Quelle gegebenen Massen nicht in fester Beziehung zu der gegebenen Fläche des Schälwaldes stehen, sondern die überhaupt im Staatswalde angefallene Spiegelrinde umfassen, also auch die als Nebennutzung in anderen Betriebsarten gewonnene. Die auf letztere fallende Quote dürfte aber nur eine sehr geringfügige und zeitlich nicht großen Schwankungen unterliegende sein, so daß die hier gegebenen Zahlen als Näherungswerthe dennoch brauchbar erscheinen, um daraus für die Allgemeinheit giltige Schlüsse zu ziehen; dies um so mehr, als die so gewonnenen Schlüsse der herrschenden Anschauung in den Kreisen der westlichen Lohproducenten und Waldbesitzer entsprechen. Es muß als feststehend gelten, daß der Materialanfall während des betrachteten Zeitraums innerhalb erheblicher Jahresschwankungen im Großen nicht zurückgegangen ist.

Das schließt keineswegs aus, daß örtlich doch ein Rückgang in der Masse eingetreten sein kann. Es kann das vermuthet werden überall da, wo die durchschnittliche Standortsbonität durch Erstreckung der Schälwaldwirthschaft auf geringere Bodenklassen in der Zeit hoher Rindenpreise gesunken ist. Aehnlich auch steht es wohl an Oertlichkeiten, wo wie z. B. im Werrathale die bäuerlichen und Gemeindeschälwälder unter dem Einfluß der schlechten Rindenpreise vernachlässigt wurden oder wo zur Steigerung der Holzerträge die Umtriebszeiten erhöht worden sind. Anderseits wieder findet sich in den Siegener Haubergen, wo die Schälwaldfläche wesentlich gleich geblieben ist, kein Weichen in den Materialerträgen. Für den Markt zu Hirschhorn giebt Neidhardt für 1881 sogar ein Steigen des Gesammtausgebots um 44 % gegen 1870 an. In Alzey war nach Neubrand (a. a. O. S. 195) der Durchschnittsertrag 1862/67 4,94 Centner, nach Walther (Manuskript) 1876/85 7,72 Centner und für 1886/97 giebt ihn der jetzige Revierverwalter, Herr Oberförster Kleinkopf, immer noch auf 7,36 Centner an.

3. Die Qualität der Rinde.

Die im vorigen Kapitel unter 2 dargestellten Untersuchungen erweisen die Schwierigkeit der Qualitätsbestimmung der Lohrinde, ja die Unmöglichkeit, über sie zu vergleichbaren und auf die Verhältnisse im Großen anwendbaren Zahlen zu kommen.

Halten wir uns an die Marktberichte der großen westdeutschen Stapelplätze, so läßt sich wohl erkennen, daß im Laufe der letzten zwei bis drei Jahrzehnte die beste Rindensorte eine steigende Quote des Gesammtangebots darstellt. So betrug auf dem bedeutendsten und ältesten Platz, Hirschhorn, die Quote der normalen Stockausschlagrinde vom Gesammtausgebote 1870 76%, 1880 90%, 1890 92%, in Erbach desgleichen 1881 47, 1889 60, 1893 70%, in St. Goar und Boppard 1883—1887 70, 47, 61, 96, 85%, in Kreuznach 72, 75, 89, 82, 96% und 1889 sogar 98%, in Bingen 1881 36, 1883 32, 1884 17, 1885 20, 1887 82%. Die Ausscheidung der Sortimente ist auf den einzelnen Märkten eine verschiedene, deshalb sind die Zahlen untereinander nicht ohne Weiteres vergleichbar. Dennoch zeigen sie deutlich, daß ungeachtet erheblicher Schwankungen das beste Sortiment einen steigenden Antheil vom Gesammtangebot gebildet hat. Die letzten Jahre allerdings ergeben da und dort Rückgänge. Diese aber hängen augenscheinlich mit der infolge des Preisrückgangs eingetretenen geringeren Beschickung der großen Märkte zusammen.

Freilich ist zu beachten, daß auf die großen Auktionen nur bessere, handelsfähige Rinde gebracht wurde, die geringeren Sorten an die kleinen Gerber aus freier Hand übergingen. So sind große Posten Rinde überhaupt nicht auf die Märkte gekommen. Das gilt besonders für die in den kleinen und kleinsten Betrieben erzeugten Mengen und von dem Anfall an Altrinde, wie überhaupt von dem Material, welches nicht aus Schälwald sondern gelegentlich des Einschlags von Eichen zufällig gewonnen wird. Diese Quantitäten sind in der Gesammtheit immerhin beträchtlich, wenn sie gleich nicht in die Erscheinung treten und statistisch nicht erfaßbar sind. Und gerade sie enthalten mehr minderwerthige Rinde als die eigentliche Marktwaare. Dennoch ist nicht zu bezweifeln, daß gegen die frühere Zeit des überwiegenden verkehrslosen Lokalabsatzes in den Jahren des wachsenden Verkehrs und der hohen Preise auf die Erzielung guter Rinde fortgesetzt mehr Gewicht gelegt wurde, schon um im Wettbewerbe der zahlreicher werdenden Konkurrenten nicht zurückzubleiben. Und dieses Streben ist allgemein auch dann geblieben, als die Preise wichen. Schlechte Rinde fand und findet eben zumeist überhaupt keine Käufer mehr oder wird unter der Hand zu jedem Preise verkauft. Im Besonderen aber ist da, wo die Schälwaldbesitzer ihre Waldungen nach alter Gewohnheit ohne Pflege aufwachsen ließen oder wo man die Holzerzeugung auf Kosten der Rindenproduktion betonte oder endlich wo man die landwirthschaftlichen Zwischennutzungen, besonders die Viehweide und den Grasschnitt, zu steigern suchte, die Qualität der Rinde im Durchschnitt zurückgegangen. Dieser Rückgang wurde aber noch merklicher dadurch, daß die Qualität der marktgängigen Waare allgemein eine Hebung erfuhr.

Die gemachten Beobachtungen und die Angaben Sachkundiger bringen mich zu der zahlenmäßig allerdings nicht zu erhärtenden Ueberzeugung, daß in der Gesammtheit der westdeutschen Schälwaldungen überwiegend gute Rinde erzeugt wird, daß aber gerade in den Gegenden, aus denen am eindringlichsten über die Nothlage des Schälwaldes geklagt wird, die Quote minderwerthiger Rinde eine immerhin große, wahrscheinlich gegen früher gesteigerte ist. Diese Minderung mag wohl ausgeglichen sein durch die anderwärts in den Staats- und pfleglich bewirthschafteten Kommunal- und Privatbetrieben gewonnene bessere Rinde. Ihr Einfluß besteht damit für das Ganze nicht, bleibt aber doch für viele Gebiete und zahlreiche, zumal kleine Betriebe unvermindert wirksam und nachtheilig.

Die Qualität der deutschen Rinde muß aber auch in Vergleich gestellt werden mit derjenigen der eingeführten ausländischen Rinde. In dieser Beziehung darf auf das in Kapitel II dargelegte verwiesen werden, wonach beim Vergleich jeweils bester Sorten die deutsche Eichenrinde zu den besten und kräftigsten gehört, die in Deutschland verwendet werden. Sie wird in Bezug auf den Gerbstoffgehalt von der französischen und der belgischen im Durchschnitt vielleicht um etwas übertroffen. Der Hauptkonkurrent aber, die ungarische Rinde, ist nicht besser als die deutsche; das, was ihr die Gunst der Gerber verschafft, ist, wie wir sahen, nicht ihre höhere Gerbfähigkeit, sondern die sorgfältige saubere Behandlung und Sortimentirung und die Leichtigkeit und Bequemlichkeit des Bezugs.

Alles zusammengefaßt ergiebt, daß zwar im Besonderen örtlich die Qualität der deutschen Rinde gegen die Epoche der hohen Preise hier und da gesunken sein mag, daß aber im Großen die deutsche Rinde nach ihrem Gerbwerth zu den besten überhaupt erzeugten nach wie vor gehört und die marktgängige Waare im Durchschnitt gegen früher qualitativ besser geworden ist und eine größere Quote vom Gesammtangebot bildet.

Die Nothlage der Schälwaldwirthschaft läßt sich also auf eine Verringerung in der Güte des Produkts nicht zurückführen.

4. Die Produktionskosten.

Ein wirthschaftlicher Erfahrungssatz lehrt, daß mit zunehmender Verkehrsbedeutung eines Produkts dessen Herstellungskosten einen immer steigenden Bruchtheil vom Gesammtertrag bilden. „Fortschreitende Kultur heißt Verringerung der Besitzrente sowohl bei Grundstücken wie bei Kapital" (v. Miquel im A. H. 11. 1. 1898). Das gilt auch für den Wald und im Besonderen für den Schälwald, und die realen Verhältnisse bestätigen es. Wenn wir hier das Bodenkapital und dessen Verzinsung durch den Wirthschaftsertrag außer Acht lassen, was bei den relativ geringen Veränderungen in der Schälwaldfläche zulässig erscheint, so kommen als Produktionskosten in Betracht die Kosten für Verwaltung, Schutz und Steuern, für Kultur, Bestandspflege und Ernte. Die erstgenannten, die im Vergleich mit den Kultur- und Erntekosten niemals erheblich sind, haben sich innerhalb der drei letzten Jahrzehnte nicht nennenswerth gemehrt. Die Steuern sind wohl überall wesentlich unverändert geblieben, dagegen haben die Verwaltungs- und Schutzkosten eine der allgemeinen Erhöhung der Gehälter und Löhne entsprechende Steigerung wohl erfahren. Indessen ist dieselbe in besonderer Beziehung auf den Schälwald ohne jede Bedeutung, dies um so mehr als eine große Zahl der Schälwaldungen im kleinen Privat- oder Gemeindebesitz befindlich ist und ohne

Bestellung besonderer Verwaltungs- und Aufsichtsorgane als Nebenbetrieb der Landwirthschaft vom Besitzer selbst oder dessen landwirthschaftlichen Angestellten bewirthschaftet wird.

Die Kosten der Bestandspflege sind im Schälwald dessen Wesen nach gering und fallen, soweit es sich um unmittelbare Arbeitsleistung handelt, meist entweder in der Form von Nachbesserungen unter die Kulturkosten oder in der Form von Durchforstungen und Raumholzhieben unter die der Ernte. Auch die Kulturkosten bilden, abgesehen von der erstmaligen Anlage, im Schälwalde keinen erheblichen Ausgabeposten. Die Bestandsverjüngung erfolgt eben durch die Ausschlagskraft der beim Erntebetrieb abgeholzten Stöcke und nur Fehlstellen und Lücken bedürfen der Ergänzung. In pfleglich betriebenen Wirthschaften, wo jeder Schlag nach erfolgter Ernte in dieser Weise behandelt wird, ist der dazu nothwendige Arbeitsaufwand einschließlich desjenigen für Beschaffung von Pflanz- und Saatmaterial nicht eben belangreich (vgl. darüber Kap. IV Nr. 2b). Zudem kommen in kleinbäuerlichen Betrieben dabei vielfach die zeitweilig sonst nicht nutzbar zu machenden Arbeitskräfte der Frauen und Kinder zur Verwendung. Wo Lohnarbeiter dazu verwendet werden müssen, wie in allen größeren Betrieben, ist eine Erhöhung der Kulturkosten entsprechend der Steigerung der Arbeitslöhne im Laufe der Zeit bestimmt eingetreten.

Das Gleiche gilt bezüglich der letzten und wesentlichsten Arbeitskategorie, der Ernte. Auch hier ist in Betracht zu ziehen, daß dieselbe in großem Umfange vom Besitzer und dessen Angehörigen ausgeführt wird. Legt man zunächst als allgemein giltig die Annahme von Lohnarbeit, gleichviel ob die Rinde vom Waldbesitzer oder vom Rindenkäufer geschält wird, zu Grunde, so ist sicher eine allmähliche Steigerung der Erntekosten erfolgt.

Die Bewegung der Arbeitslöhne in der Waldwirthschaft Preußens giebt U. Eggert (die Forstwirthschaft im nationalen Haushalt, vgl. v. Hagen-Donner, die forstl. Verh. Preußens, II. Aufl., II. Tab. 9b, S. 19 ff.) für den Zeitraum von 1800—1879 und den Stand derselben 1891/92 v. Hagen-Donner (a. a. O. III. Aufl., II. Tab. 91, S. 163 ff.). Nehmen wir danach die zehnjährigen Durchschnitte für die hier überall zumeist in Betracht gezogenen

Provinzen Westfalen, Hessen-Nassau und Rheinland und stellen sie in Vergleich zu den Sätzen von 1891/92, so ergiebt sich:

Tagesarbeitsverdienst in der Waldwirthschaft in Pfennigen:

	1800—09	1810—19	1820—29	1830—39	1840—49	1850—59	1860—69	1870—79	1891/92
Münster	60	70	77	82	91	100	126	158	180
Minden	—	68	65	64	70	83	103	136	161
Arnsberg	55	70	74	80	104	120	140	190	220
Cassel	53	50	61	67	75	81	98	129	149
Wiesbaden	—	85	85	77	88	116	123	170	187
Coblenz	—	95	76	79	92	98	114	150	173
Düsseldorf	24	29	52	69	76	88	96	126	176
Köln	50	60	75	78	98	120	138	176	200
Trier	—	80	82	82	85	116	134	164	194
Aachen	70	80	83	93	100	116	140	175	180
Im Durchschnitt . .	52	69	73	77	88	104	121	157	182

Die Mannstagelöhne in der Waldarbeit sind danach im Laufe des Jahrhunderts im Durchschnitt von 0,52 Mk. auf 1,82 Mk., oder jährlich um 0,4 % gestiegen und von 1870/79 bis 1891/92 von 1,57 Mk. auf 1,82 Mk. oder um 16 %.

Im Besonderen von der Rindenschälarbeit liegen einige Lohnangaben vor. In Trier stand der Schälerlohn für den Centner Rinde 1870—80 auf 1,80 Mk., jetzt steht er auf 2,50 Mk., in der östlichen Eifel kostete der Centner Rinde zu schälen 1871—80 1,60 bis 1,80 Mk., 1894 2 Mk. In Alzey 1876—85 1,50 Mk., 1886—97 1,62 Mk.

Diese Angaben mögen genügen, um die allgemein giltige Thatsache des Ansteigens der Produktionskosten auch für den Schälwald zu bestätigen. Es ist dabei in Erwägung zu ziehen, daß die Rindengewinnung regelmäßig Mai bis Juni stattfindet, also in einer Jahreszeit, in der ländliche Arbeitskräfte in der Landwirthschaft begehrt sind und die Löhne infolge dessen höher stehen als bei der gewöhnlichen Holzhauerarbeit im Winter, und daß auch da, wo die kleinen Lohheckenbesitzer mit ihren Familienangehörigen die Schälarbeit besorgen, deren Arbeitsleistungen in dieser Zeit gemeinhin Tauschwerth besitzen, also mit dem durchschnittlichen Lohnbetrage als Kosten in Anrechnung gebracht werden müssen.

Ist nun auch die Steigerung für sich betrachtet nicht eben hoch, so wirkt sie doch im Zusammenhang mit den gesunkenen Produktenpreisen erheblich auf den Geldreinertrag der Schälwaldwirthschaft ein und muß als einer der Faktoren angesehen werden, welche die ungünstige Lage derselben bedingen.

Alles zusammengefaßt ergiebt, daß zu den im I. und II. Kapitel erörterten Ursachen des Nothstandes in der Schälwaldwirthschaft als weitere nicht überall aber doch vielerorts wirksame die schlechte Behandlung des Schälwalds hinzutritt, daneben auch die allmähliche Erhöhung der Produktionskosten wirksam ist. Es entsteht nunmehr die Frage, wie bezüglich all dieser Ursachen der Nothlage zu begegnen sei.

Gegenüber der ausländischen Konkurrenz vermag der Waldbesitzer allein sich genügend nicht zu schützen. Was ihr gegenüber geschehen kann, übersteigt die wirthschaftliche Kraft des Einzelnen und fällt der Wirthschaftspolitik der Staatsgewalt als Aufgabe zu. Wohl aber kann und soll die Hebung und bezw. Aenderung der Wirthschaftstechnik durch die Thätigkeit des Waldbesitzers erstrebt werden und erst subsidiär wird ihm die Staatsgewalt vorbeugend, rathend oder direkt fördernd zur Seite zu treten haben. Wir erörtern zunächst diese privatwirthschaftlichen Aufgaben.

Kapitel IV.

Die privatwirthschaftlichen Maßregeln zur Hebung des Schälwaldes.

War in den Zeiten starker Nachfrage nach heimischer Rinde und hoher Lohpreise die Frage von Bedeutung: Wo kann noch Schälwald betrieben werden?, so lautet heute die entscheidende Frage: Wo muß nothgedrungen der Schälwald beibehalten werden? Unter den zur Zeit dem Schälwald überwiesenen Flächen giebt es kaum irgend welche, auf denen wirthschaftstechnisch eine andere Bodenbenutzungsart völlig ausgeschlossen wäre. Auf den stark geneigten, ganz flachgründigen aber warmen Hängen der rheinischen Devongebirge ist bekanntlich der Weinbau mit Erfolg anwendbar, oder es tritt an dessen Stelle der Anbau verschiedener landwirthschaftlicher Kulturgewächse besonders der Kartoffel. Im Uebrigen ist je nach den örtlichen Verschiedenheiten des Standorts allerwärts der Hochwald- oder Plenterwaldbetrieb, zum mindesten der zur Holzzucht bestimmte Niederwald möglich mit Holzarten, wie sie sich jeweils dem Standorte am besten anpassen.

Dagegen giebt es ökonomisch Schälwaldstandorte, auf welchen eine Aenderung der Benutzungsart nicht zuläßig sein kann. Für ihre Beurtheilung maßgebend sind neben den standortsbildenden Faktoren, Boden und Klima, die Besitzverhältnisse, die Dichtigkeit der Bevölkerung und deren wirthschaftliche Lage, die Verkehrs- und Absatzverhältnisse. Es gehören danach hierher Standorte, deren mineralische und physikalische Bodenbeschaffenheit insbesondere für Schälwaldwirthschaft günstig sind, welche zur landwirthschaftlichen Benutzung untauglich sind und zu nachhaltiger jährlicher

Holzzucht zu klein; auch solche, die zu dauernder landwirthschaftlicher Zwischennutzung benutzt werden können und mit den daraus gewonnenen Erträgen zum Lebensunterhalt der Bevölkerung unentbehrlich sind. Endlich werden auch die Schälwaldungen hierher zu rechnen sein, welche nach ihrer Lage oder der Ausformung des Bodens zur landwirthschaftlichen Benutzung sowie auch zur Anzucht von Holz wegen dessen Unabsetzbarkeit oder der Schwierigkeit der Abfuhr nicht geeignet sind.

Keiner dieser Umstände ist unveränderlich wirksam, vielmehr werden sie im Wandel der Zeit einzeln oder im Ganzen sich verändern können und damit eine anderweite Benutzung der Schälwaldstandorte zulassen oder fordern. Wo und solange sie aber bestehen, muß die Schälwaldwirthschaft beibehalten werden. Das wird auch wirthschaftlich um so eher durchführbar sein, je mehr allmählich der in diesem Sinne nicht unbedingte Schälwaldboden anderen Benutzungsarten zugeführt und damit das Angebot an heimischer Schälrinde vermindert ist. Denn wie auch die Gerbereiindustrie unter der Wirkung der Einfuhr fremder Rinde und der Verwendung anderer Gerbmittel sich gestalten mag, das eine ist nicht zu bezweifeln, daß sie völlig und ganz auf die Verwendung guter Eichenrinde zu verzichten für wirthschaftlich absehbare Zeit weder im Stande noch gewillt ist.

Wo keiner der gedachten Umstände die Beibehaltung erfordert, da sollte nach den Erfahrungen der letzten Jahrzehnte und mit Rücksicht auf den Ausblick in die Zukunft des Schälwaldes möglichst bald und energisch die Wirthschaft geändert werden.

Die durch die Thatsachen vorgezeichnete Zweitheilung des Schälwaldes in solchen, welcher beizubehalten und in solchen, welcher aufzugeben ist, ergiebt auch eine Zweitheilung der privatwirthschaftlichen Behandlung des Schälwaldes. Diese gliedert sich nämlich in die Bewirthschaftung einerseits und in die Ueberführung anderseits. Die Kriterien hierfür ergeben sich aus den Erträgen des Schälwaldes nach Standort und Wirthschaft. Diese sind deshalb zunächst zu erörtern.

1. Die Erträge des Schälwaldes nach Standort und Wirthschaft.

A. Die Hauptnutzung an Rinde und Holz.

Im Kapitel I ist schon darauf hingewiesen, daß die Ansprüche, welche die auf Rindennutzung im Ausschlagwalde angebaute Eiche an die mineralische Kraft des Bodens stellt, keine großen sind. Sowohl auf den kalkreichen und thonigen Böden der Urgesteine (wie Diabas, Melaphyr, Gneiß, Magnesiaglimmerschiefer 2c.) und Sedimentgesteine (Thonschiefer, Zechstein, Keuper, Jura 2c.), wie auch auf den kieselsäurereichen und kalkarmen Böden der Grauwacke, des Buntsandsteins u. a. finden sich Schälwaldungen mit vorzüglichen Erträgen. Und Neubrand (a. a. O. S. 55) sagt mit vollem Recht, „daß die mineralische Zusammensetzung des Bodens nur ganz untergeordnet auf die Rindenproduktion wirkt und vielmehr das Hauptgewicht auf dessen physikalische Eigenschaft zu legen ist". Die mineralischen Bestandtheile des Bodens sind nur ein sekundär wirkender Faktor, indem unter sonst gleichen Umständen ein kräftiger Boden bessere und mehr Rinde liefert, als ein armer und schlechter.

Von den physikalischen Eigenschaften sind von größtem Einflusse die Bodenfrische und Bodenwärme. Diese wieder sind hauptsächlich abhängig von Klima, Lage und Exposition. Der Schälwald erfordert zumal hohe Boden- und Luftwärme, gedeiht dann auch auf flachgründigen Standorten, sofern sie nur hinreichend frisch und nicht ganz arm an mineralischen Nährstoffen sind. Flachgründige, warme, aber dabei noch frische Partien können, zumal wenn sie stark geneigt sind, insofern als specifische Schälwaldstandorte gelten, als weder die Hochwaldwirthschaft noch die Landwirthschaft auf ihnen mit Aussicht auf Erfolg betrieben werden kann. Standorte dieser Art finden sich häufig z. B. im Hunsrück, Westerwald, Odenwald, in Siegen, auch in Belgien und Ungarn. Mit Zunahme der Tiefgründigkeit bei sonst gleichen Verhältnissen nimmt auch die wirthschaftliche Möglichkeit für andere Betriebsarten zu. Aber auch dann noch kann die Schälwaldwirthschaft wegen der größeren Sicherheit oder wegen des rascheren bezw. häufigeren Eingangs der Nutzungen vor solchen den Vorzug verdienen.

Die Grenze zwischen dem so charakterisirten specifischen Schälwaldstandort und demjenigen, welcher zweckmäßiger anderweit genutzt wird, ist jedenfalls nicht immer leicht zu bestimmen und wird vielfach sich überhaupt nicht genau bestimmen lassen. Im konkreten Falle kann immerhin noch am ehesten eine einfache Rentabilitätsrechnung, wie sie weiter unten angegeben ist, darüber Aufschluß geben. Räthlich erscheint es dabei, diese Grenze für den specifischen Schälwaldstandort möglichst eng zu ziehen. Unmöglich auch erscheint es, allgemein giltige Gesichtspunkte dafür zu finden, welche nicht specifischen Standorte der thunlichst baldigen Ueberführung nicht bedürfen. Die Entscheidung darüber läßt sich überall nur unter sorgfältiger Würdigung der mannigfachen örtlichen Verhältnisse treffen. Die Anzahl der Flächen, welche sich unter dem Zusammenwirken aller für die Beibehaltung sprechenden Faktoren (Boden, Lage, Klima, Bevölkerungsdichtigkeit, Besitzvertheilung, wirthschaftliche Lage ꝛc.) als solche relative Schälwaldstandorte erweisen, dürfte jedenfalls nur gering sein. Eher noch läßt sich umgekehrt ermitteln, welche Böden nicht dazu gehören. Allgemein regional gilt wohl, daß die milden Lagen des südlichen und westlichen Hügel- und Berglandes die besseren Standorte enthalten, daß dagegen die im östlichen Deutschland gelegenen jedenfalls keine erstklassigen Schälwaldstandorte sind. Aber der örtlichen Ausnahmen giebt es genug.

Selbst beste Standorte liefern schlechte Erträge bei unzweckmäßiger oder ungeordneter Wirthschaft. Die wirthschaftliche Behandlung des Schälwaldes ist in den weitaus meisten Fällen der ausschlaggebende Faktor für die Ertragsfähigkeit. Eine solche vorausgesetzt läßt sich — immer wieder unter der Beschränkung der Untersuchung auf die hauptsächlichen westdeutschen Schälwaldgebiete — eine Klassificirung der Standorte nach ihren Erträgen aufstellen.

Nach zahlreichen aus der Litteratur und durch direkte Aufnahmen gewonnenen Ermittelungen schwanken die Rindenerträge von Schälwaldungen bei 15- bis 20jährigem Umtriebe zwischen 1 und 10 Centnern (à 50 kg) Rinde pro Jahr und Hektar. 10 Centner werden nur unter besonders günstigen Bedingungen erreicht und zeigen also sicher die I. Bonität an. Der Ertrag von nur 1 Centner ist mir nur von einer Stelle aus angegeben worden (Herstein in Birkenfeld) und ist so ausnahmsweise niedrig, daß er als mehr zufällig ausgeschieden werden muß. 2 Centner erscheinen dagegen öfter in den Angaben und bilden danach ziemlich genau das Mindestquantum, welches bei der gegenwärtigen Schälwaldwirthschaft auch auf den geringsten Böden gefordert wird. Bezeichnen wir Böden dieser Ertragsfähigkeit als V. Bonität, so reihen sich die Zwischenglieder unschwer ein: die II. Bonität würde 8, die III. 6 und die IV. 4 Centner Lohe produciren und der mit III. Bonität für alle gegebene Durchschnitt des Lohertrags 6 Centner betragen. Das stimmt mit den Angaben v. Schröders (Thar. Jahrb. 1890. S. 207) genau überein, während Bernhardt (Eich. Schälw. Kat. S. 66/67) nur 5 Centner ansetzt. Berücksichtigt man, daß v. Schröder mineralisch kräftige Böden in milder Lage im Auge hat, Bernhardt wahrscheinlich den relativ armen Grauwackenboden des ziemlich rauhen Siegener Landes, so wird die Bernhardt'sche Zahl an Bedeutung gewinnen und die III. Bonität in ihrem Ertrage zu ermäßigen sein. Ich setze deshalb für sie 5,5 Centner und dementsprechend für die II. 7,75 und für die IV. 3,75 Centner oder, um nur mit einer Decimale zu rechnen,

I.	10	Centner
II.	7,7	„
III.	5,5	„
IV.	3,7	„
V.	2	„

Nächst der Rinde kommen die Erträge an Holz in Betracht. Es ist in Derbholz und Reisig zu scheiden. Nach zahlreichen Beobachtungen und Angaben kann als Maximum 7 Festmeter, als Minimum 1 Festmeter Holz gelten. Letzteres kann als Norm nicht angesehen werden, weil es in den von mir benutzten Zahlen nur einmal vorkommt und wohl von zufälligen Umständen abhängig ist. Wird die geringste Bonität auf 2 fm erhöht, so ergiebt sich als Skala von I. bis V. Bonität 7—5,5—4—2,5—2 fm Holz. Die Untertheilung nach Derbholz und Reisig kann ebenfalls wieder nur nach großen Durchschnitten erfolgen. Annähernd das Verhältniß wie 1:10 nach Raummetern habe ich dabei gefunden. Danach kann man als brauchbare Reihe gelten lassen:

I.	Bonität	2,5 rm	Derbholz	26,1 rm	Reisig
II.	„	2,0 „	„	21,5 „	„
III.	„	1,6 „	„	16,4 „	„
IV.	„	1,1 „	„	11 „	„
V.	„	0,8 „	„	7,2 „	„

Für die praktische Anwendung ausreichend ist die auf abgerundete Zahlen gebrachte Reihe:

I.	Bonität	2,5 rm	Derbholz	26 rm	Reisig,	zusammen	28,5 rm
II.	„	2 „	„	22 „	„	„	24 „
III.	„	1,5 „	„	16 „	„	„	17,5 „
IV.	„	1 „	„	11 „	„	„	12 „
V.	„	1 „	„	7 „	„	„	8 „

Es läßt sich nunmehr der Materialertrag nach den angenommenen 5 Bonitäten für Umtriebszeiten von 15—20 Jahren in folgende Tabelle bringen:

Bonität	**Lohe**	**Holz in** rm		
	Centner	**Derbholz**	**Reisig**	**Zusammen**
I.	10	3	26	29
II.	7,7	2	22	24
III.	5,5	2	16	18
IV.	3,7	1	11	12
V.	2	1	7	8

Als weitere Erträge sind etwaige Vornutzungen zu berücksichtigen. Durchforstungen bilden nach meinen Ermittelungen die Regel in vielen Staatsforstbetrieben, theilweise auch in den Gemeindewaldungen der Eifel, des Hunsrücks, der Pfalz und in etlichen Privatwaldungen des Odenwaldes. In großen Gebieten dagegen sind sie nicht üblich, so z. B. im Siegerlande. Bei der kurzen Umtriebszeit des Schälwaldes ist ihr Einfluß auf die Materialerträge nicht groß. Meist erstrecken sie sich nur auf den Aushieb des Raumholzes und des sperrigen, nicht schälfähigen Eichengestrüpps. Eine Lohnutzung findet dabei niemals statt. Ihre hohe wirthschaftliche Bedeutung ist an anderer Stelle erörtert (vergl. S. 188 ff.). Sie sollten niemals unterbleiben. Wenn sie trotzdem vielfach unterlassen werden, so ist das ein Fehler. Für die vorliegende eine geordnete Betriebsführung voraussetzende Untersuchung müssen sie deshalb allgemein eingesetzt werden. Ueberwiegend kommen sie 5 bis 3 Jahre vor dem Hiebe zur Anwendung und bringen dann an Derbholz nichts oder nur etwas Weichholz, im Uebrigen ein meist — abgesehen von der gelegentlichen Absetzbarkeit als Faschinenholz — geringwerthiges, in der Regel unverwerthbares Reisig. Der Gesammterlös ist also gering und bringt keinen oder doch einen nicht nennenswerthen Ueberschuß über die Gewinnungskosten. Es erscheint zulässig, hier die Materialerträge aus ihnen außer Ansatz zu lassen. Bei den in großer Mannigfaltigkeit vorkommenden Mischformen, Ueberhalt von Eichen, Zwischenbau von Nadelhölzern zum Treiben oder zur Holzerzeugung u. a. fallen noch mancherlei Holzerträge an. Es kann hier, wo es sich zunächst um Gewinnung möglichst allgemein giltiger Anhaltspunkte für die Erträge handelt, auf sie nicht Rücksicht genommen werden. Ueberdies sind sie, wie wir später sehen werden, nur möglich auf Kosten der höchstmöglichen Rindenproduktion und gewinnen dadurch den Charakter der Nebennutzung. Deren Werth und Bedeutung kommt unten S. 156 ff. zur Erörterung.

Es gilt also die Annahme, daß die Gesammtheit der zu erwartenden Erträge an Rinde und Holz in den oben gegebenen Mengen zum Ausdrucke kommt. Setzt man für sie die zugehörigen Geldwerthe ein und zieht davon die Summe der Kosten ab, so erhält man den Geldreinertrag.

Als Rindenpreise benutzen wir die durchschnittlichen Marktnotirungen der einzelnen Jahre. Die Erträge aus dem Holze sind starken Schwankungen nicht unterworfen und im Ganzen nicht hoch wegen des relativ geringen Gebrauchswerths des Materials. Es möge die Voraussetzung gelten, sie seien gleichbleibend hoch und deckten die Erntekosten. Dann sind die Schälwaldreinerträge nur abhängig vom Rindenpreise.

Einnahmen.

Der Rindenpreis pro Centner betrug nach Tabelle (S. 6) in Rheinland und Westfalen in Mark:

1884	1886	1888	1890	1892	1894
6,03	5,01	5,54	5,60	4,89	5,19

Greifen wir davon den höchsten mit 6,03 und den niedrigsten mit 4,89 oder rund 6 und 5 Mark heraus, bringen als durchschnittliche Erntekosten 1,50 Mk. in Abzug und legen diese Zahlen der nachfolgenden Berechnung zu Grunde. Als Umtriebszeiten wählen wir 15, 18 und 20 Jahre. Dann ergiebt Centner Rinde:

bei u =	15	18	20
I. Bonität	150	180	200
II. "	115,5	138,6	154
III. "	82,5	99	110
IV. "	55,5	66,6	74
V. "	30	36	40

und der Geldertrag in Mark ergiebt:

a) bei 4,50 Mark Rindenpreis

bei u =	15	18	20
I. Bonität	675	810	900
II. "	519,75	623,70	693
III. "	371,25	445,50	495
IV. "	249,75	299,70	333
V. "	135	162	180

b) bei 3,50 Mark Rindenpreis

I. Bonität	525	630	700
II. "	404,25	485,10	539
III. "	288,75	346,50	385
IV. "	192,50	233,10	259
V. "	105	126	140

diese jährlich von einer Betriebsklasse mit u ha eingehenden Bruttorenten ergeben nach der Formel $\frac{R}{1{,}0p^u - 1}$ und bei $p = 3$ und 2 folgende Jetztwerthe:

1. Für u = 15.

	p = 3	p = 2	p = 3	p = 2
	Rindenpreis	4,50 M.	Rindenpreis	3,50 M.
I. Bonität	1209,74	1951,61	940,91	1517,93
II. "	931,50	1502,75	724,50	1168,81
III. "	665,36	1073,40	517,50	834,86
IV. "	447,61	722,10	345,02	556,57
V. "	241,95	390,32	188,18	303,59

2. Für u = 18.

	Rindenpreis 4,50 M.		Rindenpreis 3,50 M.	
	p = 3	p = 2	p = 3	p = 2
I. Bonität	1153,12	1891,43	896,87	1471,11
II. „	887,90	1456,40	690,59	1132,76
III. „	634,21	1040,29	493,28	809,11
IV. „	426,65	699,83	331,84	544,31
V. „	230,63	378,29	179,37	294,22

3. Für u = 20.

	Rindenpreis 4,50 M.		Rindenpreis 3,50 M.	
I. „	1116,45	1852,05	868,35	1440,46
II. „	859,67	1426,06	668,63	1109,15
III. „	614,05	1018,61	477,59	792,25
IV. „	413,09	685,25	321,29	532,97
V. „	223,29	370,40	173,70	288,09

Ausgaben.

Unter den obigen Annahmen betragen die Kulturkosten pro ha bei erstmaliger Anlage 100 Mark, nachmals unter Zugrundelegung einer Nachbesserungsbedürftigkeit von $33^1/_3$ % 33,33 Mark. Die Rente von 100 Mark läuft u Jahre, die von 33,33 Mark vom (u + 1) ten Jahre ab ewig. Mithin Jetztwerth:

$$c + \frac{c}{3} \cdot \frac{1}{1{,}0p^u - 1} = c\left(1 + \frac{1}{3\,(1{,}0p^u - 1)}\right)$$

oder zum Rechnen bequemer:

$$\frac{c}{3}\left(3 + \frac{1}{1{,}0p^u - 1)}\right)$$

Danach beträgt der Jetztwerth der Kulturkosten bei

	u = 15	u = 18	u = 20
p = 3	159,74	147,45	141,35
p = 2	196,38	177,84	168,59

Die Summe der Verwaltungskosten (Schutz, Verwaltung, Steuern, Wegebau ꝛc.) ist pro Jahr und Hektar 5,50 Mark, oder nach

$V = \frac{v}{0{,}0p}$ bei p = 3 der Jetztwerth 183,33 Mark

„ p = 2 „ „ 275 „

der Jetztwerth der jährlichen Ausgaben beträgt danach

	bei u = 15	u = 18	u = 20
p = 3	343,07	330,78	324,68
p = 2	471,38	452,84	443,59

Die Differenz zwischen Einnahmen und Ausgaben ergiebt den Bodenerwartungswerth.

1. Für u = 15.

	Rindenpreis 4,50 M.		Rindenpreis 3,50 M.	
	p = 3	p = 2	p = 3	p = 2
I. Bonität	866,67	1480,23	597,84	1046,55
II. „	587,43	1031,37	381,43	697,43
III. „	323,29	602,02	174,43	363,48
IV. „	104,54	250,72	1,95	85,19
V. „	— 101,12	— 72,51	— 154,89	— 167,79

2. Für u = 18.

	Rindenpreis 4,50 M.		Rindenpreis 3,50 M.	
I. Bonität	822,34	1438,59	566,09	1018,27
II. „	557,12	1003,56	359,81	679,92
III. „	303,43	587,45	162,50	356,27
IV. „	95,87	246,99	1,06	91,47
V. „	— 100,15	— 74,55	— 151,41	— 158,62

3. Für u = 20.

	Rindenpreis 4,50 M.		Rindenpreis 3,50 M.	
I. Bonität	791,77	1408,46	543,67	996,87
II. „	534,99	982,47	343,95	365,56
III. „	289,37	575,02	152,91	348,66
IV. „	88,41	241,66	— 3,39	89,38
V. „	— 101,39	— 73,19	— 168,38	— 155,50

Die Waldbodenrente ist danach Bu . 0,0p, mithin:

1. Für u = 15.

	Rindenpreis 4,50 M.		Rindenpreis 3,50 M.	
	p = 3	p = 2	p = 3	p = 2
I. Bonität	26	29,60	17,94	20,93
II. „	17,62	20,63	11,44	13,95
III. „	9,67	12,04	5,23	7,27
IV. „	3,14	5,01	0,06	1,70
V. „	— 3,03	— 1,45	— 4,65	— 3,36

2. Für u = 18.

	Rindenpreis 4,50 M.		Rindenpreis 3,50 M.	
I. Bonität	24,67	28,77	16,98	20,37
II. "	16,71	20,07	10,79	13,60
III. "	9,10	11,75	4,88	7,13
IV. "	2,88	4,94	0,03	1,83
V. "	— 3	— 1,49	— 4,54	— 3,17

3. Für u = 20.

	Rindenpreis 4,50 M.		Rindenpreis 3,50 M.	
I. Bonität	23,75	28,17	16,31	19,94
II. "	16,05	19,65	10,32	13,31
III. "	8,68	11,50	4,59	6,97
IV. "	2,65	4,83	0,10	1,79
V. "	— 4,04	— 1,46	— 5,05	— 3,11

So wenig ein derart schematisirtes Beispiel unbedingter Anwendung auf die realen Verhältnisse des Schälwaldes fähig ist, so gestattet es doch einige Folgerungen. Zunächst zeigt sich, daß die Bodenrente durch die Verschiedenheit der Umtriebszeit nur wenig, durch den Zinsfuß und den Lohpreis in hohem Maße beeinflußt wird. Die Wirkung der Höhe des zu Grunde gelegten Zinsfußes ist eine jedem rechnenden Forstmanne längst bekannte, die Schwierigkeit oder, geradezu gesagt, Unmöglichkeit, den Zinsfuß sicher zu bestimmen, begründet bekanntlich die Hauptbedenken, welche gegen die Anwendbarkeit einer Zinseszinsrechnung überhaupt erhoben werden. Wenn von den Vorkämpfern der Bodenreinertragslehre ein besonders niedriger forstlicher Zinsfuß gefordert wird, so hat doch für den Schälwald ein solcher kaum Berechtigung. Denn die im Schälwald angelegten Kapitalien weichen in allen den Zinsfuß beeinflussenden Verhältnissen weniger von gewöhnlichen Kapitalanlagen ab als die in irgend einer anderen Waldwirthschaftsform. Der große Einfluß, den gerade beim Schälwalde die gute oder schlechte Bewirthschaftung auf die Erträge ausübt, erheischt aber eher einen hohen als einen niedrigen Zinsfuß. Nun aber einmal zugestanden, der aus ihm zu fordernde Zinsfuß müsse unter dem Leihzinsfuße stehen, so dürfte der Satz von 2 % in dieser Beziehung den weitestgehenden Anforderungen genügen.

Die Wirkung des Preisstandes ist augenfällig und wichtig. Schon die hier angenommene Differenz von 1 Mark ist mächtig genug, die Bodenrente in I. Bonität um 29 bis 36 % zu drücken, in II. um 32 bis 40 %, in III. um 40 bis 58 %, in IV. um 75 bis 93 %; die V. Bonität hat überall negative Bodenrenten. Führt man die Rechnung analog mit einem erntekostenfreien Lohpreis von 6 und 5 Mk. durch*), so ergeben sich bei V. Bonität und $p = 2$ noch positive Renten für den Lohpreis 6 Mark, aber schon bei 3 % negative, ebenso bei einem Lohpreise von 5 Mark bei beiden Zinsfüßen. Danach stellt das Herabgehen der Lohpreise *die Rentabilität des Schälwaldes um so eher in Frage, je geringer die Bonität ist.* Und eine rentable Schälwaldwirthschaft ist bei den jetzigen Lohpreisen nur noch auf guten Stand-

---

*) Die Bodenrenten bei Lohpreisen von 6 und 5 Mk. berechnen sich analog den obigen (vgl. auch S. 263):

1. Für $u = 15$

	Lohpreis erntekostenfrei 6 Mark		5 Mark	
	$p = 3$	$p = 2$	$p = 3$	$p = 2$
I. Bonität	38,10	42,62	30,03	33,95
II. „	26,97	30,65	20,76	23,97
III. „	16,32	19,20	11,89	14,23
IV. „	7,61	9,83	4,63	6,62
V. „	— 0,61	— 0,98	— 2,23	— 0,75

2. Für $u = 18$

	Lohpreis 6 Mark		Lohpreis 5 Mark	
I. Bonität	36,20	41,38	28,51	32,98
II. „	25,59	29,78	19,67	23,31
III. „	15,45	18,68	11,22	14,06
IV. „	7,14	9,61	4,30	6,50
V. „	— 0,70	1,03	— 2,24	— 0,65

3. Für $u = 20$

	Lohpreis 6 Mark		Lohpreis 5 Mark	
I. Bonität	34,92	40,52	27,47	32,28
II. „	24,65	29,18	18,92	22,82
III. „	14,82	18,29	10,73	13,76
IV. „	6,78	9,40	4,03	6,36
V. „	— 0,81	1,01	— 2,30	— 0,64

orten möglich. Durch Steigerung der Gelderträge vermittelst sorgfältiger Wirthschaft läßt sich auch die Bodenrente nennenswerth steigern. Die Erträge, wie sie für die ersten beiden Bonitäten zu Grunde gelegt sind, vermögen auch bei den niedrigen Lohpreisen von 3 bis 4,5 Mark noch eine gute Bodenrente zu liefern. Vielfach anders aber werden die Ergebnisse, wenn die hier vernachlässigten Erträge aus dem Holze und aus den Nebennutzungen mit in Rechnung gestellt werden. Der Holzertrag kann nennenswerth nur auf Kosten des Rindenertrages gehoben werden. Es kann nur nach örtlichen Verhältnissen entschieden werden, ob es zweckmäßig ist, mehr Holz und entsprechend weniger oder geringere Rinde zu erzeugen oder aber meiste und beste Rinde. Im ersteren Falle müßte ein hoher, zumeist über 20 Jahre hinausgehender Umtrieb gewählt werden. Der Einfluß der Nebennutzungen ist, wie demnächst dargestellt werden soll, viel weiter reichend.

Um vergleichbare Bilder zu gewinnen über die wesentlichen realen Schälwaldverhältnisse ist nun aber die angestellte Berechnung der Bodenrente nicht ausreichend. Es lassen sich dafür einfacher und zweckmäßiger die durchschnittlichen W a l d r e i n e r t r ä g e bezw. W a l d r o h e r t r ä g e benutzen, bei deren Berechnung überdies die Bestimmung des Zinsfußes wegfällt.

Nach thatsächlichen Verhältnissen ergeben sich in einzelnen Revieren des Westens die nachfolgend als Beispiele berechneten Reinerträge aus dem Schälwalde. Da in ihnen die pro ha entfallenden Verwaltungskosten i. d. R. genau rechnungsmäßig nicht zu bestimmen, sondern nur einzuschätzen sind und da der Aufwand für Verwaltung, Schutz, Steuer 2c. als im Wesentlichen konstant angesehen werden darf, so ist neben dem Reinertrag auch der Rohertrag nur nach Abrechnung der Kulturkosten ermittelt und zum Vergleich herangezogen worden.

1. G r o ß h e r z o g l i c h h e s s i s c h e O b e r f ö r s t e r e i A l z e y.

Nach Mittheilung von Walther für die Jahre 1876—85 18jähriger Umtrieb.

E i n n a h m e n: Raumholz 12,5 fm mit 64,22 Mk. Erlös; davon 21,56 Mk. Hauerlohn, bleibt Nettoerlös 42,66 Mk.

Rinde 139,03 Centner. Der Durchschnittspreis 1870—85 betrug 6,54 Mk., mithin Bruttoeinnahme 909,26 Mk.; davon 208,55 Mk. Schälerlohn, giebt netto 700,71 Mk.

Schälholz 39,12 fm = 19,56 Wellen à Hundert 17,23 Mk. = 337,02 Mk. abzüglich 67,48 Mk. Hauerlohn, giebt netto 269,54 Mk.

Zwischennutzungen 26,84 fm mit Bruttoerlös von 130,67 Mk. und 84,37 Mk. Nettoerlös.

Ausgaben: Kulturkosten jährlich 10,26 Mk. im Ganzen.

Verwaltungs- &c. Kosten jährlich 5,44 Mk. pro ha.

Der jährliche Waldreinertrag beträgt dann:

$$\frac{42,66 + 700,71 + 269,54 + 84,37 - 10,26}{18} - 5,44 = \mathbf{54,95\ Mk.}$$

Der Rohertrag nur nach Abzug der Kulturkosten **60,39 Mk.**

Vergleichsweise folgen hier die analogen Angaben für den Zeitraum 1886—97, welche ich der Freundlichkeit des Herrn Oberförsters Kleinkopf in Alzey verdanke:

Einnahmen: Raumholz 11,4 fm mit 40,55 Mk. Brutto- und 19,12 Mk. Nettoerlös.

Rinde 132,5 Centner. Der Durchschnittspreis betrug 1886—97 5,78 Mk., der Bruttoerlös 765,85 Mk. und der Nettoerlös 551,20 Mk.

Schälholz 34,42 fm mit 233,37 Mk. Brutto- und 168,66 Mk. Nettoerlös.

Zwischennutzungen 19 fm mit 72,96 Mk. Brutto- und 37,24 Mk. Nettoerlös.

Ausgaben: Kulturkosten jährlich 17,41 Mk. im Ganzen.

Verwaltungs- &c. Kosten jährlich schätzungsweise 6 Mk. pro ha.

Der jährliche Waldreinertrag beträgt dann in derselben Berechnung wie oben: **37,28 Mk.** und der Rohertrag nach Abzug der Kulturkosten **43,28 Mk.**

2. Fürstlich Löwenstein'sche Oberförsterei Neustadt im Odenwalde.

Die 25,8 ha große Betriebsklasse mit 14jähriger Umtriebszeit stockt auf Gneiß, schwachlehmigem, meist flachgründigem, theilweise felsigem, trockenem Boden.

Lohertrag nach dem Durchschnitt 1880—90 pro ha 110 Centner à 5,75 Mk. = 632,50 Mk., davon Schälkosten 220 Mk., giebt Nettoerlös 412,50 Mk.

Schälholz 11 rm Derbholz und Reisig mit einem erntekostenfreien Erlös von je 2 Mk. = 22 Mk.

Raumholz deckt mit seinem Erlös nur eben die Werbungskosten, Nettoerlös also = 0.

Kulturkosten ca. 5 Mk. pro Jahr und ha, Verwaltung 2c. ca. 4 Mk.

Reinertrag mithin $\frac{412{,}50 + 22}{14} - 9 =$ **22,04 Mk.**

Rohertrag wie bei 1 = **26,04 Mk.**

3. Daselbst

wird nach langjährigen Erfahrungen allgemein bei II.—III. Bonität der Holzertrag des Eichenschälwaldes den gesammten Werbungskosten gleichgesetzt. Der Rindenbruttoertrag entspricht deshalb dem gesammten Nettoertrag. Die Zwischennutzungserträge sind = 0.

Eine auf Syenit stockende Betriebsklasse mit 15jährigem Umtriebe ergab nach dem Durchschnitt einer Umtriebszeit 100 Centner Rinde à 5,75 Mk. = 575 Mk. oder pro Jahr und ha 38,33 Mk. Hiervon die Kulturkosten mit 5 Mk. und die Verwaltungs- 2c. Kosten mit 4 Mk. abgezogen, bleiben netto **29,33 Mk.** oder als Rohertrag wie vor **33,33 Mk.**

4. Großherzoglich oldenburgische Oberförsterei Oberstein (Birkenfeld).

Die in 16jährigem Umtriebe bewirthschaftete Betriebsklasse stockt auf Melaphyr, Thonschiefer, Todtliegendem und Kohlensandstein und hat einen kräftigen, lehmigen, humosen, meist frischen, nicht tiefgründigen Boden. Vornutzungen finden i. d. R. nicht statt, nur Raumholzhieb. Der durchschnittliche Ertrag ist:

Lohe ca. 100 Centner à 5,00 Mk. = 500 Mk., davon die Schälkosten = 180 Mk., ergiebt netto 320 Mk.

Schäl- und Raumholz 30 rm Knüppel à 3 Mk. = 90 Mk., Reisig 30 rm oder (ca. 13 rm = 100 Wellen) 231 Wellen à Hundert 17 Mk. = 39,27 Mk., zusammen 129,27 Mk.; davon an Werbungskosten pro rm Derbholz 0,70 Mk., pro Hundert Wellen 3,30 Mk., mithin im Ganzen 28,62 Mk., bleibt netto 100,65 Mk.

Kulturkosten pro Jahr 8 Mk., Verwaltung 2c. 4 Mk., mithin jährlicher Waldreinertrag $\frac{320 + 100,65 - 8}{16} - 4 = $ **21,79 Mk.** und Rohertrag wie vor **25,79 Mk.**

5. Daselbst

ergab ein Schlag bester Bonität 1894 bei 20jährigem Umtrieb pro ha

Lohe 166,38 Centner erntekostenfrei	à		3,50 Mk.	=	582,33 Mk.
Holz 56,25 rm Derbholz	„	„	2,40 „	=	135,00 „
605 Lohreiserwellen	„	à 100	17,67 „	=	106,90 „
250 Wellen liegendes Reisig	„	100	1,60 „	=	4,00 „
5 rm Raumholz	„	rm	2,55 „	=	12,75 „
				Zusammen	840,98 Mk.

davon 8 Mk. Kulturkosten giebt 832,98 Mk. oder pro Jahr und ha **41,65 Mk.** Rohertrag und bei Annahme von 4 Mk. Verwaltungs- 2c. Kosten **37,65 Mk.** Reinertrag.

6. Königlich preußische Oberförsterei Coblenz.

Standort flachgründiger, trockener, mineralisch kräftiger Grauwackenboden auf meist stark geneigten Hängen. Die tief gelegenen Partien stark unter Spätfrösten leidend. Die Betriebsklasse mit 15jährigem Umtriebe ergab nach dem Durchschnitte der Jahre 1893—97 pro ha 36 Centner Rinde mit einem Erlös von 5,17 Mark pro Centner und nach Abzug von 2,10 Mk. Werbungskosten 3,07 Mk., danach im Ganzen 110,52 Mk., an Holz 3,6 rm Derbholz und 234 rm Reisig mit einem erntekostenfreien Erlös von 75 Mk. Die Bruttoeinnahme betrug also 185,52 Mk. oder pro Jahr und ha **12,37 Mk.** An Verwaltungs- und Kulturkosten waren jährlich pro ha zu verwenden rund 12 Mk., so daß ein Waldreinertrag von nur **0,37 Mk.** verbleibt.

7. Daselbst.

Eine Betriebsklasse mit 15jährigem Umtriebe ergab nach einer für 1893 aufgestellten Berechnung:

Gute Bonität	Waldrohertrag pro Jahr u. ha Mark
80 Ctr. Rinde erntekostenfrei à 3,00 Mk. = 240,00 Mk.	
150 rm Reisig " " 0,2 " = 30,00 "	
Summa 270,00 Mk.	**18,00**
Mittlere Bonität	
60 Ctr. Rinde erntekostenfrei à 2,50 Mk. = 150,00 Mk.	
135 rm Reisig " " 0,15 " = 20,25 "	
Summa 170,25 Mk.	**11,35**
Geringe Bonität	
45 Ctr. Rinde erntekostenfrei à 2,00 Mk. = 90,00 Mk.	
120 rm Reisig " " 0,10 " = 12,00 "	
Summa 102,00 Mk.	**6,80**

Bei Annahme von jährlich 2 Mk. Kultur- und 4 Mk. Verwaltungs- 2c. Kosten ergiebt sich daraus ein Reinertrag von **12—5,35—0,80 Mk.**, oder ein Rohertrag wie vor von **16—9,35—4,80 Mk.** Der Reinertrag aller fiskalischen Waldungen im Regierungsbezirk Coblenz betrug in der gleichen Zeit rund 9 Mk.

Nach Tabelle 51 in v. Hagen-Donner, „Forstl. Verh. Preußens", III. Aufl., beträgt für 1892/93 der Rohertrag abzüglich der Kulturkosten im Staatswalde des Regierungsbezirks Coblenz 31,37 Mk.

8. Daselbst.

Nach einer vergleichenden, für Hochwald und Niederwald aufgestellten Berechnung ergaben 1893/94:

Niederwald (572 ha) pro ha aus Lohe und Holz	13,02 Mk.
aus Nebennutzungen	1,94 "
Im Ganzen	**14,96 Mk.**

davon Kosten: Hauerlohn . . . . 7,16 Mk.
Kulturen . . . . 2,43 „
Verwaltung, Steuern ꝛc. . . . . 8,40 „

Im Ganzen 17,99 Mk.

Mithin Reinertrag — **3,03 Mk.**

Und der Reinertrag in derselben Weise berechnet für 1894/95 + **0,37 Mk.**, für 1895/96 **1,83 Mk.**

Hochwald (1925 ha) Reinertrag pro ha 13,78 Mk. bezw. für 1894/95 15,01 Mk. und für 1895/96 10,82 Mk.

Der Reinertrag des gesammten Staatswaldes im Reg. Bez. Coblenz war 1892/93 nach v. Hagen-Donner a. a. O. 13,14 Mk. und der Rohertrag wie bei 7 angegeben 31,37 Mk.

9. Königlich preußische Oberförsterei Xanten.

Diluvialer Sand, stark kiesig, ziemlich frisch und humos, mildes aber spätfrostreiches Klima. Die Betriebsklasse mit einem Umtriebe von 20 Jahren ergab nach dem Durchschnitte der Jahre 1891/97 pro ha:

Einnahme: Hauptnutzung 82,47 Ctr. Rinde, 13 fm Derbholz und 34 fm Reisig; Rinde und Holz mit einem Gesammterlös von 576,81 Mk., hiervon ab Werbungskosten 219,84 Mk. bleibt Reinerlös 356,97 Mk. oder pro Jahr und ha 17,85 Mk.

Vornutzung und zwar Durchforstung im halben Umtriebe und Raumholzhieb 1—2 Jahre vor dem Abtriebe 0,97 fm Derbholz und 20,85 fm Festmeter Reisig mit einem Gelderlös von 65,83 Mk., davon ab 40,68 Mk. Werbungskosten giebt netto 25,15 Mk. oder pro Jahr und ha 1,26 Mk.

Ausgabe: Kulturkosten werden durchschnittlich jährlich aufgewendet pro ha **1,44** Mk, an Verwaltungs- ꝛc. Kosten schätzungsweise 4 Mk. mithin im Ganzen 5,44 Mk.

Reinertrag danach **13,67 Mk.**, Rohertrag wie vor **17,67 Mk.**

Nach v. Hagen-Donner (a. a. O.) ist der Reinertrag aller Staatswaldungen im Reg. Bez. Düsseldorf 27,41 Mk. und der Rohertrag, abzüglich der Kulturkosten 47,68 Mk.

10. Haubergs-Oberförsterei in Siegen.

Die zusammen rund 34000 ha umfassenden Haubergschläge stocken durchweg auf devonischer Grauwacke, welche einen wenig kräftigen, schotterigen und nur auf besseren Partien mineralisch kräftigen Boden liefert. Das Klima ist überwiegend rauh. Der Umtrieb ist 17—20jährig, im Durchschnitt 18jährig.

Die durchschnittliche Jahresschlagfläche (1880/93) beträgt 1792 ha. Der Materialertrag pro ha belief sich im Durchschnitt

auf Lohe	47,67 Ctr.	à 6 Mk.	= 286,02 Mk.		
Holz	460 „	à 0,35 „	= 161 „		
Summa Lohe und Holz			= 447,02 Mk.	= 74 %	
Korn	10,86 Ctr.	à 8,89 Mk	= 96,55 „		
Stroh	24 „	à 2,64 „	= 63,36 „		
Summa Korn und Stroh			= 159,91 Mk.	= 26 %	
Summa der Erträge:			606,93 Mk.		

oder pro Jahr und ha **33,72 Mk.**

Hiervon sind noch die Kosten abzuziehen; die gesammte Werbung erfolgt seitens der Genossenschaftsmitglieder durch eigene Arbeit und läßt sich deshalb nur schätzungsweise veranschlagen. Die Preise für Lohe und Holz verstehen sich ferner einschließlich der ebenfalls von den Eigenthümern übernommenen Transportkosten, bis in die benachbarten hauptsächlichen Konsumplätze. Rechnet man nach Analogie verwandter Betriebe die Werbungskosten für Lohe und Holz = 38 % des Bruttoertrages und die für den Transport = 10 % desselben, so ergeben sich dafür 11,92 Mk., weiter für das Brennen (Löwen) und Umbrechen des Schlags, (Haachen), Einsäen des Roggen Housernten desselben und für das Saatgut 35 % des Rohertrags oder 3,11 Mk., und der Waldrohertrag beträgt dann **18,69 Mk.**, hiervon noch Kulturkosten mit 2 Mk. und Verwaltungs rc. Kosten mit 4 M., bleibt als Waldreinertrag **12,69 Mk.**

Die Staatswaldungen im Regierungsbezirk Arnsberg ergaben 1892/93 (v. Hagen-Donner a. a. O.) 9,10 Mk. Reinertrag und 25,05 Mk. Rohertrag nach Abzug der Kulturkosten.

Den Erträgen zuzurechnen ist noch der Werth der Waldweide. Nach dem Durchschnitt 1880—93 sind im ganzen Walde jährlich vom 1. Mai bis 1. Oktober 6974 Stück Rindvieh zur Weide getrieben. Nach den Tabellen von Danckelmann (Ablösung der Waldgrundgerechtigkeiten, III. Theil, Tab. 32—35) wird als Futterbedarf auf 1000 kg Lebendgewicht täglich 24 kg organischer Trockensubstanz gerechnet. Weidegras enthält von solcher 18%. Auf 1000 kg Lebendgewicht entfällt danach ein Tagesbedarf von $133\frac{1}{3}$ kg Weidegras, von welchem 100 kg einen Durchschnittswerth von 1,96 Mk. haben. Ein Stück Rindvieh hat im Mittel ein Lebendgewicht von 350 kg, braucht also täglich 46,67 kg Weidegras im Werthe von 0,91 Mk. und der Werth einer Kuhweide vom 1. Mai bis 1. Oktober, 150 Tage, ist 136,50 Mk., der von 6974 Kuhweiden = 951951 Mk. oder nach Abzug des Hirtenlohnes — pro 120 Stück 1 Hirt à $\frac{300 \text{ Mk.}}{2}$ = 8118 Mk. — = 943233 Mk. oder pro ha **27,74 Mk.** Abzurechnen würde etwa noch sein der durch die Weide bedingte Milch- und Düngerverlust. Auch dann noch ist der Ertrag der Weide ein sehr guter.

11. Königlich preußische Oberförsterei Merenberg bei Weilburg an der Lahn.

Standort obere Grauwacke in ca. 250 m Höhe mit südwestlicher Exposition. Betriebsklasse von 97 ha mit 18jährigem Umtriebe. Nach dem Durchschnitte der Jahre 1886—95 ergab der ha 65,7 Centner Rinde, 1,5 rm Derbholz und 15 rm Reisig mit einem durchschnittlichen Gesammterlös von 534 Mk. oder 29,67 Mk. pro Jahr und ha. Da die Werbungskosten der Rinde vom Käufer bezahlt werden, so sind nur die des Holzes abzuziehen welche ca. 0,60 Mk. für den rm Derbholz und 0,25 Mk. für den rm Reisig betragen, mithin zusammen 4,65 Mk. An Kulturkosten sind 2 Mk., an Verwaltungs- rc. Kosten 4 Mk. zu rechnen. Danach ergiebt sich ein Reinertrag von **19 Mk.** und ein Rohertrag von **23 Mk.** Der Reinertrag im gesammten Staatswalde des Regierungsbezirks Wiesbaden betrug 1892/93 nach v. Hagen-Donner 12,44 Mk., der Rohertrag nach Abzug der Kulturkosten 33,98 Mk.

12. Königlich preußische Oberförsterei Allendorf an der Werra.

Standort südlich und südwestlich geneigte Hänge von Buntsandstein mit vorwiegend tiefgründigem, lehmigem, frischem, humosem Boden.

Die Betriebsklasse von 399 ha ergab bei 20jährigem Umtriebe nach dem Durchschnitt der Jahre 1886—95 folgende Erträge:

Rinde pro ha 98,08 Centner mit 408,27 Mk. (pro Centner 4,16 Mk.) und nach Abzug der Werbungskosten von 180,78 Mk. (pro Centner 1,5—2 Mk.) 227,49 Mk. netto.

Schälholz: 5,9 rm Derbholz und 216,8 rm Reisig mit 143,21 Mark und nach Abzug von 77,18 Mk. Werbungskosten 66,03 Mk. Nettoerlös.

Raumholz: 1 rm Derbholz und 25 rm Reisig mit 11,40 M. Brutto- und 5,78 Mk. Nettoerlös.

Die Erträge also zusammen 299,30 Mk. oder pro Jahr und ha 14,97 Mk.

Hiervon an Kulturkosten 2,18, an Verwaltungs- 2c. Kosten 4 Mk., zusammen 6,18 Mk., ergiebt Reinertrag **8,79 Mk.** und Rohertrag abzüglich der Kulturkosten **12,79 Mk.**

Der Reinertrag im gesammten Staatswald des Regierungsbezirks Cassel betrug 1892/93 nach v. Hagen-Donner 6,47 Mk., der Rohertrag nach Abzug der Kulturkosten 20,65 Mk.

13. Daselbst.

Der beste Schlag (1892/93) Distr. 68 mit 13,3 ha, S.- und SO.-Hang, lieferte pro ha Lohe 128,4 Centner und 2,74 rm Rauhborke; Raumholz: 1 rm Derbholz und 25 rm Reisig I. und III. Klasse; Schälholz: 2,3 fm Nutzholz, 6,2 rm Brennholz, 79 rm Reisig. Der Bruttoerlös war 1000 Mk., der Nettoerlös 664,17 Mark, oder pro Jahr und ha **33,20 Mk.** bezw. nach Abzug bloß der Kulturkosten rund **31 Mk.** Ein ähnlicher Schlag, Distr. 61, ergab 76 Centner Lohe, 0,6 rm Borke, 0,8 rm Derbholz und 382 rm Reisig mit 29,34 Mk. pro Jahr und ha, bezw. nach Abzug der Kulturkosten **27,16 Mk.**

B. Zwischen- und Nebennutzungen.

Sie bilden gerade beim Schälwalde eine bedeutende Rolle; ja sind gegendweise geradezu entscheidend für die Wirthschaft überhaupt. Sie bestehen in verschiedenen Formen. Die wichtigste ist die landwirthschaftliche Zwischennutzung. Außer ihr kommt z. B. in Rheinhessen die Gewinnung von Grassamen und von Besenpfriem (vulgo Ginster), im Werrathale das Schneiden von Gehstöcken, endlich überall die Erzielung von stärkerem Holz, welches nicht zur Rinden-, sondern zur Holznutzung bestimmt ist, in Frage.

Nach Angaben Walthers gewährt die Gewinnung von Grassamen z. B. in Alzey eine erhebliche Einnahme, die pro Jahr und ha auf netto 20,60 Mk. bewerthet ist. Unter ihrem Einfluß erhöht sich der Waldreinertrag unter A 1 (S. 148) von 54,95 Mk. auf 56,09 Mk. Nach neuerer Mittheilung Kleinkopfs lieferte 1886/97 der ha durchschnittlich jährlich sogar 22 Mk. aus Grassamen.

Das Schneiden von Besenpfriem ergab nach Neubrand (a. a. O., S. 92) in Wendelsheim pro Hundert Wellen bis zu 10 Gulden sd. W. Im Erbacher Stadtwald lieferte der Morgen Eichenjungbestand durchschnittlich jährlich innerhalb 5 Jahren 74 Gebund mit einem Reinerlös von 1,28 Mk. pro Morgen. (Vgl. Allg. Forst- u. Jagdztg. 1861, S. 7.)

Alle diese Nebennutzungsformen treten aber in ihrer Bedeutung weit zurück gegenüber der Gewinnung von Holz einerseits und der landwirthschaftlichen Zwischennutzung andererseits. Diese sollen deshalb genauer besprochen werden.

1. Die Holznutzung.

Im hessischen Werrathale beschäftigt eine gut entwickelte Hausindustrie sich mit Herstellung von Gehstöcken, zumeist aus schlanken Eichenraiteln, die aus den etwa 7- bis 10jährigen Schälwaldschlägen geschnitten, i. d. R. von den Käufern selbst geworben werden. Hundert Stück solcher Raitel werden mit 3—4 Mk. bezahlt. In Wannfried ergab eine 50 ha große Schlagfläche etwa 300 Hundert solcher Stöcke für zusammen 1100 Mk., oder pro Jahr und ha rund 2,20 Mk. In der Gegend von Eberbach wird das aus Hasel bestehende Raumholz in ähnlicher Weise auf Reifstangen genutzt und ein nicht unerheblicher Ertrag daraus gewonnen. In der Herrschaft Zwingenberg wurden nach einer Mittheilung von 1871 von 1400 Morgen Schälwald innerhalb 15 Jahren aus Reifstangen 7—8000 Gulden sd. W. rein erlöst; das ergiebt pro Jahr und ha rund 1,60—1,80 Mk.

Auch die Erzeugung von stärkerem Holz, welches ungeschält zu Brenn- und Nutzwecken bestimmt ist, muß im Schälwalde den Nebennutzungen beigezählt werden, solange das Ziel der Wirthschaft die Rindennutzung bildet. Sie findet sich in vielen Gegenden, so u. a. im Werrathale, in vielen bäuerlichen Schälwaldungen Frankens, Hessens, Badens, der Pfalz, in Siegen und im Westerwald. Diese Holzproduktion wird entweder z. B. in Siegen und Franken durch Erhöhung der Umtriebszeit auf über 20 Jahre, bisweilen 25, sogar 30 Jahre bewirkt oder durch Ueberhalten von Laßreisern durch den zweiten oder sogar dritten Umtrieb (Baden), oder es werden bisweilen z. B. im Westerwalde und Odenwalde Nadelhölzer, meist Kiefer oder Lärche beigemischt und durch mehrere Umtriebe erhalten, um geringe Nutzhölzer für den Eigenbedarf der Waldbesitzer daraus zu gewinnen. In den Siegener Haubergen bildet neuerdings unter der Wirkung der niedrigen Rindenpreise das Holz einen wesentlichen Ertragstheil. Nach Angaben, die mir in Sohlbach gemacht wurden, werden die stärkeren Eichenstangen auf 3 bis 4 Fuß abgelängt, aufgespalten und als Grubenholz pro Stück mit 3 bis 6 Pf. an die Grube loco Siegen verkauft. Rechnet man rund 200 solcher Rundstöcke pro Raummeter oder 250 pro Festmeter, so ergiebt dies pro fm 15 bis 30 Mk., und wenn man auf Arbeits- und Fuhrlohn bis Siegen 5 bis 10 Mk. veranschlagt, bleibt immer noch ein Reinerlös von 10 bis 20 Mk. Würde der Ertrag an Spiegelrinde durch die Erhöhung des Umtriebes um 1 Centner sich mindern, und der des Holzes um 1 fm sich steigern, so ergäbe sich bei einem Rindenpreis von 5 Mk. noch ein Mehrerlös von brutto 5 bis 15 Mk.

Die Nutzungen an Brenn- und Nutzholz aus Ueberhältern oder eingesprengten Nadelhölzern sind zwar auch nur auf Kosten des Rindenertrags möglich. Aber auch hierbei kann bei niedrigen Rindenpreisen einerseits und hohem Gebrauchswerth des Holzes anderseits der Ueberhalt die günstigeren finanziellen Ergebnisse liefern. Nach Neubrand (a. a. O., S. 83) wurden in Bayern erstmalig 15 bis 20 Laßreiser und bei späteren Abtrieben 2 bis 3 Oberständer belassen, für heiße Bergwände aber ein Ueberhalt von 25 bis 30 Laßreisern als zulässig angesehen, ohne daß der Rindenertrag dadurch merklich leide. Nach einer in Schlesien angestellten Untersuchung, über welche derselbe Autor berichtet, ergab ein unbeschirmter 16jähriger Schälwald (I) 99 Centner Rinde pro ha, ein sonst gleicher mit 40 Eichenoberständern 71 Centner. Ein Bestand mit 12 Laßreisern und 8 schwachen Oberständern (II) lieferte $90^2/_3$ Centner, ein sonst gleicher mit 32 stärkeren Oberständern 45 Centner. Der Mehranfall an Holz von den beschirmten Flächen ist nicht angegeben. Schätzt man den Festgehalt des Oberständers gleichmäßig auf 0,2 fm und läßt die Laßreiser außer Rechnung, so ergiebt sich bei I ein Holzanfall von 8 fm, bei II ein solcher von 6,4 fm. Bringe der Centner Rinde erntekostenfrei 5 Mk., der fm Holz 4 Mk., so steht bei I einem Rindenausfall von 140 Mk. ein Mehr aus dem Holz von 32 Mk. gegenüber, bei II dem Weniger von 225 Mk., ein Mehr von 26 Mk. Wenn dagegen der Rindenpreis auf 2 Mk. (vgl. Tab. II, S. 5) gesunken, der Holzpreis auf 8 Mk. gestiegen ist, so beträgt unter Innehaltung der sonstigen Zahlen bei

I. das Weniger 66 Mk., das Mehr 64 Mk.
II. „ „ 90 „ „ „ 51 „

Rechnet man aber, was bei der Bezeichnung „stärkere" Oberständer von Fläche II zulässig erscheint, den Einzelstamm zu 0,4 fm, so erhöht sich hier das Mehr von 51 auf 102 Mk. und das Gesammtergebniß entscheidet dann auch hier für den Oberstand.

Derartige Verhältnisse liegen manchmal vor, so u. a. dem Vernehmen nach in der waldarmen Wetterau, wo die Holzpreise hoch stehen und der Mehrerlös aus dem Ueberhalt den Ausfall bei der Rinde aufwiegt. Sehr genaue Angaben über den Einfluß des Ueberhalts in den badischen Schälwäldern liefert eine ausgezeichnete Arbeit Schubergs „Untersuchungen über Eichenschälwalderträge" (Baurs forstl. Mon.-Schr. 1875, S. 529 ff). Von zwei Versuchsflächen ergab die eine (I) mit 15jährigem Umtriebe und einem

33jährigen Oberstand, welcher 35 % der Gesammtmasse bildete, als procentischen Antheil der Rinde vom Unterholze 7,39; die andere (II) mit 12jährigem Umtriebe und 4 % 28jährigem Oberholze 11,47. Der Ertrag war in absoluten Zahlen pro ha:

		Centner Rinde.	Derbholz fm.	Reisig fm.
I.	Unterholz	125,23	3,7	60,2
	Oberholz	56,92	22,0	13,8
	Zusammen:	182,15	25,7	74
II.	Unterholz	113,43	1,1	52,5
	Oberholz	3,73	1,4	0,8
	Zusammen:	117,16	2,5	53,3

Die Reinerlöse pro ha berechnet Schuberg weiter auf

bei I: 1212,32 Mk.
„ II: 898,17 „

Dieselben ergeben als jährl. Rente nach der Formel $r = \frac{Su\,.\,0{,}0p}{1{,}0p^{u} - 1}$ (Su = erntekostenfreier Abtriebsertrag, p = Zinsfuß, der hier = 3 sein möge):

bei I: 65,18 Mk.
„ II: 63,29 „

Diese Angaben würden ohne Weiteres für die Oberholzerhaltung sprechen. Anders wird aber das Ergebniß, wenn, wie es jetzt die Regel bildet, die Verwerthung der Altrinde ausgeschlossen ist. Von der durch Belassung der Rinde am Altholz bedingten Mehrung des Festgehalts darf hier abgesehen werden. Es fällt dann der Reinerlös von 56,92 bezw. 3,73 Centner Altrinde fort. Nach den Preisangaben brachte der Centner abzüglich der Werbungskosten 3,43 Mk., dann bleibt als Reinerlös

bei I: 1017,08 Mk. oder eine Jahresrente von 54,68 Mk.
„ II: 885,38 „ „ „ „ „ 62,38 „

Es erhellt indessen ohne Weiteres aus diesen Zahlen, daß ein Herabgehen des Preises für die Unterholzrinde, der hier noch erntekostenfrei auf 6 Mk. angegeben ist, das Resultat alsbald wieder zu Gunsten der Holzzucht verschieben muß. Schuberg sagt denn auch am Schlusse seiner 1875 veröffentlichten Untersuchungen (a. a. O., S. 570) wörtlich: „Sollten die Rindenpreise ferner stehen bleiben oder rückschlagen, während das Eichenholz im Preise zu steigen scheint, so werden vielleicht die Waldbesitzer sich veranlaßt sehen, eine Verstärkung des Holzprocents zu Ungunsten des Rindenprocents anzustreben, ..., den Ueberhalt von Oberhölzern einzuführen bezw. auszudehnen und die horstweise Beimischung anderer Holzarten an allen Schlagstellen, wo der Eiche der Standort nicht vollkommen zusagt, zu begünstigen". Diese Voraussicht ist seitdem an vielen Orten eingetroffen. Und zwar werden neben Eichenoberständern besonders Kiefer und hier und da auch Lärche, Fichte und Birke als Oberstand einzeln und horstweise im Schälwald erzogen, wie denn auch z. B. in Siegen zum Zwecke vermehrten Holzertrags die Umtriebszeiten erhöht werden. Man ist dabei oft so weit gegangen, daß der Holzertrag aus der Rolle der Nebennutzung heraustritt und zu einer der Rindengewinnung koordinirten Hauptnutzung wird.

Bleibt das alleinige Ziel der Wirthschaft die Rindenerzeugung, so behält Neubrand auch jetzt noch Recht mit seiner Mahnung (S. 81): „Wer Schälwirthschaft treibt, der treibe sie ganz" und die Holzzucht als solche ist dann grundsätzlich zu verwerfen. Aber in letzter Linie bleibt nicht der Rindenertrag sondern der Geldertrag entscheidend. Wenn also, wie es jetzt der Fall ist, die Erlöse aus der Rinde zurückgehen, so wird die stärkere Betonung der Holzzucht vortheilhaft sein. Die gegebenen Beispiele zeigen das deutlich.

2. Die landwirthschaftliche Zwischennutzung.

Die wesentlichen Formen bestehen in der Benutzung des Schälwaldbodens zur Erzeugung landwirthschaftlicher Kulturgewächse, sodann in der Streunutzung und in der Waldweide.

a) Der Fruchtbau.

Die Benutzung des Schälwaldbodens zum Anbau landwirthschaftlicher Nutzpflanzen ist sehr alt, war früher im ganzen Westdeutschland weit verbreitet und besteht noch jetzt in sehr vielen Gegenden u. a. in Westfalen (Siegen, Sauerland), im hessischen und badischen Odenwalde, in Theilen des Schwarzwaldes, am Rhein und an der Mosel ferner auch in Luxemburg und Belgien.

Die Odenwälder Hackwaldwirthschaft besteht seit mindestens 800 Jahren (Allg. F. u. J.-Ztg. 1870, S. 183) und die Siegener Haubergswirthschaft nachweislich seit 400 Jahren, ist aber vermuthlich sehr viel älter. Auch in der Mosel- und Saargegend wurde das sog. Schiffeln seit unvordenklichen Zeiten betrieben und bildete bis Mitte dieses Jahrhunderts dort die allgemeine Regel. Seitdem ist es dort sehr zurückgegangen, im Saargebiete jetzt nahezu verschwunden*), im Trierschen nur noch in wenigen bäuerlichen Waldungen üblich, wohl aber noch in weitem Umfange im Coblenzer Bezirk.

In früheren Jahren wurden verschiedene Hack- und Halmfrüchte angebaut, neben Roggen und Buchweizen auch Hafer und Kartoffel, hier und da auch Lupine, Raps, Winterweizen und Rüben, und die Nutzung wurde häufig auf mehrere, 2 bis 4 Jahre ausgedehnt. Seit etwa 30 Jahren aber bildet die nur einjährige Zwischennutzung von Winterroggen die überwiegende Form und nur vereinzelt kommen Buchweizen, Kartoffel und Hafer zum Anbau. Immerhin unterliegen wohl noch heute die Mehrzahl der bäuerlichen Schälwaldungen und zahlreiche Herrschaftswaldungen der landwirthschaftlichen Zwischennutzung.

Ueberall handelt es sich dabei um Gebirgsgegenden mit relativ dichter Bevölkerung**). Ueberall überwiegt dort der landwirthschaftliche Kleinbesitz, dessen Inhaber ohne anderes Eigen als dem an Grund und Boden durch ihrer Hände Arbeit diesem allein ihren gesammten Lebensunterhalt abgewinnen müssen†). Die Arbeitskraft wird in diesen Verhältnissen i. d. R. niedrig bewerthet, weil es an Gelegenheit, sie gegen Lohn zu verwerthen, mangelt. Für den Unterhalt dient neben der Gewinnung von Brotkorn und Kartoffeln

*) Im Kreis Zell unterlagen 1883 5000 ha einer 3jähr. Zwischennutzung (Korn, Kartoffeln, Hafer) bei 12 und 14jähr. Umtrieb des Schälwalds, im Kreise Merzig in den 50er Jahren mehr als 7500 ha, sodaß jährlich bei 20jähr. Umtriebe rund 500 ha landwirthschaftlich angebaut waren. 1864 waren es nur noch 100 ha, jetzt nichts mehr. (Vgl. hierzu Forstl. Bl. 1883, S. 327.)

**) Der badische Odenwald hat pro qkm 110, der Kreis Siegen 127 Einw. (Vgl. auch S. 239.)

†) Im Kreise Siegen zählt z. B. die Gemeinde Ober-Dresselndorf 355 Grundeigenthümer, von denen nur einer 5 ha besitzt; 300 haben weniger als 1 ha Ackerland und Wiesen.

die Viehhaltung. Diese wieder erfordert Streu und Futtermittel. Weil die Wiesenflächen beschränkt sind, der Graswuchs zwar qualitativ meist gut, quantitativ aber gering ist, dient das Stroh fast ausschließlich als Futter und so ist der Bedarf an Streu und Dungmitteln groß und aus der Landwirthschaft nicht beschaffbar. Alles das verweist den Kleinbauern auf den Wald und auf eine Waldwirthschaft, welche ihm die nothwendigen Ersatzstoffe gewährt. Das ist der Waldfeldbau im Schälwald. Er bietet in der Zeit nach der Frühjahrsbestellung und vor der Heuernte den sonst müßigen Händen wie auch den Gespannen eine Arbeitsgelegenheit, welche aus dem Verkauf der Rinde und wohl auch des Holzes baares Geld erbringt; er giebt weiterhin Brotkorn bei relativ geringem Arbeitsaufwande und ohne Zufuhr von Dünger, Stroh zum Futter fürs Vieh, ausreichende Streu aus Laub, Besenpfriem, Beerkraut, Moos, Farn rc. und endlich Gelegenheit, das Vieh über Sommer beim Weidegang zu ernähren.

Das Verfahren ist in den einzelnen Gegenden verschiedenartig ausgestaltet. In den Siegener Haubergen wirbt jeder einzelne Besitzer den ihm zugewiesenen Flächenantheil (Jahn) auf Lohe und Holz, zieht im Sommer das Abfallreisig mitsammt der Bodendecke auf kleine Haufen zusammen, verbrennt sie zu Asche (Löwen oder Schmoden) und verstreut diese über die Fläche. Im Herbst säet er Winterroggen ein und bringt denselben durch Ueberführen mit dem Hainhag, einem hakenförmig gebogenen mit Eisen beschlagenen, pflugartigen Geräth, in den Boden. Im August des folgenden Jahres erfolgt die Ernte des Roggens. Nach der Ernte bleibt der Schlag 6 Jahre von der Weide verschont; Fehlstellen im Eichenbestand werden mittelst Saat oder Pflanzung ausgebessert.

In Eifel und Hunsrück ist das sog. Schiffeln üblich. Der vom Abfallreisig und vom Unkraut gereinigte Bodenüberzug des abgeholzten Lohschlags wird in großen Plaggen abgeschält. Diese läßt man einige Tage trocknen, schichtet sie dann in Untermischung mit dem Abfallreisig zu kleinen Meilern und verkohlt diese langsam. Die Rasenasche wird schließlich ausgebreitet und untergepflügt und dann folgt der ein- oder mehrjährige Fruchtbau. Im Gebiete südlich der Mosel und an der Saar wird beim Schiffeln auch über Land gebrannt.

Der im Odenwald heimische Hackwald und die Reutfelderwirthschaft im Schwarzwald sind von dem Schmoden und Schiffeln dadurch unterschieden, daß man nicht wie dort Meilerhaufen bildet, sondern das möglichst gleichmäßig vertheilte Abfallreisig nach der Räumung des Schlags spätestens Mitte Juni durch vorsichtiges Leiten des Feuers über die ganze Fläche verbrennt (Ueberlandbrennen, Sengen), dann den mit Asche bedeckten Boden behackt und ihn schließlich besät. Als erste Aussaat dient i. d. R. Buchweizen, im Spätjahre nach der Ernte des Buchweizens folgt Winterroggen, der dann im nächsten Sommer geschnitten wird. Diese Methode war im Odenwalde so verbreitet, daß sie sogar im Staats- und größeren Privatwald zur Anwendung kam, die ansässige kleinbäuerliche Bevölkerung erpachtete sich da die jungen Schlagflächen entweder unter gleichzeitiger Uebernahme des Schälgeschäfts oder auch bloß zur Zwischennutzung. Neuerdings ist aber die Hackwaldwirthschaft immer mehr zurückgegangen. In vielen anderen Gegenden ist die landwirthschaftliche Zwischennutzung im Schälwald in der einen oder anderen Form üblich.

Die Bedeutung der landwirthschaftlichen Zwischennutzung ist nach ihrer privatwirthschaftlichen und nach ihrer socialen Seite zu erörtern. In ersterer Hinsicht ist zu untersuchen ihr finanzielles Ergebniß und ihr Einfluß auf die Hauptnutzung an Rinde und Holz. Die nachfolgenden Angaben sind zum Theil der Litteratur entnommen, zum Theil verdanke ich sie unmittelbaren freundlichen Mittheilungen.

In einem Revier des Odenwaldes (A. Forst- u. Jagdztg. 1869, S. 28 ff.) erfolgte der Fruchtbau 1870 auf einer 1869 gehauenen Fläche:

Aussaat pro ha 4 1/4 Centner Roggen im Werthe von	40,00 Mk.
Bodenbearbeitung kostete	58,50 „
Aussäen kostete	10,20 „
Ernte „	51,10 „
Ausgabe im Ganzen	159,80 Mk.

Geerntet wurden 33,9 Ctr. Stroh, im Werthe von	69,60 Mk.
20,9 Centner Korn im Werthe von	179,30 „
Roheinnahme im Ganzen	248,90 Mk.
Mithin Reinertrag	89,10 Mk.

Der Waldbesitzer erhielt als Pacht pro ha 12,37 Mk.

Ein sonst gleicher Schlag, der nicht zur Fruchtnutzung ausgegeben war, ergab aus Holz und Rinde netto 532,66 Mk. Nimmt man an, der zum Fruchtbau benutzte Schlag habe das Gleiche ergeben, so ist als Einnahme des Waldbesitzers zu rechnen 545,03 Mk. Außerdem kommt ihm für die künftige Eichenerziehung die vom Pächter bewirkte Bodenlockerung zu Gute. Ist es der Waldbesitzer selbst, der die Fruchtnutzung ausübt, so erzielt dieser

aus Holz und Rinde	532,66 Mk.
aus der landwirthschaftlichen Zwischennutzung .	89,10 „
	621,76 Mk.
oder pro Jahr und ha	36,57 „
beim reinen Schälwald	532,66 „
oder pro Jahr und ha	31,33 „

Nimmt man aber an, der Schälwald ohne Fruchtbau bringe an Rinde nur 1 Centner mehr und an Holz 1 rm, so würde bei einem erntekostenfreien Loh- bezw. Holzpreis von 4,30 und 2 Mk. die Differenz schon ausgeglichen sein. Offenbar sind hier die Arbeitskosten niedrig veranschlagt; bei Einsetzung voller ortsüblicher Tagelöhne würde der Ausgabeposten sich also höher stellen.

Herr Forstmeister Wittig in Beerfelden theilt mir analoge für die Gegenwart geltende Berechnungen aus dem hessischen Odenwalde mit. Sie gelten für den hessischen Morgen = 0,25 ha.

Einmaliger Fruchtbau: Roggen.

Umhacken, Schmoden u. Unterhacken 8 Tage à 2 Mk.	16,00 Mk.
Saatkorn 80 Pfund à 8 Pfg.	6,40 „
Abmachen der Frucht 4 Tage à 1,20 Mk. . .	4,80 „
Heimfahren, Dreschen und Reinigen der Frucht	7,00 „
Ausgabe im Ganzen	34,20 Mk.

Ertrag an Korn 3 Centner à 8 Mk. . . .	24,00 Mk.
„ „ Stroh 6 „ „ 1,50 Mk. . .	9,00 „
Roheinnahme im Ganzen	33,00 Mk.

Der Reinertrag ist also negativ und beträgt pro ha — 4,80 Mk. Das gilt für den Durchschnitt. Daß die Leute dennoch am Fruchtbau festhalten, beruht in dem Vortheile, die Bestellungsarbeiten „unter der Hand", bezw. mehr gelegentlich ausführen zu können. Etwas günstiger stellt sich nach denselben Angaben

der zweimalige Fruchtbau.

Erste Ernte: Heidekorn.

Umhacken, Schmoden u. Unterhacken 8 Tage à 2 Mk.	16,00 Mk.
Saatfrucht 45 Pfund Heidekorn	4,00 „
Abmähen 4 Tage à 1,20 Mk.	4,80 „
Heimfahren, Dreschen, Reinigen ꝛc.	7,00 „
Im Ganzen	31,80 Mk.
Ertrag an Heidekorn 5 Centner à 8 Mk. . .	40,00 Mk.
„ „ Stroh	0,50 „
Im Ganzen	40,50 Mk.

Zweite Ernte: Roggen.

Unterhacken der Saatfrucht 4 Tage à 2 Mk. .	8,00 Mk.
Saatfrucht 80 Pfund à 8 Pfg.	6,40 „
Abmähen der Frucht 4 Tage à 1,20 Mk. . .	4,80 „
Heimfahren, Dreschen, Reinigen ꝛc. der Frucht	7,00 „
Im Ganzen	26,20 Mk.
Ertrag an Korn 3 Centner à 8,00 Mk. . . .	24,00 Mk.
„ „ Stroh 6 „ „ 1,50 „ . . .	9,00 „
	33,00 Mk.

Der Ueberschuß beträgt hier im Ganzen pro ha 62 Mk. oder pro Jahr und ha 4,13 Mk.

Für Eberbach kommt eine Berechnung vom Jahre 1870 (Verhdl. des bad. Forstvereins 1871, Freiburg 1872, S. 37) zu ähnlichen Ergebnissen: Es wurden bei zweimaligem Fruchtbau pro ha verwendet und erzielt:

Arbeitslohn	152,36 Mk.
Aufwand für Saatfrucht . .	35,71 „
	188,07 Mk.

Rohertrag aus Heidekorn. .	138,07 Mk.
„ „ Korn . . .	57,13 „
„ „ Stroh. . .	80,94 „
	276,14 Mk.

Dies ergiebt einen Reinertrag von 88,07 Mk. oder pro Jahr und ha 5,50 Mk.

Der Reinerlös aus Rinde und Holz in einem benachbarten Zwingenberg'schen normalen d. h. guten Schälschlag betrug (a. a. O., S. 27) pro Jahr und ha rund 7,50 Mk. In einem Haubergschlag, dessen Waldprodukte auf dem Stock verkauft waren, ergab der ha pro Jahr 1848/49 nur 1,12 Mk. Selbst bei der Annahme, dieser auffallend niedrige Ertrag einer früheren Zeit habe sich späterhin verdoppelt, so würde er zusammen mit dem Erlös aus der Fruchtnutzung dem des reinen Schälwaldes nur annähernd gleichkommen.

Im Landkreis Trier, Ortschaft Franzenheim, betrugen 1897/98 nach direkten Angaben der Betheiligten pro ha:

Kosten:

Aussaat 2,2 Centner Roggen à 7 Mk. . . .		15,40 Mk.
Hacken	24 Arbeitstage	
Trocknen, Häufeln, Schmoden und Auseinanderbringen des „Molls“	12 „	
Einsäen und Einhacken . .	3 „	
	39 Arbt. à 2 Mk.	78,00 „
Absicheln, Aufbinden, Trocknen, Einfahren des Getreides 18—20, im Durchschnitt.	19 Arbt. à 3 Mk.	57,00 „
	Ausgabe	150,40 Mk.

Ertrag:

50	Centner Stroh	à 2,50 Mk.	. . . . .	125,00 Mk.
8,5	„ Roggen	„ 7,00 „	. . . . .	59,50 „
			Einnahme	184,50 Mk.

Mithin Reinertrag 34,10 Mk. oder pro Jahr und ha 1,13 Mk.

Für die Siegener Hauberge giebt Bernhardt (Eichenschälwaldkatechismus 1877, S. 28) die Kosten an für Pflugkultur pro ha auf 5 Gespannstage und 4 Mannsarbeitstage. Kostet ein Zweigespann pro Tag 12 Mk. und beträgt der Mannstagelohn 2 Mk., so ergeben sich als Kosten

für Bestellung	68,00 Mk.
für 3 Centner Roggen zur Einsaat à 8,9 Mk. nach 14jähr. Durchschn.	26,70 „
für die Ernte	50,00 „
Ausgabe	144,70 Mk.

Der Ernteertrag nach dem 14jähr. Durchschnitt

11	Centner Roggen	à 8,9 Mk.	. . .	97,90 Mk.
24	„ Stroh	„ 2,6 „	. . .	62,40 „
			Einnahme	170,30 Mk.

Mithin der Reinertrag 25,60 Mk. oder pro Jahr und ha 1,42 Mk.

Nach demselben Autor (Haubergswirthschaft 1867) ergaben schon in den sechsziger Jahren die Siegener Hauberge pro ha einen erntekostenfreien Ertrag aus der Fruchtnutzung von nur 15,20 Mk. oder jährlich 0,88 Mk., während der aus Rinde und Holz sich auf 280,70 Mk. oder jährlich 15,60 Mk. stellte.

Schon diese wenigen der Wirklichkeit entnommenen Beispiele zeigen, daß der endliche Ueberschuß des Ertrages über die Kosten sehr geringfügig ist. Es darf sogar angenommen werden, daß der Ertrag meist von den Kosten aufgezehrt oder sogar überboten wird, wo der Boden und damit der Fruchtertrag gering ist. Das bestätigen übereinstimmend zahlreiche Mittheilungen orts- und sachkundiger Forstwirthe. Landrath Knebel, der bekannte Verfechter weitgehender Streunutzung im Schälwald, bezeichnet (Forstl. Bl. 1883, S. 327 ff.) den Arbeitsaufwand beim Zwischenbau an der

Saar für so erheblich, daß er durch die Getreide- und Kartoffelernte nur in unzureichendem Maße gedeckt wird und daß der Ertrag eines Arbeitstages auf höchstens 40—50 Pfg. komme. 1870 äußert sich Oberforstrath Roth-Donaueschingen (Vers. der bad. Forstwirthe, Ber. S. 13) über den Getreidebau, der Ertrag desselben sei so gering, daß man im günstigsten Falle beim Winterroggen nur das 3. bis 4. Korn, beim Heidekorn das 6. bis 10. ernte, in sehr vielen Fällen oft kaum das Saatgut wiedergewinne. Zudem stünden die Ausgaben für Vorbereitung des Bodens, das Brennen, Säen und Ernten so hoch, daß entweder kein oder nur ein sehr geringer Nutzen herauskommen könne. Was danach schon vor 30 und 20 Jahren für die Hauptgebiete des Waldfeldbaues galt, das gilt unter den veränderten Verhältnissen der Gegenwart in viel verstärktem Maße.

Wie nun verhält sich die Fruchtnutzung zum Hauptertrag? Von vielen Seiten ist von Alters her und bis in die Gegenwart hinein die Ansicht vertreten worden, die Fruchtnutzung in einem den Bodenverhältnissen angepaßten, in jedem Falle mäßigen Umfange sei ohne Nachtheil für den Hauptertrag der Rinde. Das wird von andrer Seite bestritten: Der Boden könne ohne künstliche Zufuhr nur soviel an Nährstoffen abgeben, als er besitze, und was man im Getreide ernte, könne man in Rinde unmöglich nochmals ernten. Exakte Untersuchungen über diese Frage sind schwierig, deshalb selten vorgenommen und die ausgeführten haben wesentlich nur lokale Bedeutung. Ganz allgemein betrachtet, dürfte der Entzug einer oder mehrerer landwirthschaftlichen Ernten nur auf Kosten der höchstmöglichen Rindenernte erfolgen können. Im Besonderen ergeben mehrfache Untersuchungen, daß der kräftige Boden eine nicht zu weit erstreckte landwirthschaftliche Zwischennutzung ohne Nachtheil aushalten kann und die mannigfachen weit zurückreichenden praktischen Erfahrungen scheinen das zu bestätigen.

Das vorhandene Nährstoffkapital des Bodens auf kräftigen Standorten kann nach dem Entzug der durch die Ernten entnommenen Theile Ersatz in zweifacher Form finden — abgesehen von der hier nicht in Frage kommenden künstlichen Düngerzufuhr —: einmal durch das im Schälschlage verbleibende geringe Abfallreisig und die verwesende vegetabilische Bodendecke, sodann dadurch daß von der zum Anbau benutzten Bodenschicht immer neue Bestandtheile aufgeschlossen, assimilationsfähig gemacht werden.

Die im Reisig und in der Streudecke vorhandenen mineralischen Bestandtheile*) kommen dem Boden wieder zu Gute, beim gewöhnlichen Schälwalde durch allmähliche Zersetzung (nach Ramann im Verlaufe von etwa 3 Jahren), bei der Brandkultur auf einmal in der Asche. Das Brennen mag höchstens die Menge des Stick-

*) Bekanntlich sind beide besonders reich an solchen. v. Schröder (Thar. Jb. 1890 S. 207 ff.) fand im Schälwald mit 15 bis 20 j. Umtriebe auf 100 kg waldtrockene Rinde 0,312 fm Abfallreisig, oder bei Untertheilung in 3 Bonitäten für

I Bonität	10 Ctr. Rinde	und 1,510 fm	Abfallreisig
II „	6 “ „	„ 0,906 „	„
III „	3 „ „	„ 0,453 „	„

Daraus ermittelt er an Trockensubstanz von Abfallreisig bei I. 1036 kg, II. 622 kg, III. 311 kg. 1000 Gewichtstheile dieser Trockensubstanz enthalten im Durchschnitt 17,85 Theile Mineralstoffe und zwar davon Kali 3,46, Kalk 8,61, Magnesia 1,90, Phosphorsäure 1,78; außerdem enthalten Zweige und Blätter 20,50 Stickstoff. Danach ergiebt das Abfallreisig pro Jahr und ha von den wichtigsten Nährstoffen folgende absolute Mengen in kg:

	I.	II.	III
Trockensubstanz . . .	18,49	11,10	5,55
Kali	3,58	2,15	1,07
Kalk	8,92	5,36	2,68
Magnesia	1,97	1,18	0,59
Phosphorsäure	1,84	1,11	0,55
Stickstoff	21,24	12,75	6,38

Die Streudecke besteht aus dem Laube und sehr mannigfachen Gewächsen, von denen hier nur einige der am häufigsten vorkommenden berücksichtigt werden mögen. Alle enthalten relativ viel mineralische Nährstoffe.

Die nachfolgenden Angaben sind für Eichenlaubstreu den Analysen von Dulk, Weber, Ebermeyer (Wolffs Aschenanalysen, 1880 S. 80 u. 149), für Heidekraut, Farnkraut und Ginster einer solchen von Petermann, (Jahresber. über Fortschritte in der Agrikulturchemie v. A. Hilchner 1883 S. 95), für Moos den Angaben Ebermeyers (Phys. Chemie der Pflanzen 1882 S. 60) entnommen. Danach enthalten im lufttrockenen Zustande Reinasche stoffs verringern. Nach Ramann (Forstl. Bodenkunde 1893, S. 448) beträgt — allerdings auf Moorboden — der Stickstoffgehalt in der obersten 15 cm hohen Bodenschicht pro ha im ungebrannten Moore 3210 kg, auf in Brandkultur befindlichen nur 1980 kg. Anderseits aber wird, „wie es scheint, ein Theil des Stickstoffs in Ammoniak übergeführt und so für die Pflanzenwelt leichter aufnehmbar gemacht". Der Stickstoffbedarf der zur Rindenzucht bestimmten Eiche ist übrigens nach v. Schröder (a. a. O., S. 220) kein hoher. Er beträgt durchschnittlich pro Jahr und ha bei sehr hohem Ertrag 18,6 kg, bei mittlerem 11,5 kg, bei sehr geringem 6,2 kg, davon aber entfallen (Tab. V v. Schröders) auf das im Schlage verbleibende Abfallreisig bezw. 8,47, 5,09 und 2,54 kg, sodaß durch Rinde, Schälholz und Durchforstungsreisig pro Jahr und ha nur

---

Eichenlaub	5,36 %
Heidekraut	2,24 „
Farnkraut	9,55 „
Ginster	2,91 „
Moos	2,74 „

und von der Reinasche entfallen im Mittel % auf:

	Kali	Kalk	Magnesia	Phosphorsäure	Kieselsäure
Eichenlaub	7,5	37,2	9,2	4,3	33,4
Heidekraut	31,7	19,8	13,3	2,7	13,5
Farnkraut	38,5	11,7	6,9	4,6	17,5
Ginster	43,3	18,6	10,1	14,1	1,1
Moos	16,4	14,3	6,3	7,6	26,4

Nach Henry (Biedermanns Centr. Bl. f. Agrik.-Chemie 1896 S. 231) und nach Ebermeyer (Waldstreu 1876) möge die Gesammtmasse der Streudecke in einem vorherrschend mit Eichen bestockten 20jähr. Bestande rund 3000 kg waldtrocken betragen. Dann würden bei annähernd gleichmäßigem Antheil der angeführten Streubestandtheile in der vegetabilischen Bodendecke enthalten sein pro ha 141 kg Gesammtmineralstoffe, davon kg

Kali	Kalk	Magnesia	Phosphorsäure	Kieselsäure.
38,78	28,61	12,79	9,39	25,94

Haben die so gefundenen Zahlen auch nur den Werth grober Näherungswerthe, so zeigen sie doch deutlich, daß die Streudecke absolut und im Verhältniß zu Holz und Rinde große Mengen mineralischer Bestandtheile enthält.

entnommen werden 10,09, 6,44 und 3,70 kg, also in jedem Falle weniger als durch die Niederschläge dem Boden zukommen (ca. 11¼ bis 12¾ kg).

Soviel von den wichtigen Bodennährstoffen im Abfallreisig und in der vegetabilischen Bodendecke enthalten ist, erhält der Boden, sei es durch allmähliche Zersetzung, sei es in der Asche unverkürzt zurück. Es bleibt nur noch zu erörtern, ob die Lockerung des Bodens und das Verbrennen des Reisigs und der Bodendecke aufschließend auf die gebundenen nicht assimilirbaren Bodenbestandtheile und damit nährstoffmehrend einwirkt. Bezüglich der Bodenlockerung muß das nach den vorliegenden Untersuchungen bejaht werden. Nur hat dieses Aufschließen offenbar seine unweigerliche Begrenzung da, wo der natürliche Boden aufschließbare Nährstoffe nicht mehr enthält und also die mit der landwirthschaftlichen Bodenbenutzung verbundene Mischung der humosen Bodenschicht mit der mineralischen von der letzteren keine unausgenutzten Theile mehr in die Pflanzennährschicht einbeziehen kann. Da diese Bodenlockerung überall nur eine ziemlich flache ist und kaum tiefer als 15 cm eindringt, so kommen alle tieferen Schichten nicht mehr in Frage und es ergiebt sich, daß die landwirthschaftliche Zwischennutzung unschädlich sein kann nur auf mineralisch kräftigen Böden und nur wenn sie mäßig ausgeübt wird, d. h. weder häufig wiederkehrt noch auf mehrere Jahre erstreckt wird.

Ramann (a. a. O., S. 468 ff.) giebt zwei Untersuchungen an, die sich auf den landwirthschaftlichen Zwischenbau im örtlichen Sinne beziehen, aber auch für die zeitliche landwirthschaftliche Zwischennutzung gut brauchbar erscheinen. Die eine von Hammamann ist auf einem kräftigen aus Plänersandstein entstandenen Boden vorgenommen, die andere von Ramann auf einem fein- bis mittelkörnigen Diluvialsand. Die erstere ergab von 1000 Theilen des Boden:

	In Salzsäure löslich		
	Kali	Kalk	Phosphors.
im ursprünglichen Waldboden	1,403	0,890	0,099
bei 1jährigem Fruchtanbau	1,416	0,900	0,282
„ 2 „ „	1,329	0,980	0,481
„ 3 „ „	1,183	1,050	0,174
„ 4 „ „	1,486	0,887	0,190

Die zweite Analyse ergab von 1000 Theilen des Bodens:

	In Salzsäure löslich			
	Kali	Kalk	Magnesia	Phosphorf.
im Boden des unveränderten Bestandes	0,165	0,750	0,585	0,213
auf der 2jähr. landw. benutzten Fläche	0,270	0,750	0,666	0,160

Beide ergeben also übereinstimmend, daß in der That durch den landwirthschaftlichen Zwischenbau „eine starke Aufschließung auf die meisten Mineralien ausgeübt ist mit Ausnahme der Phosphorsäure, welche zum Theil unlöslich geworden war". Außerdem aber bewirkt der Zwischenbau eine Lockerung und damit Durchlüftung des Bodens.

Die Verbrennung der vegetabilischen Bodendecke hat schon J. Strohecker (der Hackwald, Heidelberg 1866, S. 31 ff.) zum Gegenstand eingehender Untersuchung gemacht. Er findet, daß dieselbe eine große Menge Kali, Kalk, Magnesia und Phosphorsäure dem Boden zuführt, die Silikate und die freie Kieselsäure aufschließt und löst, daß die unverbrannte fein vertheilte Kohle große Mengen atmosphärischer Luft absorbirt und daraus Ammoniak dem Boden zuführt. Der durch die Erhitzung herbeigeführte Verlust an Wasser wird dem Boden durch die wasseranziehende Kraft der Asche mehr oder weniger ersetzt, der Humusgehalt aber je nach dem Hitzegrad dem Boden ganz oder theilweise entzogen. Endlich bezeichnet er den beim Vermeilern (Schmoden, Schiffeln) entstehenden Hitzegrad für die unter den Meilerhaufen streichenden Eichenwurzeln als erheblich schädlich. Ramann (a. a. O., S. 470) hält das Schiffeln auf den meist kräftigen Böden der Eifel für unbedenklich, sofern die landwirthschaftliche Nutzung nicht bis zur völligen Erschöpfung des Bodens (?) betrieben wird und schreibt dem Verfahren günstige Einflüsse in Bezug auf die Freihaltung des Bodens von Unkraut im ersten Jahre und auf die Erhaltung der Bodenfrische zu, eine nachtheilige Einwirkung dagegen nur in Bezug auf das Ausfrieren bei Baarfrost. Exakte Untersuchungen über diese Punkte sind nicht angegeben. Anscheinend erstrecken sich die wiedergegebenen Beobachtungen nur auf besonders kräftige Böden, für welche sie wohl Giltigkeit haben mögen.

Wie dem auch sei, so darf doch nicht minder und wenigstens bis zum Gegenbeweis die Annahme gelten, daß unter sonst gleichen Verhältnissen die mineralische Bodenkraft im gewöhnlichen Schälwalde ausschließlich der Holz- und Rindenproduktion zu Gute kommt, während der Anbau von landwirthschaftlichen Kulturgewächsen von der vorhandenen Nährstoffmenge ein unverhältnißmäßig großes Quantum für sich beansprucht, was sonst der ersteren zu Gute käme.

Die Ansprüche, welche der Schälwald an die mineralische Bodenkraft stellt, berechnet v. Schröder (Thar. Jb. 1890, S. 203) für die genannten 3 Bonitäten und für Umtriebszeiten von 15 bis 20 Jahren pro ha in kg:

	Kali	Kalk	Magnesia	Phosphors.	Stickstoff
I. Bonität	9,49	21,89	4,28	3,79	18,6
II. „	5,85	13,55	2,66	2,37	11,5
III. „	3,14	7,29	1,44	1,29	6,2

Danckelmann giebt (Abl. d. Waldgrundg. III. Tab. XXII nach Wolff Aschenanalysen II. 1880, S. 79, und nach den Untersuchungen der badischen Versuchsstation in Baurs Monatsschr. 1875, S. 566) höhere Werthe für 20 jährigen Schälwald:

Kali	Kalk	Magnesia	Phosphors.
9,4	31,9	5,9	6,3

Weber (Agronom. Statik des Waldbaues 1877) hat insbesondere den Hackwaldbetrieb mittlerer Bonität mit 16 jährigem Umtrieb und einer Buchweizen- und einer Roggenernte untersucht und pro Jahr und ha gefunden kg:

	Kali	Kalk	Magnesia	Phosphors.
ohne Streunutzung	6,75	11,22	2,27	2,50
mit „	8,06	15,09	3,72	3,05

Wenn die v. Schröder'schen und die Weber'schen Ergebnisse als vergleichbar angenommen werden können, was nicht zweifellos ist, so würde in der That der Hackwald nur an Kali mehr verlangen, an Phosphorsäure annähernd gleichviel und an Kalk und Magnesia sogar etwas weniger als gewöhnlicher Schälwald mittlerer Ertragsfähigkeit. Die Danckelmann'schen Zahlen für 20 jährigen Schälwald stellen sich sogar durchweg höher. Eben dieses Ergebniß erweckt Bedenken gegen die Vergleichbarkeit der Analysen. Die vorhandenen Untersuchungen über den Nährstoffbedarf einer Roggen- bezw. Buchweizenernte ergeben, daß dieser ziemlich hoch, jedenfalls sehr viel höher steht, als der des Schälwaldes. Nach der Danckelmann'schen Tabelle XXII (a. a. O., S. 38) werden dem Boden pro Jahr und ha in kg entzogen durch eine Ernte von

	Kali	Kalk	Magnesia	Phosphorf.
Winterroggen (1400 kg Körner und 3900 kg Stroh)	38,2	14,7	7,2	20
Buchweizen (900 kg Körner und 1800 kg Stroh) . .	46	17,6	4,8	16,1

Selbst also wenn der Bodenlockerung und der Verbrennung der Bodendecke ein weitgehender Einfluß auf die Aufschließung der Bodennährstoffe zugeschrieben werden muß, dürfte ein so hoher Mehrbedarf kaum einmal, jedenfalls nicht nachhaltig dadurch gedeckt werden können, es handle sich denn um Böden größter mineralischer Kraft. Vielmehr wird, wenn auch nicht als zweifellos erwiesen, so doch als sehr wahrscheinlich gelten müssen, daß die landwirthschaftliche Zwischennutzung nur auf Kosten des höchstmöglichen Lohertrages im Schälwalde möglich ist.

Aber der Fruchtanbau hat abgesehen vom unmittelbaren Entzug der Bodennährstoffe noch andere Nachtheile für die Rindenproduktion im Gefolge: Die Beschädigung zahlreicher Eichenstöcke durch die Hitze, namentlich auf flachgründigem Boden, die Verzögerung des Wiederausschlages und dadurch gesteigerte Frostgefahr für die nicht genügend verholzten Ausschläge, die Abschwemmung der Bodenkrume auf stark geneigten Hängen und Bloßlegung der Stöcke. Insbesondere der Hackwaldbetrieb ist dem letztgenannten Nachtheil ausgesetzt, weil beim Hacken der Boden stets nur bergab umgehackt werden kann, so daß die obersten Hangpartien mit der Zeit immer ärmer an Nährboden werden.

So bleibt nur die volkswirthschaftliche Bedeutung des Zwischenbaues zu untersuchen, der wirthschaftliche Gesammteffekt dieser Nutzungsart, der schließlich allein das maßgebende Facit bildet. Es soll dies weiter unten im Anschluß an die Streu- und Weidenutzung geschehen.

b) Die Streunutzung.

Die Streunutzung ist im westdeutschen Schälwalde ungemein verbreitet und wird auch da geübt, wo kein landwirthschaftlicher Zwischenbau stattfindet. Nur im badischen Odenwalde ist sie, ebenso wie auch die Waldweide, in den unter staatlicher Aufsicht stehenden Waldungen ausgeschlossen. Bloß das Ausschneiden von Besenpfriem wird dort zum Schutze der gesäeten oder gepflanzten jungen Eichen vor dem Verdämmen gestattet. In den Siegener Haubergen findet eine Streunutzung statt, auch im Westerwald und Taunus, vornehmlich aber am Rhein und an der Mosel, in Hunsrück, Eifel, Hochwald 2c.

Der landwirthschaftliche Werth der Streu ist in diesen Gegenden ein unbestreitbar sehr hoher. Bildet doch die Streufrage überall, wo der kleine Grundbesitz überwiegt, geradezu eine Lebensfrage für die Landwirthschaft. Der Schwerpunkt der kleinbäuerlichen Wirthschaft des Westens beruht in der Viehzucht. Der Körnerbau liefert nur eben den eigenen Bedarf, bringt kein baares Geld ein und ist auch, wenn Korn verkauft werden kann, bei niedrigen Getreidepreisen wenig lohnend. Ueberall besteht die wohlbegründete Neigung, soviel Vieh — und zwar jetzt wesentlich nur noch Rindvieh, früher und gegendweise noch jetzt auch Schafe — zu halten, als der Futterertrag der Wirthschaft nur irgend gestattet. Zu den Futtermitteln rechnet dann auch neben dem Heu das Stroh. Weil es deshalb an Streustroh fehlt, muß ein Ersatzmittel gesucht werden und ein solches giebt der Wald in seiner Bodendecke.

Die Höhe des Ertrages ist zeitlich und örtlich sehr wechselnd. Legen wir die von Danckelmann (Abl. der Waldgrundg. III. Tab. XXIX) gegebenen Streumengen eines ca. 57jährigen Eichenbestandes des Spessart auf Lehmsand und eines ca. 68jährigen im Haardtwald auf gering lehmigem Sandboden zu Grunde, so liefert 1 ha an lufttrockener Waldstreu

bei alljährlicher Streunutzung . . .	2300—4000	kg
„ 3jähriger Wiederkehr derselben . .	4700—5900	„
„ 6 „ „ „ . .	5400	„
ein noch nicht berechter Bestand . . .	5300—11800	„

Ferner gelte die Annahme, daß, wenn der Streuwerth

des Winterroggenstrohs = 100 gesetzt wird, derjenige der Rechstreu im Schälwalde 50 betrage (Danckelm. Tab. XXV). Dann entspricht die pro ha beziehbare Streumenge durchschnittlich dem Werthe von 2000—2700 kg Stroh. Das ist soviel, wie 1 ha Roggenfeld geringer Bonität an Stroh liefert.

Die Streuproduktion im Walde überhaupt betrug nach den von den forstlichen Versuchsstationen angestellten langjährigen Versuchen pro ha (vgl. Bühler in Loreys Handbuch der Forstw. II. 269):

4000 kg Laubstreu = 1320 kg Stroh im ungefähren Werthe von . . . . 52,80 Mk.
5000 kg Moosstreu = 3500 kg Stroh im ungefähren Werthe von . . . . 140,00 „
5000 kg Heidelbeerstreu = 2940 kg Stroh im ungefähren Werthe von . . . . 117,60 „

Die Gewinnungskosten betragen rund 50 %; der Hektar Streufläche giebt also netto 25—70 Mk. für den Waldbesitzer.

Für den Wald und die Holz- und die Rindenproduktion ist aber die Streuentnahme von größtem Nachtheile. Ramann (a. a. O., S. 268 ff.) sagt in Bezug hierauf: „Die Waldstreu schwächt die Temperaturextreme, setzt die Verdunstung herab, bindet die oberirdischen Wassermengen und verzögert deren raschen Abfluß, führt durch ihre leichte Auslaugbarkeit dem Boden erhebliche Mengen von leicht löslichen Salzen zu und erhält die Krümelstruktur desselben, schützt dagegen leichte Böden vor dem Auslaugen der Nährsalze. Wegen dieser Eigenschaften ist die Wirkung der Streuentnahme zwar sehr verschieden nach Boden, Lage, Bestand und Häufigkeit der Nutzung, aber ganz allgemein „muß jede fortgesetzte oder gar jährlich wiederkehrende Streunutzung früher oder später zu einer Erschöpfung des Bodens an mineralischen Nährstoffen und zu einer ungünstigen physikalischen Veränderung desselben führen“. Dies gilt im besonderen Maße für arme Böden, geneigte Lagen und für Laubhölzer. Alle drei Momente treffen gerade im westdeutschen Schälwalde fast allerwärts zusammen. Die nachtheilige Wirkung erhellt, denn auch aus den oben (S. 173) nach Weber angegebenen Zahlen. Beim unbearbeiteten Boden wird der Unterschied noch größer sein. Denn die Streuentnahme entnimmt bloß, giebt aber im Gegensatz zum Fruchtbau keinen Ersatz durch die günstige Einwirkung der Bodenlockerung oder des Brennens Das Ergebniß stimmt auch mit den seit langer Zeit schon feststehenden Erfahrungen aller sachkundigen Forstwirthe überein. Die Streunutzung ist durchaus schädlich für den Schälwald und unvereinbar mit einer pfleglichen, auf ein gutes Rindenergebniß gerichteten Wirthschaft.

Nur eine Ausnahme gilt: Unbedenklich oder unter Umständen sogar nützlich ist der zeitweilige Ausschnitt verdämmender Unkräuter z. B. des Besenpfriems, der besonders auf gebrannten Schlagflächen nach 2—3 Jahren sich sehr reichlich einzustellen pflegt. Die Nutzung desselben muß aber immer nur auf die oberirdischen Pflanzentheile beschränkt bleiben.

c) Die Waldweide.

Mit der Waldweide und der dieser nahe verwandten Grasnutzung verhält es sich ähnlich wie bei der Streunutzung. Tritt beides in seiner landwirthschaftlichen Bedeutung auch erheblich gegen diese zurück, so wird doch jetzt noch örtlich die Waldweide vom bäuerlichen Waldbesitzer nicht selten höher bewerthet als die Holz- und Rindennutzung. In dichtbevölkerten Gebirgsgegenden bildet sie aus den oben angegebenen Gründen noch immer einen wesentlichen Faktor im landwirthschaftlichen Haushalte. Das ergiebt sich beispielsweise aus der Seite 154 gebrachten Mittheilung aus den Siegener Haubergen.

Waldwirthschaftlich wird diese Nutzung sehr nachtheilig und zwar wieder insbesondere im Schälwalde. Der Entzug der Bodennährstoffe durch Gras- und Futterpflanzen ist, wie die oben gegebenen Zahlen zeigen, sehr groß und wird auch hier nicht wie bei der Fruchtnutzung durch die Wirkung der Bodenlockerung ersetzt. Je geringer die Beschattung durch den Holzbestand ist, desto mehr und besseres Gras wächst, und es kann nach Bühlers Angabe (a. a. O., S. 281) die Grasmenge bis zum Ertrag mittelguter Wiesen (1000 bis 1500 kg Heu pro ha) steigen. 1000 kg Heu aus im vollen Licht erwachsenem Gras entziehen (nach Wolff) dem Boden 72 kg Reinasche, davon 13 kg Kali und 3 kg Phosphorsäure. Hierzu treten noch Mißstände anderer Art: Das Vieh, besonders Schafe, weniger Rinder, beißt auch junge Holztriebe ab, verstümmelt die Ausschlagstöcke, macht die Loden untauglich zum Schälen, vermindert also ganz wesentlich nach Menge und Güte die Rindenernte, es tritt auch die flachstreichenden Wurzeln los, macht bindigen Boden fest, bringt losen und schotterigen ins Rutschen. Weidebestände zeigen überwiegend dünne Bestockung, viel Raumholz, Blößen, verangerte Bodenpartien. Die Rinde soll auch, wie Neubrand (a. a. O., S. 95) in Siegen gefunden hat, dünn und mager sein. Nach meinen Beobachtungen hat dieser letztgedachte Uebelstand allerdings keine allgemeine Giltigkeit, trifft aber doch überall da ein, wo das Klima und der Standort der Rindenerzeugung nicht günstig sind und wo der Weidegang nicht fest geordnet ist. Zu einer geordneten Weidenutzung gehört vor Allem der Ausschluß aller jungen Schläge, bis der Ausschlag den Angriffen des Viehs völlig entwachsen ist, aller Theile, welche durch den Tritt des Viehs Schaden leiden können, ständige Aufsicht, Beschränkung auf das erfahrungsmäßig zulässige Maß in Bezug auf die Dauer der Ausübung, auf Viehart und Viehzahl.

In freien bäuerlichen Waldungen gelten in der Regel derartige Beschränkungen nicht oder nur theilweise. Dagegen besteht vielfach die Neigung, einen lichten Stand des Waldes zu begünstigen und die jungen Schläge zu beweiden. Wo eine allen örtlichen Umständen Rechnung tragende, maßvolle und geordnete Weide geübt wird, kann dabei auf kräftigen Standorten eine pflegliche Schälwaldwirthschaft noch bestehen. Dennoch muß allgemein gelten, daß in einem Schälwald, in welchem die Erzielung bester und meister Rinde das Wirthschaftsziel bildet, die Waldweide immer schädlich ist.

Das gilt auch für die Grasnutzung, nur aber mit der auch hierfür geltenden Einschränkung, daß das Ausschneiden dichten, verdämmenden Graswuchses, wenn vorsichtig und unter sachkundiger Aufsicht ausgeführt, als bestandspflegliche Maßregel vortheilhaft sein kann.

d) Die volkswirthschaftliche Bedeutung der landwirthschaftlichen Zwischennutzung.

Für alle die hier besprochenen Zwischen- und Nebennutzungen bleibt neben der finanziellen und waldwirthschaftlichen Seite ihre volkswirthschaftliche Bedeutung in Betracht zu ziehen. Der Waldwirth als solcher muß sie alle als unerwünscht und nachtheilig verwerfen. Für den Waldbesitzer, zumal den kleinen bäuerlichen entscheidet aber allein der Gesammteffekt der wirthschaftlichen Behandlung seines Bodens. Ihm hilft der bestens eingerichtete und gepflegte Schälwald nicht aus der Noth, wenn nach den nun einmal bestehenden Wirthschafts- und Erwerbsverhältnissen er dabei sein Vieh nicht unterhalten, seine und der Seinen Arbeitskraft nicht voll ausnutzen kann. Man mag die regionale Entwicklung der ländlichen Besitz- und Erwerbszustände beklagen, aber, solange ihnen nicht abgeholfen ist, muß man auch als Forstwirth die Nothwendigkeit und Berechtigung der vom Kleinbauern an den Schälwald gestellten Anforderungen auf Lieferung von Nutzungen landwirthschaftlicher Art anerkennen. Aenderungen in der socialen Lebenshaltung bestimmter Volksklassen, bestimmter Gebiete lassen sich bekanntlich nicht kurzer Hand, gewaltsam, durch einseitigen Staatsakt durchführen. Jeder kulturelle Fortschritt muß sich herauswachsen aus den Aufgaben und Bedürfnissen der Zeit. Nur soll die Staatsgewalt als Träger und Leiter des Gemeinlebens und Willens die Veränderungen in den Lebensbedingungen aufmerksam verfolgen und planmäßig, rechtzeitig und zielbewußt die neuen Formen zu finden suchen, innerhalb deren ein gesunder Fortschritt sich vollziehen kann. (Vgl. S. 237 ff.)

Soweit bis jetzt die besprochenen Verhältnisse sich überblicken lassen, bahnen sich deutlich gewisse Wandlungen an. Die landwirthschaftliche Fruchtnutzung zeigt fast überall Rückgang. Nur einige wenige Gegenden (z. B. Theile von Westfalen, vom Odenwald, vielleicht auch vom Schwarzwald) halten noch an ihr fest. Aber auch da schon verbreitet sich die Erkenntniß, daß die Erträge in keinem Verhältniß zum Arbeits- und Kostenaufwand mehr stehen. Wo, wie schon vielfach, u. a. an der Saar, die Industrie mit lohnenden Arbeitsgelegenheiten in vormals entl egene Gebiete vor gedrungen ist, sucht und findet der Landbewohner Lohnarbeit bei ihr und verzichtet auf die unergiebige Bebauung des Schiffelfeldes. Das hochentwickelte Eisenbahnnetz, der rasch fortschreitende Ausbau von Kleinbahnen vermittelt Zufuhr und Ankauf von Brotfrucht zu weit billigeren Preisen, bequemer, sicherer und rascher, als es im Waldfeldbau gewonnen werden kann. Die Gefahr, daß es je an Getreide fehle, wo es am Orte genügend nicht erzeugt wird, besteht jetzt nicht einmal mehr im entlegensten Walddorfe. Auffallen kann es, daß im Kreise Siegen die Haubergswirthschaft sich erhält trotz der gerade dort schon lange bestehenden umfänglichen Montanindustrie. Anscheinend ist hier die Liebe zur heimathlichen Scholle und am eigenen freien Besitz ein wesentlicher Faktor, der sich zum ehernen Festhalten am Altgewohnten gesellt. Auch wirkt wohl die Thatsache mit ein, daß ein Nothstand eben wegen der lohnenden Thätigkeit in der Industrie in den Gemeinden der Siegener Hauberge nicht besteht. Was der Grundbesitz jetzt weniger erbringt, wird durch die Lohnarbeit mindestens soweit aufgewogen, daß der Einzelne ein, wenn auch bescheidenes doch aber auskömmliches Dasein führen kann. Und doch wird auch da die Haubergswirthschaft allmählich zurückgehen. Schon seit Jahren schreitet die Umwandlung der ärmeren Plateaus und Hänge in Nadelholzhochwald fort und mindert die Haubergsfläche. Und schon jetzt kann man „Jähne" erblicken, welche nicht mit Korn bebaut sind.

Auch die Waldweide geht in ihrer Ausdehnung immer mehr und rascher zurück. Rationeller Wiesenbau, Anbau von Futtermitteln, Bezug des Viehfutters von auswärts, vor Allem Verminderung der Viehzahl und Anzucht besserer Viehracen erweisen sich auch für den kleinen Gutsbesitzer als rentabel, wenn er erst gelernt hat, in Abkehr vom Altgewohnten sorgfältig zu rechnen. Dann bilden der Verlust an Dünger, die Minderung des Milchertrages, die Kosten der Aufsicht, die Schwierigkeit der Viehpflege, die Gefahr des Viehverlustes beim Weidegang Ausgabeposten, welche das Endergebniß unzweifelhaft zu Ungunsten der Waldweide belasten. Eine wirthschaftliche Nothwendigkeit, diese beizubehalten, besteht für ganze Gegenden wohl nirgends mehr, vielleicht noch für einzelne Viehbesitzer. Ganz überwiegend ist sie nur noch die Folge des kurzsichtigen zähen Festhaltens am Altgewohnten. Wer diesem sich nicht entziehen mag, büßt das schließlich verdientermaßen.

Anders steht es mit der Nutzung von Streu und Gras. Sie ist, wie schon erwähnt, eine Folge der Intensitätssteigerung in der Landwirthschaft, insbesondere der Stallfütterung. Ueberall in den hier in Frage kommenden Gebieten hat sich das Begehren nach Waldstreu gesteigert und beherrscht gegendweise die ganze bäuerliche Schälwaldwirthschaft. Sind doch sogar Vorschläge gemacht und im Einzelnen auch ausgeführt, den Schälwald geradezu auf einen Streunutzungsbetrieb einzurichten. (Vgl. darüber die Vorschläge des Landraths Knebel und des Kommerzienraths Boch in Merzig und Mettlach an der Saar, abgedruckt in Forstl. Bl. 1883, S. 79 ff.) Sie fanden verdientermaßen gleich Anfangs lebhaften Widerspruch von forstlicher Seite. Aber auch die in der Praxis damit gemachten Erfahrungen haben ihre Unzweckmäßigkeit deutlich erwiesen.

Wie hoch man auch den Werth der Streunutzung im Interesse der einmal vorhandenen elenden Zwergwirthschaften einschätzen mag, er steht dennoch in keinem Verhältniß zu den empfindlichen und noch eine ferne Zukunft belastenden Schäden, die sie unweigerlich im Gefolge hat: Rückgang der Bodenkraft, Ueberführung des Schälwaldes in Oedland. Kann sie — wie es vielleicht da und dort der Fall sein mag — zur Zeit nicht aufgegeben werden, so erscheint es räthlicher, den schon 1883 von Borggreve empfohlenen Weg einzuschlagen, lieber wirkliches sogenanntes Oedland zu schaffen oder beizubehalten, das eine fortgesetzte Nutzung von Streu recht gut gewährt und auf andere Nutzungen ganz zu verzichten. Aber da, wo Schälwald weiter betrieben werden soll, meide man die Streunutzung oder beschränke sie auf ein Mindestmaß, das nicht niedrig genug bemessen werden kann und ordne sie dann mit Hilfe eines von der Rücksicht auf die Waldpflege diktirten festen Streunutzungsplanes.

Wenn irgendwo, so tritt für den durch die Streunutzung devastirten Bauernwald an die Staatsgewalt die Aufgabe heran, eine Gesundung der landwirthschaftlichen Lage anzustreben,*) sei es

*) Erst während der Drucklegung kommt mir das vortreffliche Werk von H. Jösting, Der Wald, seine Bedeutung, Verwüstung und Wiederkultur, in die

zunächst durch Zugänglichmachen von Streusurrogaten oder weiterhin durch Minderung des Viehstandes, Hebung der Racen, Herbeiführung einer der Nährkraft des Bodens angemessenen Bevölkerungszahl, Hemmung der Besitzzersplitterung und dergleichen mehr.

Es läßt sich aus den angestellten Untersuchungen Folgendes ableiten: Die Wirkung der Nebennutzungen auf den Gesammtertrag kann örtlich bedeutend sein und für die Rentabilität der Wirthschaft sogar entscheiden. Wo das leitende Ziel die Produktion möglichst vieler und guter Rinde bildet, sind sie sämmtlich nachtheilig. Im Interesse der wirthschaftlichen Hebung des Schälwaldbetriebes sollte deshalb auf ihre allmähliche Beseitigung hingewirkt werden. Da wo sie örtlich als zweckmäßig oder nothwendig beibehalten werden müssen, bedarf es weiser Beschränkung auf das jeweils zulässige Maß. Die Beseitigung der Streunutzung muß mit allen Mitteln erstrebt werden.

C. Zusammenfassung der Ergebnisse.

Wenn wir zum Schluß das im ganzen vorliegenden Abschnitt Besprochene zusammenfassen, finden wir folgende Leitsätze:

1. Der Waldreinertrag des Schälwaldes ist in seiner Höhe vom Standort wenig abhängig. Wir finden auf geringen Bonitäten guten, auf guten Bonitäten geringen. Es zeigt sich also auch hier deutlich, daß die Sorgsamkeit der Wirthschaftsführung der wesentliche Faktor für den Wirthschaftserfolg ist. Die Schälwaldwirthschaft gehört zu den arbeitsintensivsten Wirthschaftsformen der Waldwirthschaft.

2. Der Reinertrag steht bei guter Wirthschaft auf guten Böden an sich und im Vergleich mit dem Hochwald auch bei den jetzigen Rindenpreisen noch so hoch, daß ein Verlassen der Schälwaldwirthschaft hier nicht dringlich erscheint.

3. Der Waldrohertrag steht, soweit die vergleichbaren Zahlen reichen, überall beim Schälwald niedriger als bei dem ganz überwiegend aus Hochwald bestehenden Staatswalde der betreffenden

Hände. J. verurtheilt vom Standpunkt des Landwirths die auf Waldnebennutzung begründete Landwirthschaft durchaus und bezeichnet die Benutzung der Waldstreu geradezu als ein Hemmniß des gesunden Fortschritts. Das Werk sei bestens empfohlen.

Bezirke. Das weist darauf hin, daß allgemein auf die Umwandlung des Schälwaldes in andere Betriebsformen Bedacht genommen werden muß, angesichts der hohen Wahrscheinlichkeit, daß die Lohpreise nicht wieder steigen, sondern eher noch weiter sinken werden.

4. Dringlich ist diese Forderung in erster Linie überall da, wo schon jetzt die Rein- und Roherträge auch bei pfleglicher Wirthschaft sehr niedrig sind und hinter denen des vergleichbaren Hochwaldes erheblich zurückstehen.

5. Im Besonderen kann die Schälwaldwirthschaft beibehalten werden, wo die örtlichen Standortsfaktoren gerade für Schälwald günstige sind und unter der Voraussetzung pfleglicher Wirthschaft selbst noch bei einem weiteren Sinken der Lohpreise für einen wirthschaftlich in Betracht zu ziehenden Zeitraum noch Gelderträge erwarten lassen, welche gegenüber den in anderen Wirthschaftsformen erzielten nicht erheblich zurückbleiben.

Das Gleiche gilt von Standorten, auf denen die Möglichkeit besteht, unbeschadet der Erhaltung der Bodenkraft durch Nebennutzungen besonders landwirthschaftlicher Art den Gesammtertrag namhaft zu steigern, weiterhin auch von denen, deren Nutznießer in wichtigen Lebensinteressen auf die nur in Verbindung mit der Schälwaldwirthschaft mögliche landwirthschaftliche Nebennutzung angewiesen sind, solange diese Abhängigkeit besteht.

6. Für alle zwischen diese Grenzkategorien 4 und 5 fallenden Schälwaldungen bleibt die Umwandlung zweckmäßig, ist aber nicht unmittelbar dringlich und wird allmählich anzubahnen und durchzuführen sein.

2. Die Bewirthschaftung des Schälwaldes.

Ist örtlich die Entscheidung gefallen, welche Schälwaldungen überhaupt oder vorerst beizubehalten sind, so gilt es, die Grundsätze zu erörtern, nach denen die Bewirthschaftung derselben einzurichten ist, um den jeweils höchstmöglichen Ertrag zu sichern. Diese Grundsätze erstrecken sich auf eine sachgemäße Begründung und Ergänzung, auf pflegliche Erziehung der Bestände, auf die Gewinnung und Behandlung der Rinde und auf deren Verwerthung.

Die grundlegende Voraussetzung einer gedeihlichen Schälwaldwirthschaft bildet — das sei hier nochmals betont — eine gute d. h. sorgsame und sachkundige Bewirthschaftung. Was unter einer solchen im technischen Sinne zu verstehen sei, ist nach allgemeinen und besonderen Gesichtspunkten so langjährig und vielseitig erprobt und so eingehend in der Fachlitteratur dargelegt worden, daß hier auf eine systematische Darstellung verzichtet werden kann. Dem, der hierüber specielle Auskunft sucht, geben die bekannten Werke von Bernhardt, Neubrand, Gayer, Keller u. a reichliches und brauchbares Material. Bei der dieser Schrift gestellten Aufgabe darf es genügen, die Forderungen dieser Art kurz zu skizziren und auf Einzelfragen nur soweit einzugehen, als sie aktuelle Interessen der nächsten Zukunft betreffen.

A. Sachgemäße und sorgfältige Begründung und Nachbesserung der Schälwaldbestände.

Die Bestandsbegründung hat dem Wesen des Ausschlagwaldes entsprechend eine untergeordnete Bedeutung und wird sie in der Folge noch mehr haben. Um so wichtiger ist die Forderung, die vorhandenen und beizubehaltenden Bestände nach jedem Hiebe gründlich nachzubessern. Jede Fehlstelle muß mit neuen Pflanzen besetzt werden; aber auch zu alt gewordene, nicht mehr gut ausschlagfähige Stöcke müssen durch solche ersetzt werden. Ob Saat oder Pflanzung, ob Loden-, Stummel- oder Senkerpflanzung zweckmäßig sei, ist wesentlich von den örtlichen Umständen und Gebräuchen abhängig. Günstig wirkt in jedem Falle eine recht tiefe Bodenlockerung. Sie erweitert den Wachsraum der Einzelpflanze und veranlaßt die Ausbildung eines kräftigen tiefwurzelnden Stockes. Wichtig ist es, immer nur bestes Pflanzenmaterial zu nehmen. Soweit als möglich sollen die Bestände rein aus Eichen bestehen und innerhalb eines Bestandes nur entweder Stieleiche oder Traubeneiche angebaut werden, weil die Schälzeit beider nicht zusammenfällt. Das Raumholz ist zu vertilgen oder doch im Zaum zu halten, ebenso wuchernde und verdämmende Unkräuter. Zur Erzielung eines kräftigen Ausschlages dient der einen Theil der Ernte bildende möglichst tiefe Abhieb vom Stock. Zweckmäßig wählt man, um raschen Bestandsschluß in der Jugend zu erreichen, engen Pflanzenverband (etwa 1 m) bei der Begründung und Nachbesserung. Dann wird das nach dem Hiebe rasch erwachsende Unkraut bald unterdrückt, die Astreinheit befördert, die Bodenfrische erhalten.

Die Beimischung anderer Holzarten geschieht immer nur auf Kosten des höchsten und besten Rindenertrags. Dennoch kann sie zu zweifachem Zweck dienlich sein. Vorübergehende Beimischung raschwüchsiger lichtkroniger Holzarten in der Jugendperiode des Bestandes leistet als Treibholz gute Dienste. Aber auch die dauernde Mitanzucht kann gerade bei niedrigen Lohpreisen zur Erzielung des höchsten Gesammteffekts der Wirthschaft förderlich sein, wie schon oben S. 157—160 erörtert worden ist. Es kommt dabei außer dem Ueberhalt einzelner Eichen die Einmischung wenig schattender und raschwüchsiger Holzarten in Frage. Bisher wählte man vorzugsweise die wegen ihrer geringen Bodenansprüche für flachgründige und trockene Böden wohl geeignete Kiefer, seit einiger Zeit auch zunehmend die Lärche. Die Kiefer wirkt durch ihren reichlichen Nadelabfall bodenbessernd, giebt dagegen eine immerhin schon fühlbare Beschattung und kann, soll das Wachsthum der Eiche nicht erheblichen Schaden leiden, dauernd nur in sehr geringer Stammzahl beigemischt werden. Die Lärche wirkt auch bodenbessernd, nach Beobachtungen aus dem Odenwalde hat sie sogar die Eigenschaft, durch ihren Nadelabfall die Heide, das zumeist zu fürchtende Unkraut im Schälwalde, allmählich zu vertreiben. Ihr sommergrünes lichtes Kronendach schattet wenig. Sie regt, als Treibholz den jungen Eichen beigesellt, diese zu energischem Höhenwachsthum an und liefert bei ihrem im Lichtstande sehr raschen Wachsthum schon in kurzer Zeit nutzbare Holzerträge. Freilich muß sie, um solche zu gewähren, durch wenigstens zwei Schlagholzumtriebe übergehalten werden. Schon 30jähriges Holz giebt ein zu Grubenzwecken, aber auch zu Zaun- und Rebpfählen wohl brauchbares Holz. Endlich könnte auch die Lärchenrinde als Gerbmaterial nutzbar gemacht werden.

Die Einmischung von Nadelholz in den Schälwald bildet aber auch ein Mittel, heruntergekommene, schlechte, nicht mehr zu haltende Eichenschälwälder allmählich in den Hochwald überzuführen.

B. Gute Erziehung und Pflege.

Hierher gehört der Schutz des Bestandes vor den schädlichen Einwirkungen der Nebennutzungen: Weide-, Streu-, Gras-, Futterlaubnutzung, vor Verdämmen der Ausschläge durch Raumholz und Schlagunkräuter. Die wichtigsten Maßregeln dieser Art sind aber Bodenbehackung, Durchforstung und Raumholzhieb.

Wie empfänglich gerade die Eiche in der ersten Jugendzeit für wiederholte Lockerung der oberen Bodenschicht durch Behacken ist, weiß jeder Forstmann. Wie erkenntlich sich insbesondere der Schälwald dafür erweist, lehren die ausgezeichneten Erfolge der niederländischen Wirthschaft. (Vgl. S. 94.) Auffälliger- und bedauerlicherweise ist gerade diese waldpflegliche Maßregel im westdeutschen Schälwald fast ganz vernachlässigt. Sie verdient weitgehende Anwendung und sollte auf allen bindigen, ärmeren und nicht allzugeneigten Böden in den ersten drei Lebensjahren des Bestandes alljährlich, dann noch in mehrjährigen Zwischenräumen zum mindesten bis in die Hälfte der Umtriebszeit jeweils im Laufe des Sommers vorgenommen werden. Auszuschließen davon sind nur Stein- und Geröllböden, Thon- und Kalkböden und sehr steil abfallende Hänge. Auf weniger steilem Standort ist dagegen das Behacken noch ohne Gefahr der Bodenabschwemmung möglich, wenn es in mehrjährigen Zwischenräumen und vorsichtig in horizontal laufenden Terrassenstreifen unter Aussparung der Erhebungen und steilen Abfälle erfolgt.

Die Kosten, die nach den Boden- und Lohnverhältnissen ziemlich großen Schwankungen unterliegen, finden, wie wiederum Holland zeigt, im großen Durchschnitt wohl sicher reichlichen Ersatz im rascheren und reichlicheren Zuwachs. Ein Beispiel mag das erläutern.

Wenn wir die früher aufgestellte Ertragstafel (S. 140) durch Interpoliren für die einzelnen Jahre ergänzen, so ist der Rindenertrag bei einer Umtriebszeit von Jahren

	12	15	16	17	18	19	20	
I. Bonität:	120	150	160	170	180	190	200	Ctr.
II. „	92,4	115,5	123,2	130	138,6	146,3	154	„
III. „	65,1	82,5	88,3	94,1	99	104,5	110	„
IV. „	44,4	55,5	59,2	62,9	66,6	70,3	74	„
V. „	24	30,0	32	34	36	38	40	„

In Holland soll nach regelmäßig ausgeführten Bodenverwundungen durch Hacken der Rindenertrag bei 12jährigem Umtriebe derselbe sein, wie in Westdeutschland bei 16jährigem Umtrieb ohne Hacken. Nehmen wir aus der obigen Ertragstafel als Durchschnitt die III. Bonität heraus, so bringt der ha in Holland bei 12jährigem Umtriebe bereits 88,3 Centner gegen 65,1 Centner in Deutschland. Bei gleicher Bodenbearbeitung müßte der deutsche Schälwald bei 16jährigem Umtrieb statt 88,3 dann 120,1 Centner oder 31,8 Centner mehr bringen. Allerdings steigen auch die Kosten. Nimmt man an, das Behacken pro ha kostet 10 Mk. und es werde jedesmal zu Anfang des 1., 2., 3., 5. und 8. Jahres gehackt, so ist der Endwerth der Kosten für $p = 3$ und $= 2$

		p = 3	p = 2
	$10 . 1{,}03^{16}$ =	16,05	13,73
	$10 . 1{,}03^{15}$ =	15,58	13,46
	$10 . 1{,}03^{14}$ =	15,13	13,19
	$10 . 1{,}03^{12}$ =	14,26	12,68
	$10 . 1{,}03^{9}$ =	13,05	11,95
$K(1{,}0p^{u} + 1{,}0p^{u-1} + 1{,}0p^{u-2} + 1{,}0p^{u-4} + 1{,}0p^{u-7})$	. . . . . . =	74,07 Mk.	65,01 Mk.

Die Mehrproduktion an Rinde beträgt 31,8 Centner, die dafür erzielte Mehreinnahme also bei 4,5 Mk. Rindenpreis (vgl. S. 142) 143,10 Mk., bei 3,5 Mk. 111,30 Mk. Danach ergiebt sich als Ueberschuß alle 16 Jahre: bei 4,50 Mk., bei 3,50 Mk. Rindenpreis:

	bei 4,50 Mk.	bei 3,50 Mk. Rindenpreis
$p = 3$	69,03 „	37,23 „
$p = 2$	78,09 „	46,29 „

also eine recht wesentliche Erhöhung der Waldbodenrente. Zieht man noch in Betracht, daß im kleinen Privatbesitz das Hacken unter der Hand vom Eigenthümer und dessen Angehörigen ausgeführt werden kann, so stellen sich dort die Mehreinnahmen noch höher. Wo wie im Gemeinde- und Staatswald das Hacken ortsüblich entlohnt werden muß, würden die Kosten einschließlich der Zinseszinsen schon ausgeglichen bei

4,50 Mk. Rindenpreis und $p = 3$ durch einen Mehrertrag von 16,5 Ctr.
4,50 „ „ „ „ $= 2$ „ „ „ „ 21,2 „
3,50 „ „ „ „ $= 3$ „ „ „ „ 14,4 „
3,50 „ „ „ „ $= 2$ „ „ „ „ 18,6 „

Bei der III. Bonität würden durch diese wohl anzunehmende Mehrproduktion infolge des Hackens die prolongirten Kosten sicher aufgewogen, ebenso bei der I. Bonität, die 53,3 Centner, und bei der II., die 41,1 Centner mehr durch das Hacken liefern könnte. Die IV. Bonität würde nur 19,7 Centner, also nur noch wenig mehr liefern, als zum Ausgleich der prolongirten Kosten nöthig wäre, bei der V. mit nur 10,7 Centner Mehrertrag wäre bereits ein Verlust sicher.

Es kann deshalb das Hacken bei Rindenpreisen von 3,5 bis 4,5 Mk. als unbedingt rentabel empfohlen werden für die I.—III. Bonität, nur bedingt für die IV. Auf V. Bonität aber kann auch das Hacken nicht vor Verlustwirthschaft bewahren.

Von großem Einfluß auf den Schälwald ist ferner die Durchforstung. Ist die erste Hälfte der Umtriebszeit wesentlich dazu bestimmt, die Stockausschläge im rasch eingetretenen Schluß schlank und astrein aufwachsen zu lassen und einen herrschenden Schälholzbestand auszuscheiden, so soll in der zweiten Hälfte die Rinde des Schälholzes nach Menge und Güte zu einem Maximum entwickelt werden. Hierzu bedürfen die herrschenden Stämmchen eines freien Standes, um unter der Einwirkung des gesteigerten Lichteinfalls glatte, saftige und dicke Rinde anzusetzen. Er wird ihnen verschafft vor Allem durch Auszug des Raumholzes und des zum Schälen nicht geeigneten sperrigen, astigen und kriechenden Eichenmaterials. Die nächste Folge dieser Maßregel ist eine gesteigerte Bodenthätigkeit, raschere Zersetzung des Rohhumus und Verwitterung des Bodens. Die Nährorgane, Wurzeln und Blätter gewinnen an Menge und Größe und assimiliren unter Einwirkung des vermehrten Lichtes kräftiger und energischer, sodaß die Kambialschicht sowohl nach innen einen breiteren Holzring als auch und vor Allem nach außen eine dickere Bastschicht ansetzt.

Die günstige Wirkung der Durchforstung im Schälwald ist so allgemein bekannt und anerkannt, daß es unnöthig erscheint, sie zahlenmäßig zu belegen. Schon Neubrand giebt (a. a. O., S. 104 f.) zwei komparative Versuche an, aus denen sich beim ersten vom durchforsteten Bestande ein Mehr von 65% des Holz- und von 44,5 % des Rindenertags ergiebt, beim zweiten vom Holz

5—64%, bei der Rinde 2—45 % oder durchschnittlich 27 und 20% mehr. Aber nicht nur die Menge, sondern vor Allem die Güte der Rinde gewinnt infolge der Durchforstung. In Eschwege fand ich im doppelhiebigen Schälwalde an den bis zu 20 Jahren übergehaltenen Stangen 5—8 mm starke Rinde, während die gleichalten einhiebigen Bestände höchstens 6, durchschnittlich 4 mm starke hatten. Je fleischiger die Rinde ist, um so mehr Gerbstoff enthält sie. Deshalb bezahlt der Gerber die Rinde aus dem doppelhiebigen Schälwald höher als die andere. Aehnliche Erfahrungen liegen aus dem Odenwalde vor. Nach einer Mittheilung von dort liefern Bestände, die 3—4 Jahre vor dem Abhiebe durchforstet sind, bis 1/4 an Masse mehr und durchschnittlich kräftigere, glattere und moosfreiere Rinde als undurchforstete. In Rheinhessen, wo die Durchforstung schon seit Langem die Regel bildet, sind die hohen Loherträge (z. B. in Alzey vgl. S. 148 f.) wohl ebenfalls darauf zurückzuführen.

Die Durchforstung gewährt außerdem noch Vortheile, so die Möglichkeit, die Nachbesserungen im unmittelbaren Anschluß an sie, also so zeitig vor dem Abtriebe des Schlags auszuführen, daß die nachgezogenen Kernpflanzen einen mehrjährigen Altersvorsprung erlangen und dann schon im nächstfolgenden Umtrieb mit genutzt werden können. Man läßt sie dann entweder durchwachsen oder besser setzt sie beim Raumholzhieb oder beim Abtrieb auf den Stock und erzielt dadurch schälfähige Ausschläge.

Das Maß der Durchforstung ist wesentlich örtlich zu bestimmen. Der Aushieb muß so stark sein, daß die bleibenden Raitel eine volle Kronenbelichtung erhalten. Die obere Grenze ist gegeben durch die Erhaltung der Bodenfrische. Wo durch eine Verlichtung ein Rückgang der Bodenkraft zu befürchten steht, ist Vorsicht bei der Durchforstung geboten. Will man auf armen und mageren Böden auf sie nicht ganz verzichten, sollte man eine kräftige Behackung des Bodens anschließen.

Trotz der offenkundigen großen Vorzüge der Durchforstung hat sie, selbst vielfach in sonst gut bewirthschafteten Staatswaldungen, noch nicht die ihr zukommende regelmäßige Anwendung gefunden. Man scheut sich vor den Kosten, wenn das anfallende Reisig nicht oder nur schwer absetzbar ist. Das sollte nie als Hinderungsgrund angesehen werden. Die Durchforstung ist eine nothwendige Maßregel der Bestandspflege, deren Vortheil nicht im unmittelbaren Geldertrage, wohl aber im Abtriebsertrage zu Tage tritt.

In ähnlicher Weise soll endlich auch der eigentliche Raumholzhieb wirken. Er vermag den Lohstangen aber nur dann die volle Wirkung des Lichtungszuwachses zu gewähren, wenn zwischen ihm und dem Abtriebe mindestens noch ein Vegetationsjahr liegt. Findet er, wie es leider fast allerwärts die Regel zu bilden scheint, erst im letzten Winter vor dem Schälhiebe statt, so geht dieser gewichtige Einfluß auf die Rindenbildung verloren und der Raumholzhieb ist dann nur eine der besseren Arbeitsvertheilung zu Gute kommende zeitliche Verschiebung eines Theils der Ernte.

C. Die Rindenernte.

Bei keinem Produkt der Forstwirthschaft ist die Gewinnung und Zurichtung zur Verkaufswaare so wichtig und so schwierig wie bei der Lohrinde. Beste Rinde kann durch sie völlig entwerthet werden, minderwerthige aber giebt, sorgfältig geschält und getrocknet, noch eine gesuchte Waare. Wir sahen z. B., daß die nicht gerbstoffreiche meist dünne Rinde Ungarns vornehmlich deshalb hochgeschätzt und der deutschen Rinde sogar vorgezogen wird, weil sie sehr sorgfältig behandelt ist. Gerade also hier muß die „gute Wirthschaft“ sich wirksam erweisen, mögen auch scheinbar unüberwindliche Schwierigkeiten sich entgegenstellen. Die ganze Entwicklung der Schälwaldwirthschaft in Deutschland ist immer und überall eine rein lokale gewesen. Oertlicher Brauch, örtliche Gewohnheit und Uebung sind noch heute zumeist allein entscheidend. Nicht nur nach Gegenden, sogar häufig nach einzelnen Gemeinden ist die Behandlung der Rinde ganz verschiedenartig und der geheiligte Brauch der Väter gilt bis zur Stunde als die unweigerliche Richtschnur dem bäuerlichen Schälwirth und macht ihn blind gegen die Forderungen und Errungenschaften der Neuzeit, selbst wenn er solche in nächster Nachbarschaft vor Augen hat. In diesem Umstande hauptsächlich beruhen die Schwierigkeiten, die einer allgemeinen Hebung sich hartnäckig widersetzen. Das gilt in besonders hohem Maße von der

Gewinnung und Zurichtung der Rinde. Auch hier verzichte ich darauf, im Einzelnen die Technik der Rindengewinnung systematisch zu behandeln. Es soll vielmehr nur so weit auf sie eingegangen werden, als es zur Herleitung wirksam erscheinender Besserungsvorschläge nothwendig erscheint.

Die Zeit der Rindenernte ist ganz allgemein mit dem Stadium des beginnenden Laubausbruchs gegeben. Die Rinde „geht" dann am besten und die ländlichen Arbeitskräfte sind dann verhältnißmäßig noch leicht disponibel. Die Technik des Schälens ist mannigfach ausgestaltet. Jede Art und Form hat ihre Vorzüge und Mängel. Keine darf als die unbestritten beste gelten, sondern jeweils ist es diejenige, welche mit dem relativ geringsten Aufwande an Zeit, Mühe und Kosten die besten Rindenerträge nach Menge und Güte liefert. Das hängt wesentlich von Klima, Lage, Größe der Schläge, Besitzstand, Arbeiterverhältnissen, Gewohnheit und Uebung ab, wie denn in der Regel in jeder einzelnen Gegend das dort heimische Verfahren als das beste gelobt wird. In der That wird beim Stehendschälen an Mosel und Sieg, dem Liegendschälen im Odenwalde, dem Geknicktschälen im Werra- und Lahnthale 2c. die Rinde eben so gewonnen, wie sie der örtlichen Nachfrage am besten entspricht, freilich überall und immer unter der Voraussetzung, daß das angewandte Verfahren sorgfältig ausgeübt wird.

Das waldbauliche Interesse stellt die Forderung, den Hieb möglichst glatt und möglichst tief zu führen, damit die Ausschläge tief am Wurzelstock und weniger zahlreich aber kräftig sich bilden und der letztere nicht einfaule. Tiefer Abhieb nöthigt alle Ausschläge, aus der Erde zu treiben, sie bewurzeln sich dabei kräftig mit erweitertem Wurzelkreis und werden bald selbständige Einzelindividuen, während hohe Stöcke ihre Loden spärlich ernähren und mehr strauchartig ausbilden. Die viel behandelte Kontroverse, ob beim Stehend- oder Geknicktschälen die Fußrinde vom Stock abgerissen oder gekränzt werden müsse, löst sich m. E. einfach, wenn man die hier wohlberechtigten örtlichen Erfahrungen gelten läßt. Thatsächlich wird mit beiden Verfahren Gutes erzielt, wenn nur dabei alle oberirdische Rinde am Stock thunlichst beseitigt wird. Aehnlich steht es in Bezug auf das Klopfen der Rinde. Es unterliegt keinem Zweifel, daß die Rinde durch das Klopfen an Gerbstoff verliert. Dafür aber liefert das Klopfverfahren wiederum unter sonst gleichen Verhältnissen ein größeres Quantum Rinde, weil die ästigen Stammstücke, die Aeste und sogar Zweige mit geschält werden können. Wenn das so erzielte Material auch geringwerthig ist, so kann aus seinem Verkauf dennoch ein beachtenswerther Geldertrag fließen, falls eben nur Nachfrage auch für solches besteht. An der Mosel wird, soweit meine Kenntnisse reichen, in der Regel nicht geklopft, im Odenwalde dagegen allgemein, desgleichen im Werrathale. Dort wie da ist bestimmend das Verhalten der kaufenden Gerber. Sinkt der Preis der Klopflohe, so entscheidet eine einfache Kalkulation, ob ihre — überdies meist theure — Gewinnung noch lohnend ist oder nicht. Im ersteren Falle behält man sie bei, im letzteren giebt man sie auf. Da der Verkauf der Rinde überwiegend vor dem Einschlage im Winter oder Frühjahr stattfindet, kann die Entscheidung in jedem Einzelfalle getroffen werden.

Auch die zum Hauen und Schälen benutzten Werkzeuge und Geräthe müssen von jenem Gesichtspunkte aus beurtheilt werden. Sie sind überall da die besten, wo sie in Händen ruhen, die mit ihrer Führung wohl vertraut sind. Die Methoden des Schälens und die dabei gebräuchlichen Geräthe hat Neubrand (a. a. O., S. 108—142) sehr gründlich beschrieben und darf auf diese noch heute giltige Darstellung verwiesen werden.

Das Schälen wird in Westdeutschland fast überall vom Waldbesitzer besorgt. Nur an etlichen Orten, so im nördlichen Rheinland, Hannover, Arnsberg, Magdeburg, überläßt es derselbe noch dem Rindenkäufer. Früher bildete diese Selbstwerbung durch den Käufer die fast allgemeine Regel wie heute noch in Ungarn. Der Vortheil dieser Gewinnungsform besteht darin, daß der Käufer die Rinde ganz nach seinen Wünschen werben, trocknen, sortiren kann. Sie hat aber auch erhebliche Nachtheile. Die Rindenernte bildet bekanntlich gleichzeitig den wichtigsten Theil der Bestandsverjüngung. Vom korrekten, glatten, tiefen Abhieb hängt die Entstehung tief angesetzter kräftiger Ausschläge, die gute Erhaltung und Verjüngung der Stöcke ab. Das Interesse hieran berührt den

Rindenkäufer nicht, sondern allein den Waldbesitzer. Selbst aufmerksame Kontrolle sichert nicht korrekte Ausführung. Ebenso verhält es sich auch mit dem Gewinnen und Aushalten des Schälholzes. Seitdem die Rinde zur weit verfrachtbaren Marktwaare geworden und der kleine handwerksmäßige Lokalabnehmer von dem großen aus zahlreichen Schlägen und Revieren kaufenden Gerber in den Hintergrund gedrängt ist, vermag der Rindenkäufer um so weniger die Werbung seinerseits erfolgreich zu übernehmen. Wo der Waldbesitzer am alten Verfahren noch festhält, beschränkt er dadurch, zum eignen Schaden, den Kreis der konkurrirenden Kundschaft. So hat sich allmählich von selbst der Wandel zu Gunsten der Werbung durch den Waldbesitzer vollzogen. Und nur, wo sehr extensiv gewirthschaftet wird, wie in Ungarn und vielfach in den französischen taillis sous futail oder wo, wie in einigen Gegenden des Rheinlands, kleine Schälwaldungen eine wohl auch qualitativ minderwerthige Rinde nur für den Lokalbedarf liefern, besteht die Werbung durch den Käufer noch fort.

Sie kann aber vielleicht gerade unter den veränderten Verhältnissen der Gegenwart wieder an Bedeutung gewinnen und zwar zum Vortheile für beide Theile; unter der Annahme nämlich, daß sich, sei es von selbst, sei es durch planmäßige Anregung Seitens der Staatsgewalt zwischen Producent und Konsument ein besonderes Bindeglied in der Form eines Zwischenhandels einschiebt. Diese Annahme mag heute noch befremdlich erscheinen. Aber dennoch gehört ihr nach meiner Ueberzeugung die Zukunft. Je größer räumlich der Kreis geschäftlicher Beziehungen bei Angebot und Bezug der Gerbrinde sich erstreckt, umso weniger gelingt es dem Producenten den Bedarf, dem Konsumenten die angebotene Waare nach Oertlichkeit, Menge und Art zu überblicken. Wie sich bei allgemein verwendeten leicht transportabeln Produkten seit Alters, aber selbst bei schwer transportabeln z. B. dem Holze schon lange und in rasch zunehmendem Umfange der verbindende Handel als nothwendiges und selbständiges Glied eingeschoben hat, so wird sich dieser Vorgang auch mehr und mehr im Rindengeschäft etabliren, wie es u. A. in Ungarn und Frankreich schon der Fall ist, und dann wird der kaufende Händler mit Vortheil für alle Theile auch das Schälen seinerseits übernehmen können.

D. Das Trocknen der Rinde.

Nicht so wie beim Schälen gilt die Berechtigung lokal erprobter Verfahren beim Trocknen der Rinde. Zwar läßt sich bei achtsamer Behandlung nach wohl jedem derselben eine gut waldtrockene Rinde gewinnen. Dennoch aber fehlt die Sicherheit dafür. Und gerade in diesem Punkte ist der deutsche Schälwaldwirth zum eigenen Schaden zurückgeblieben, gerade in Bezug auf ihn machen sich die berechtigten Wünsche der Käufer mit großem Nachdruck geltend. Denn keines der gewöhnlichen Verfahren — Belassen der abgelösten Rinde am Baume, Aufstellen der Rollen in dachförmigen Horden, Lagern in Böcken, auf horizontalen oder schrägen Gerüsten, Aufhängen der Rindenbündel an Stangen u. s. w. — ermöglicht völligen Schutz gegen das Beregnen. Sicher ist, daß das Aufstellen von Horden ohne eine luftige Unterlage von Reisig ein absolut schlechtes Verfahren ist. Denn selbst bei ganz trockenem Wetter wirkt die Bodenfeuchtigkeit von unten auf die Rollen ein und verursacht Schimmeln oder Stockigtwerden. Aber auch das Unterlegen von Sperrreisig, ja auch das zu den zweckmäßigsten Methoden zählende Reitenlassen der Rindenbündel, wie es an der untern Lahn, in der Eifel und in den Staatsforsten des Trierer Bezirks üblich ist, kann bei regnerischer oder nur andauernd trüber nebeliger Witterung vor dem nachtheiligen Einfluß der Feuchtigkeit nicht völlig schützen. (Vgl. auch hierüber den Bericht über die Trocknung der Eichenlohrinde in den fiskalischen Schälwaldungen des Reg. Bez. Trier 1891 S. 2—5.)

Hier also muß, wenn eine wirklich garantirt vom Regen unbeschädigte waldtrockene Rinde gewonnen werden soll, eine grundlegende Aenderung angebahnt werden. Für größere Betriebe bietet sich als nächstliegende Trocknungsmethode eine solche nach dem Muster der ungarischen dar (Vgl. S. 82). Seit die ungarische Rinde in Deutschland weitgehende Verwendung gefunden hat, erhoben die Gerber immer dringlicher die Forderung, die deutsche Rinde müsse und könne ebenso wie jene „regenfrei“, d. h. eben unbeschädigt durch Regen geliefert werden. Die Forstwirthe und Staatsbehörden gaben vielerorts diesen Wünschen Gehör. Insbesondere sind in Hessen, Württemberg und Preußen dahingehende Versuche angestellt worden. Aus Hessen begaben sich 1890 auf Veranlassung der südwestdeutschen Gerbervereinigung bezw. im Auftrage des dortigen Ministeriums Lederfabrikant Hoffmeister aus Heidelberg und der damalige Oberförster Joseph aus Lorsch nach Ungarn zum Studium der dortigen Verhältnisse. Ihren Vorschlägen entsprechend (Bericht über die Gewinnung und Behandlung der Eichenlohrinde in Ungarn und Siebenbürgen. Stuttgart 1890) ging die hessische und bald darauf auch die württembergische Regierung auf praktische Versuche ein. Entsprechend den im Odenwalde gebräuchlichen Trockenböcken, in welche die stets auf 1 m abgelängten Rinden eingelegt werden, beschaffte man für einige dortige Staatsreviere 1000 Stück 1,4 m lange 1 m breite wasserdichte Tücher zum Preise von je 2,90 und 2,34 Mk., außerdem 4 größere Decken (vgl. Allg. Forst- u. Jagdz. 1890, S. 201). Der Centner Rinde erforderte, da ein Bock ca. 28 Pfund Rinde waldtrocken enthält, an Deckenfläche 5 qm. Oberförster Joseph hatte nach seinen in Ungarn gewonnenen Erfahrungen größere Decken von 6 × 4 m Größe und Ersatz der kleinen Böcke durch ca. 4 m lange, 1 m hohe Schichthaufen empfohlen. Dabei hätte man den Centner mit nur 1 qm Deckenfläche decken können. Man entschied sich jedoch für Beibehaltung der üblichen Aufbereitung in Böcken und damit für kleine Decken.

In derselben Weise ging auch die württembergische Forstverwaltung vor (vgl. Württemb. Gew. Bl. 1890 Nr. 37). Dort wurden für die Reviere Bietigheim und Unterweißenbach 400 Decken von 1 × 1,4 m Größe zu dem Versuche beschafft. Die Kosten der Anschaffung und diejenigen für die durch das Decken erwachsende Mehrarbeit stellten sich in beiden Fällen sehr hoch. Dem Ansinnen der betheiligten Verwaltungen, die Rindenkäufer sollten für die gedeckte regenfreie Rinde einen thatsächlich sehr niedrig bemessenen, den Mehrkostenaufwand noch nicht deckenden Zuschlag von 50 Pf. pro Centner zahlen, entsprachen diese nicht, obgleich u. A. der Württembergische Gewerbeverein vorher selbst dafür eingetreten war. Im folgenden Jahre wurde auf der Hirschhorner Versteigerung der geforderte Zuschlag zwar gewährt, doch aber nur von einem Käufer. Die Gerber machten geltend, der Versuch sei leider gerade in minderwerthigen Schlägen unternommen und das sei die Ursache ihrer Unlust. Indessen muß vielmehr als eigentliche Ursache das kurzsichtige Selbstinteresse der Gerber gelten, welches in den ohnehin gedrückten Rindenpreisen einen erwünschten Rückhalt fand. In Heilbronn 1891 erfolgte auf die gedeckte Rinde überhaupt kein Gebot. Auch in den folgenden Jahren ist der Erfolg ausgeblieben. Die Gerber hielten daran fest, ohne Rücksicht auf das Decken die Preisangebote nach ihrer Kauflust allein zu bemessen. Und die Forstverwaltungen mußten mit begreiflichem Mißmuth konstatiren, daß ihr mit nicht unerheblichen Kosten verknüpftes Bemühen, einen bedeutsamen Fortschritt anzubahnen, durch das kurzsichtige Sonderinteresse der Käufer vereitelt wurde.

Auch in den fiskalischen Schälwaldungen des Reg. Bez. Trier sind eingehende Versuche mit Decken angestellt worden. Nach dem darüber vorliegenden Bericht (Trier 1891) wurden versuchsweise 30 wasserdichte getheerte Segeltuchdecken von 7,5 m Länge und 2,85 und 3 m Breite für im Ganzen 1356,35 Mk. beschafft, außerdem zum Schutze der getrockneten Lohe, die nicht sofort abgefahren werden kann, eine wasserdichte nicht getheerte 8 m im □ große Decke für 128 Mk. Der qm kostete danach 2,09 Mk. Es konnten mit diesen Decken 721 Centner Rinde gedeckt werden, so daß auf den Centner rund 1 qm Decke entfällt. Mit ihnen wurden die dort üblichen schrägen Lohgerüste (Lohbetten, Horden, Rammen) vor jedem drohenden Regenwetter und außerdem allabendlich gedeckt. Es gelang, die Rinde vollständig vor jeder Berührung mit dem Regen zu schützen. Die Rinde trocknete auch während anhaltend regnerischer Witterung unter den Decken weiter und blieb völlig frei von Schimmeln und Stockigtwerden. Das Verfahren erwies sich also „als ein sicheres Mittel, unter wenig glücklichen Umständen und bei andauernd ungünstiger Witterung trockene Lohe von guter Beschaffenheit zu liefern“ (a. a. O., S. 11). Dagegen war auch hier der finanzielle Effekt kein günstiger. Die Unkosten einschließlich der Amortisation stellten sich pro Centner auf 50—64 Pf., der Mehraufwand für Arbeit auf 22 Pf. Wenn auch diese Beträge bei erweiterter Verwendung von Decken und zunehmender Uebung der Arbeiter sich verringern, so sind sie dann immer noch auf ca. 50 Pf. zu veranschlagen. Die Rindenerwerber aber verstanden sich nur zu einem Aufschlag von 25 Pf. Man ist deshalb auch hier, nachdem die Versuche noch bis 1896 fortgeführt worden sind, von dem Decken der Lohe abgekommen, um so mehr als das allgemein in Gebrauch gekommene Aufhängen der Rinde in Bündeln angeblich ebenso gute Erfolge lieferte, ohne Mehrkosten zu verursachen.

Günstigere Ergebnisse wurden in einigen fiskalischen Schälwaldungen des Werragebietes erzielt. So sind in der Oberförsterei Allendorf seit 1889 99 Decken von 3,5 m Länge und 1,5 m Breite aus ungetheerten wasserdichten Segelleinen in Gebrauch, deren Anschaffung 1000 Mk. gekostet hat, pro qm also 1,92 Mk. Mit den zusammen 520 qm Deckenfläche werden 200 bis 300 Centner Rinde abgedeckt, der Centner also mit rund 2,7 bis 1,7 qm. Die Decken werden über die dort üblichen dachförmigen Horden in der Weise gebreitet, daß sie über einer etwa 15 cm oberhalb des Firstes der Horde horizontal verlaufenden, auf 2 Gabelstangen ruhenden Stange längseitig aufgelegt und seitlich mit Schälprügeln beschwert sind, welche man durch mehrere an den Säumen angebrachte Seilschlingen steckt. Gedeckt wird auch hier vor jedem drohenden Regen und allabendlich. Die Arbeit geht bei der geringen Größe der Decken leicht und rasch von Statten und wird von den Schälern ohne Aufschlag zum Akkordlohn mitbesorgt. Jedem Käufer eines Schlags wird freigestellt, beim Trocknen seiner Rinde die Decken verwenden zu lassen. Alsdann hat er den Transport der Decken in den Schlag (ca. 20 Mk.) zu tragen und 10% der Anschaffungskosten also 100 Mk. dafür zu zahlen. Das würde pro Centner einen Mehraufwand von 40—50 Pf. ausmachen. Bisher haben alljährlich die Käufer bereitwillig im wohlverstandenen eigenen Interesse diese Zahlung geleistet und beide Theile finden ihren Vortheil dabei. Schon jetzt nach 9jährigem Gebrauch ist der Ankaufspreis der Decken nahezu gedeckt*). Dabei sind diese noch

*) Sollte nach 10 Jahren der Kaufpreis der Decken amortisirt sein, so würden bei einem Zinsfuß von 4% jährlich 123, bei 3% 120 Mk. zu zahlen sein. Die Amortisation bei jährlich 100 Mk. tritt nach 13 Jahren ein.

gut im Stande, sodaß sie jedenfalls noch für viele Jahre brauchbar sein werden.

In der Oberförsterei Wannfried werden ebensolche Decken angewendet, außerdem auch ein transportabler Trockenschuppen. Er besteht aus einem einfachen Gestell von runden Fichtenbalken, über welches eine große wasserdichte Segeltuchplane dachförmig aufgelegt und mit angepflöckten Seilen straffgezogen wird. Die Giebelseiten und an den Längsseiten je 1 m hohe Streifen sind offen. Die Rinde wird, nachdem sie in den ersten Tagen nach dem Schälen im Freien angetrocknet ist, im Schuppen auf sperriges Reisig aufgeschichtet. Der Schuppen faßt 300 Centner. Ihn anzuschaffen, hat 500 Mk. gekostet. Das jedesmalige Aufstellen einschließlich Transport kostet 20 Mk. Will der Rindenkäufer in ihm seine Rinde aufstapeln lassen, so zahlt er 10% der Anschaffungskosten und die der Aufstellung. Diesen Aufwand, der bei 300 Centner etwa 23 Pf. pro Centner ausmacht, zu zahlen, haben sich die dortigen Rindenkäufer immer bereit gezeigt. Erfahrungsmäßig aber bewähren sich die Decken besser, als der immerhin schwer transportable Schuppen.

Auch in anderen Gebieten hat man Versuche mit Schuppen unternommen, so im Taunus und Odenwald. In Württemberg plante man einen solchen, der mit Blechziegeln abgedeckt und mit eingebauten horizontalen Horden versehen 3900 Mk. kosten sollte, aber m. W. nicht ausgeführt ist. Der Uebelstand, der den Schuppen anhaftet, ist vornehmlich die Beschwerlichkeit des Transportes bei ziemlich hohen Anschaffungskosten. Dazu kommt, daß das Trocknen in ihnen viel langsamer vor sich geht, als unter dem freien Einfluß von Luft und Sonne. Die Schutzdecken dagegen leisten unstreitig Gutes, wie die Erfahrungen in Hessen, Trier und an der Werra zeigen. Es kommt nur darauf an, die bei ihrer Benutzung entstehenden Kosten möglichst niedrig zu halten. Die erstmaligen nur im Kleinen und mit noch ungeübten Arbeitern angestellten Versuche geben über die Mehrkosten kein richtiges Bild und die dabei gewonnenen theilweise ungünstigen Ergebnisse sollten um so weniger von der weitergehenden Anwendung der Schutzdecken abschrecken, als es feststeht, daß bei zweckmäßiger Organisation die

Kosten sich namhaft verringern lassen. Das zeigen u. a. die Erfolge in Allendorf. Fribolin schlug 1891 (Forstw. Centr. Bl. XIII. Jahrg.) vor, die Rinde am ersten Tage nach dem Schälen, da sie dann erfahrungsmäßig durch den Regen noch nicht leidet, ohne Decken luftig auszubreiten, das geschälte Material jeden Abend aufzumetern in zwei mit ganz geringen Zwischenräumen parallel nebeneinander auf dicke Schälstangen gestellte Haufen von je 1 m Front, 4 m Tiefe und 1 m Höhe. Wenn durchschnittlich 80 Centner Rinde täglich geschält werden, die im Raummaß 27 bis 28 rm bilden, braucht man dazu 56 qm Deckmaterial und die dann ausgebundene Rinde ebensoviel. Hat der ganze Schlag 1200 Centner, so braucht man dazu 840 qm. Deckt man anstatt mit theuren Segelleinen mit Strohmatten, von denen der qm für 70 Pfg. zu haben ist, und die 4jährige Dauer haben, so kosten diese 840 qm 588 Mk. Aufs Jahr entfallen dann rund 150 Mk. und bei 4 % Verzinsung und mit Einrechnung der Transportkosten weitere 50 Mk., im Ganzen also 200 Mk. oder pro Centner 17 Pfg. Unkosten. Wenn noch der Arbeitslohn um 10 Pfg. sich erhöht, so würden die Mehrkosten pro Centner 27 Pfg. oder rund 30 Pfg. ausmachen. Durchgeführt ist dieser Vorschlag, soviel ich weiß, nicht, aber er zeigt doch, daß mit sorgfältiger Ausnutzung aller günstigen Faktoren und wenn man sich nicht ängstlich anklammert an die alten Gebräuche, das Decken keineswegs so unlohnend ist, als es von mancher Seite angesehen wird. Wenn gerade die Versuche in Hessen ungünstig verlaufen sind, so liegt das anscheinend nicht bloß am Uebelwollen der Gerber, sondern auch an der gewählten Form des Kostenersatzes. Es ist nur zu natürlich, daß die Gerber beim Preisangebot sich bald einigen und deshalb auch für gedeckte Rinde den Preis möglichst niedrig zu halten suchen. Die Forstverwaltung ist demgegenüber zunächst machtlos. Das Allendorfer Verfahren verdient davor den Vorzug. Es trennt den Ersatz für das Decken vom Preise der Rinde, der sich nach den für ihn maßgebenden Faktoren bildet und läßt für den Käufer neben dem festen Kalkül, wie viel er für die Sicherheit, regenfreie Rinde zu erlangen, aufwenden muß, die freie Entscheidung zu, vom Decken Gebrauch zu machen oder nicht. Da die Allendorfer Decken klein und leicht sind, ist dort die Arbeit des Deckens ohne Mehrlohn möglich. Ueberhaupt dürften deshalb kleine Decken vor großen den Vorzug verdienen.

Das sorgsame Decken der trocknenden Rinde muß jedenfalls als ein wirksames Mittel gelten, gute Waare und dementsprechende Preise zu erzielen und verdient weitere Verbreitung im westdeutschen Schälwald als bisher. Würde das Decken erst allgemeiner stattfinden, so würde vermuthlich allmählich eine Scheidung zwischen beregneter und unberegneter Rinde auch bezüglich des Marktpreises sich ausbilden und dann auch die Gerberei zu höheren Geboten für letztere sich bereit finden müssen.

Es ist von mancher Seite die Ansicht vertreten worden, das Decken müsse überhaupt Seitens der Rindenkäufer übernommen und ausgeführt werden. Versuche in dieser Richtung sind überall negativ ausgefallen. Das ist erklärlich. Der Rindenkäufer sträubt sich schon jetzt, die Weiterungen, welche die Gewinnung und Erlangung der Rinde im Walde mit sich bringen, auf sich zu nehmen und zieht deshalb den glatten und bequemen Bezug ausländischer Rinde vor. Um so weniger wird er sich zur Beschaffung von Decken unter immerhin großer Kapitalaufwendung verstehen. Fehlt ihm doch jede Gewähr dafür, daß er in jedem Jahre wieder seinen Rindenbedarf in der Nähe seines Betriebes decken kann. Auch den jedesmaligen Transport der Decken bald in dieses bald in jenes Revier und wieder zurück muß er in Anschlag bringen. Hat er aber, wie es jetzt bei großen Betrieben die Regel bildet, an mehreren Stellen Rinde gekauft, so könnte, da überall annähernd zu gleicher Zeit geschält wird, entweder nur in einem Schlage gedeckt werden oder er müßte eine unverhältnißmäßig hohe Zahl von Decken bereit halten.

Je mehr die Rindenproduktion und Verwerthung aus dem engen lokalen Geleise in die breitere Bahn merkantiler Geschäftsgebahrung übergeht, um so unabweisbarer wird es Aufgabe des Producenten, sein Erzeugniß selbst so zu gestalten, daß es handelsfähige Waare wird. Das ist die Rinde erst in waldtrockenem Zustande. Ihn auf zweckmäßige und wohlfeile Weise herbeizuführen, liegt im eigensten Interesse des Schälwaldbesitzers. Scheut er davor zurück und bringt er ein unfertiges nach seiner Qualität wechselndes, vorher nicht bestimmbares Produkt zum Verkauf, so muß er das im Ausfall am Erlös entgelten. Konnte er dies unschwer in Zeiten hoher Rindenpreise, so kann er es am allerwenigsten bei niedrigen und vermuthlich noch niedriger werdenden.

Freilich kann das Beschaffen und Verwenden von Schutzdecken nur im großen Forstbetriebe angewandt werden. Für den kleinen Waldbesitzer wird es selten möglich oder doch rentabel sein. Für Gemeinden und korporative Verbände wäre es wohl möglich. Indessen gehört dazu die einmalige ziemlich erhebliche Aufwendung für Anschaffung der Decken, die antheilig dem einzelnen Mitglied zur Last fällt und deshalb so leicht kaum willig von allen übernommen wird. Wo die Kraft des Einzelnen nicht genügt, eine gemeinwirthschaftlich förderliche Einrichtung zu treffen, soll die Staatsgewalt fördernd eintreten.

Auch dem bäuerlichen und kapitallosen Waldbesitzer bieten sich noch Mittel, seine Rinde besser als bisher zu trocknen. Je kleiner der Rindenanfall ist, um so leichter läßt er sich aus dem Schlage transportiren, zumal die landwirthschaftlichen Gespanne zur Zeit der Rindenernte i. d. R. disponibel sind. Und ein Schuppen oder eine Scheune ist auch im kleinsten Grundbesitz vorhanden. Diese Gelasse bieten im Frühjahre, wenn die Wintervorräthe verbraucht und die Heuernte noch nicht eingethan ist, Raum genug, um die im Walde halbtrocken gemachte Rinde zu lagern und regenfrei zu trocknen. In einzelnen Ortschaften zwischen Mosel und Saar verfährt man von Alters her so und die Trierer Gerber zahlen willig für die derart getrocknete Rinde höhere Preise.

Können solche Einrichtungen im Kleinen und Einzelnen sicher Gutes schaffen, so reichen sie allein nicht aus, der deutschen Rinde dauernd und allgemein im Wettbewerb mit der ausländischen lohnenden Absatz zu sichern. Der Verkauf einzelner minimaler Posten vor oder nach dem Trocknen schließt jede gesunde Konkurrenz aus und giebt den Kleinproducenten ganz in die Hand eines oder weniger Käufer. Erst wenn bei allen, oder doch bei allen namhafteren Posten der offerirten Rinden die Regenfreiheit mit Grund vorausgesetzt werden kann, wenn zum wenigsten die Handelswaare nur noch regenfrei offerirt wird, wird das erreicht werden. Hierbei kann die demnächst zu behandelnde Vereinigung der Lohproducenten zu wirthschaftlichen Verbänden wirksam sein. Sie gestattet die Beschaffung von Decken im Großen, die Anlage von Trockenschuppen im Walde und von Lagerhäusern an den Stapel- und Verladeplätzen.

E. Die Verwerthung der Rinde.

Nahezu überall in Westdeutschland ist es altherkömmlicher Brauch, daß die Rinde vor dem Einschlage im vorhergehenden Winter oder zeitigen Frühjahr nach der Maßeinheit im waldtrockenen Zustande, dem Centner oder auch bei geringwerthigen Sorten und Altrinde nach dem Raummaß verkauft wird. Nur vereinzelt kommen u. a. im Moselgebiet ganz kleine Posten Rinde erst nach der Gewinnung und Trocknung zum Verkauf. Seit etwa 1850 sind in den Mittelpunkten der Schälwaldwirthschaft an Stelle der einzelnen Verkäufe, die aus der Hand oder auch nach dem Meistgebote erfolgten, größere Märkte üblich geworden. Sie nahmen einen raschen Aufschwung und erreichten ihre Blüthe in den achtziger Jahren. Durch sie wurde den Bedürfnissen der Zeit folgend der Verkehr zwischen dem Producenten und dem Konsumenten aus dem Stadium des lokalen konkurrenzlosen Kleinverkehrs zum Marktverkehr entwickelt. Alle die zahllosen kleinen Einzelposten wurden gleichzeitig unter einheitlicher Sortimentirung und einheitlichen Verkaufsbedingungen ausgeboten. Konsumenten aus allen Theilen der benachbarten Gebiete, große und kleine, konnten nach vorgelegten Musterproben kaufen. Es bildete sich da erst ein Marktpreis nach Angebot und Nachfrage und beide Theile fanden ihren Vortheil dabei. Der Producent war sicher, Kaufliebhaber in genügend großer Zahl zu finden, der Konsument ebenso genügende Waare. Die Abschlüsse vollzogen sich meist rasch und die offerirte Rinde wurde mit geringen Ausnahmen und Resten veräußert. Nebenher blieb ein umfänglicher Kleinverkauf aus der Hand allerdings bestehen. Ein großer Theil der jährlich producirten Lohrinde ist bis heute im Wege freien Vertrages oder auch nach dem Meistgebote im Einzelnen vom Waldbesitzer an den Gerber übergegangen und in manchen Gegenden z. B. am Niederrhein, in Hannover, im Werrathale, in Franken haben sich die Märkte überhaupt nicht eingebürgert. Doch aber wirkten die großen Märkte auf jene Abschlüsse preisbildend und regulirend vortheilhaft ein. Die bedeutendsten Rindenmärkte sind diejenigen von Hirschhorn (1850), Heilbronn (1860), demnächst Bingen, St. Goar, Kaiserslautern, Friedberg, Erbach u. a.

Aber allmählich trat ein Wandel ein. Die kleine Gerberei ging bekanntlich zurück, die Betriebe, welche im Rahmen des örtlichen Handwerks fortarbeiteten, wurden von den Großgerbern auf den Märkten vielfach abgedrängt und suchten und fanden ihren Bedarf wie vordem in den nächstgelegenen Schälwaldungen, wie auch von den größeren häufig an den alten Beziehungen noch festgehalten wurde. Die Zahl der Kauflustigen, die sich auf den großen Versteigerungen einfanden, verringerte sich und die, welche da zusammenkamen, erkannten, daß sie im gemeinsamen Streben, billig einzukaufen, durch Zusammenschluß nur gewinnen konnten. Es fanden Vereinbarungen statt, welche den gegenseitigen Wettbewerb ausschlossen. Die verkaufenden Producenten mußten sich hilflos die diktirten niedrigen Preise gefallen lassen oder den Zuschlag verweigern. Wählten sie das letztere, so konnten sie überhaupt nicht schälen oder sie mußten sich bemühen, mit den einzelnen Abnehmern nach dem Termin freihändig abzuschließen. Ersteres verbot sich thatsächlich in den meisten Fällen schon im Interesse der geordneten Wirthschaft. So blieb nur der freihändige Abschluß nach dem Markte. Er ist mit der Zeit so herrschend geworden, daß eben dadurch die Bedeutung der Märkte nahezu illusorisch geworden ist. Einen mächtigen Rückhalt fand das Verhalten der Gerber in der entsprechend dem Verkehre zunehmenden Leichtigkeit des Bezugs von Lohrinde und von Ersatzstoffen von auswärts. Sie waren nicht mehr wie früher auf die heimische Eichenrinde allein angewiesen. Von allen Seiten wurden ihnen unter handelsmäßigen bequemen Formen zu billigen Preisen Gerbmaterialien angeboten. Und wenn sie auch bis heute auf die heimische Rinde nicht völlig verzichten wollen, so kaufen sie solche doch eben nur noch, wenn sie billig ist. Demgegenüber können die Rindenmärkte nicht mehr helfen. Thatsächlich sind manche schon aufgegeben. Die noch bestehenden sind mit wenigen

Ausnahmen (Hirschhorn, Bingen, Kreuznach, St. Goar) nur noch der Schatten von einst. So wurden z. B. ausgeboten und verkauft:

Centner in	1895		1896		1897		1898	
	ausgeb.	verk.	ausgeb.	verk	ausgeb.	verk.	ausgeb.	verk.
Hirschhorn	47240	40865	44372	40617	45770	635	46555	46375
Kaiserslautern. . .	26255	21875	21485	17605	23484	15964	22381	12540
Erbach	6093	5430	4541	3393	5814	269	6430	4720
Friedberg	11760	6535	11680	150	10760	7790	9705	7635
Heilbronn	13630	11305	16470	4000	8238	425	5120	4305

Der Verkehr zwischen Produktion und Konsumtion ist zur Zeit ein ungeregelter und schwankender. Es liegt nahe, die allgemeine wirthschaftliche Ursache dieser Erscheinung zu ergründen und daraus Aenderungsvorschläge abzuleiten. Auf allen Gebieten des Wirthschaftslebens vollzieht sich eine zeitliche Entwicklung, die mit der verkehrslosen Hauswirthschaft beginnend in die arbeitstheilige Tauschwirthschaft überführt. Wiederum deren Anfangsstadium ist gekennzeichnet durch den unmittelbaren Güteraustausch, und dieser wird allmählich bei immer mehr sich erweiternden und vertiefenden Verkehrsbeziehungen der Wirthschaftseinheiten unter einander zum Geld- und Kreditverkehr. Am frühesten bei den beschränkt erzeugten und beschränkt begehrten Gütern ist es mit der zunehmenden Arbeitstheilung bald unmöglich, Produktion und Konsum unmittelbar in harmonischer Wechselbeziehung zu erhalten. Es macht sich ein Bindeglied, der Handel, nöthig. Er sucht die Produkte da auf, wo sie über den örtlichen Eigenbedarf hinaus am besten oder billigsten erzeugt werden und verbringt sie dahin, wo sie begehrt, aber nicht oder in nicht genügender Menge oder Art oder nur mit größerem Kostenaufwand hergestellt werden. Allmählich bemächtigt er sich auch der allgemein nothwendigen und der vielseitig brauchbaren Güter, bahnt sich neue Wege in entlegene Gegenden, schafft neue Transportmittel, organisirt und verbilligt den Transport und bringt einen Güteraustausch zu Stande, welcher leicht transportable Güter zur Welthandelswaare macht, aber sogar die schwer transportablen Massengüter auf weite Entfernungen hin der begehrenden Konsumtion zuführt.

Mit der durch den Handel hervorgerufenen Umgestaltung der bestehenden Absatzverhältnisse ist eine zunächst immer zerstörende und zersetzende, schließlich aber doch im Ganzen förderliche Wirkung auf die Produktion verbunden. Diejenigen Produktionskreise, welche sich den veränderten Absatzverhältnissen nicht anzupassen vermögen, leiden oder gehen auch zu Grunde, wie wir es jetzt u. a. an der fortschreitenden Desorganisation des Handwerks beobachten. Die Urproduktion ist dieser nachtheiligen Wirkung weniger ausgesetzt, soweit ihre Produkte nichtersetzbare und nothwendige Nähr= und Rohstoffe sind. Aber auch sie muß, wie wiederum die Gegenwart zeigt, unter oft recht schweren Krisen sich den Forderungen des entwickelten Handelsverkehrs einfügen.

Konnte früher die Verbindung zwischen Produktion und Konsum noch unabhängig vom gewerblichen Handel lange Zeit aufrecht erhalten werden durch zeitweilige Vereinigung der Producenten und ihrer Kunden, so auf Börsenplätzen, Jahrmärkten, Messen, oder durch Aufsuchen der Producenten Seitens der Käufer und umgekehrt, so erweisen sich diese Einrichtungen mit der fortschreitenden Ausbreitung der Verkehrsbeziehungen als ungenügend. Die gesammte wirthschaftliche Thätigkeit nahm, auf dem einen Gebiete mehr und eher, auf dem andern weniger und später einen kommerciell=spekulativen Charakter an. Auch im Kleinverkehr wird es immer schwieriger für den Producenten, unmittelbar zu liefern, für den Konsumenten, unmittelbar zu kaufen. Der gewerbsmäßige Handel tritt vermittelnd zwischen beide und ermöglicht unter weitgehender Benutzung der modernen Hilfsmittel des Telegraphs, der Post, der Eisenbahn und Schiffahrt und des Kreditverkehrs einen über die ganze Erde erstreckten unendlich weiterverzweigten Güteraustausch; der Konsumtion schafft und erleichtert er die Deckung ihres Bedarfs, die Produktion überhebt er der mit Mühe, Unkosten und Risiko verknüpften Aufgabe, sich Absatz zu suchen. Beide Theile gewinnen durch ihn und er selbst fordert und erhält berechtigter Maßen dafür ein Entgelt für seine Thätigkeit.

Bei den Produkten der Waldwirthschaft vollzieht sich diese Einschiebung des Handels spät und langsam. Aber sie vollzieht sich auch hier nothwendig und stetig. Das Hauptprodukt des

Waldes, das Holz, ist schon lange Handelswaare, in wesentlichen Sortimenten Welthandelswaare geworden. Westdeutschland sendet sein Buchenholz nach Sachsen und nach England und verarbeitet dagegen oberbayerisches, schwedisches, russisches, galizisches Nadelholz, amerikanische Eichen und Kiefern, indisches Teakholz. Wenn auch noch große Quantitäten, vielleicht das Meiste des deutschen Holzes direkt von Konsumenten im Walde gekauft wird, der Holzhandel ist dennoch schon jetzt ein wichtiges, nützliches und für die Preisbildung des Holzes entscheidendes Glied im Wirthschaftsleben.

Anders bei der Lohrinde. Hier hat die Entwicklung, der Wandel von der verkehrslosen Verwerthung zum Handelsverkehr erst begonnen. Die Krisis besteht und fordert Opfer. Im Rindengeschäft fehlt noch heute, soweit es sich um heimisches Produkt handelt, der Handel als Bindeglied fast völlig. Das erklärt sich aus der Eigenart sowohl der Produktion und des Produktes, wie des Konsums. Die Lohrinde war ein bis vor Kurzem unentbehrliches, dabei aber auch nur von einem bestimmten Konsumentenkreis begehrtes Gut. Beide, Produktion wie Konsum waren unweigerlich auf einander angewiesen. Der entwickelte Verkehr änderte an diesem Verhältniß zunächst nichts, sondern zeitigte nur örtliche Vereinigungen, Märkte, wo Producent und Konsument sich trafen und, ohne des Zwischenhandels zu bedürfen, sich einigten. Aber der Verkehr wirkte weiter und brachte fremde Rinde und mannigfache Ersatzstoffe und beides vermittelte ein selbständig entwickelter spekulativer Handel. Die Gerberei akkommodirte sich diesem Wandel, dies zwar mit fühlbaren schweren Leiden und Verlusten, mit dem Untergange zahlreicher kleiner bisher sicherer Existenzen, aber doch unter erstaunlicher Hebung des gesammten Gewerbes. Der Urproducent aber, der Schälwaldbesitzer steht noch vor dieser Anpassung. Er sucht in altgewohnter Weise auf Rindenmärkten und durch unmittelbaren Verkauf seine Rinde an den Käufer zu bringen, er klagt und zetert, wenn er sie nicht mehr oder nur mit Verlust los wird und will noch immer nicht begreifen, daß nicht Uebelwollen der Gerber, nicht Rückgang des Gerbverfahrens, nicht falsche Zollpolitik Schuld an seiner Noth tragen, sondern die durch den Verkehr völlig veränderte wirthschaftliche Lage bezw. sein eigenes hartnäckiges Festhalten an einst brauchbaren jetzt veralteten und schädlichen Verkaufsformen.

Was also thut Noth? Meine Antwort wird vielen befremdlich, verkehrt, einfältig erscheinen. Sie gründet sich aber auf eine durch sorgfältiges Beobachten der wirthschaftlichen Vorgänge gewonnene Ueberzeugung: Es muß planmäßig und stetig darauf hingewirkt werden, daß wie auf allen ähnlichen Gebieten auch im Rindengeschäft ein ständiger und allgemeiner Zwischenhandel sich etablire, welcher dem Lohproducenten das Suchen nach Abnehmern, das Risiko, solche zu finden, abnimmt, dem Gerber die Mühe, sich seinen Bedarf in zahllosen, kleinen, einzelnen, verschiedenartigen, mühsam zu gewinnenden und herbeizuschaffenden und nur zur Zeit der Schälsaison erlangbaren Posten zusammenzusuchen.

Diese Ansicht ist weder neu noch fehlen für sie Anhaltspunkte auf verwandten Gebieten. Schon Neubrand sagt (a. a. O., S. 162): „Ein regelmäßiger Handel, der es dem Gerber möglich macht, zu jeder Jahreszeit die zum regelmäßigen Betrieb des Gewerbes erforderliche Rindenqualität zu erstehen, dem Producenten jederzeit einen sichern und lohnenden Absatz der Produkte gewährt, ist bis jetzt noch nicht entwickelt." Und weiter: „Wir denken, daß gerade ein tüchtiger Handel echte für Producenten und Konsumenten gleich annehmbare Mittelpreise erzielen lasse. Dadurch, daß er im Jahre des Ueberflusses aufkauft, mehrt er die Nachfrage und erhält die Preise auf angemessener Höhe; dadurch, daß er im Jahre der gesteigerten Nachfrage seine Vorräthe zu Markte bringt, mehrt er das Angebot und wirkt so wohlthätig als Vermittler zwischen Konsumenten und Producenten .... Gerade dadurch ist der Rindenhandel gerechtfertigt, daß in den einzelnen Jahren und an verschiedenen Orten der Rindenbedarf ein verschiedener ist, während das jährliche Erzeugniß im Schälwald so ziemlich das gleiche bleibt; man wäre nicht genöthigt, zur allgemeinen Verkaufszeit um jeden Preis loszuschlagen oder das Schälen aufzuschieben und dadurch den Wirthschaftsplan zu alteriren."

Und die Gerberei selbst hat bei Beschaffung ihres anderen Rohproduktes, der Häute, längst diesen Weg eingeschlagen. Spekulative

Handelstreibende, darunter nicht wenige einstige Lohgerber, welche der Krisis in ihrem Gewerbe zum Opfer fielen, haben sich erfolgreich dem Häutehandel zugewandt und sind sachkundige Vermittler zwischen der Rohproduktion der thierischen Haut im Inland und Ausland und deren Verarbeitern geworden. Sie finden in dieser gewiß produktiven Thätigkeit ihren ehrlichen Unterhalt und ihnen ist es zu danken, daß es der auf der Höhe technischen Könnens stehenden deutschen Gerberei nicht an Häuten fehlt, die diese beim direkten Bezug vom Landwirth oder Metzger im Inland nicht entfernt würde erlangen können. Und im Rindengeschäft selbst sehen wir, daß der selbständige Handel Wichtiges und Gutes leistet. Nur durch ihn sind die Gerber in den Stand gesetzt, daß sie ungarische, französische, belgische Rinde ohne weitere Mühe als einen Federstrich jederzeit beziehen können, daß dem enorm gestiegenen Bedarf an Rinde, den das Inland bei Weitem nicht zu decken vermag, auf diese Weise genügt wird.

Es ist ernstlich garnicht zu bezweifeln, daß der deutsche Gerber die anerkanntermaßen bessere deutsche Rinde der durchschnittlich minderwerthigen ungarischen Rinde gewiß vorziehen und auch höher bezahlen werde, wenn sie ihm nur erst unter ebenso bequemen handelsmäßigen Bezugsbedingungen zugänglich gemacht wird. Es kann aber ernstlich auch nicht von ihm erwartet werden, daß er aus patriotischen oder altruistischen Erwägungen das eigene Interesse dem des deutschen Schälwaldbesitzers nachstellt. Er wird zunächst sehen, wie er sich selbst am besten vorwärts bringen kann und des andern erst dann und nur soweit sich annehmen, als es unbeschadet des eigenen Wohls geschehen kann. Dann, aber auch erst dann wird er es thun.

Man kann nun diesen Erwägungen zustimmen und doch an der Möglichkeit ihrer Durchführung zweifeln. Auch ich halte sie nicht für leicht und nicht für rasch und mit einem Male erreichbar. Aber mit der klaren Erkenntniß des richtigen Wegs wird und muß sich die Kraft, ihn einzuschlagen finden. Nicht mit Staatshilfe, allein, sondern zuvörderst aus eigener Entschließung müssen die Rindenproducenten das Ziel erstreben. Die Staatsgewalt soll dieses Streben leiten, stützen, fördern. Kleine Anfänge sind schon gemacht. In den Gegenden, welche viel Rinde erzeugen, finden sich jetzt schon gewerbsmäßige Händler mit heimischer Rinde, ebenso an Hauptplätzen der Lederindustrie, da und dort hat auch der Holzhandel die Gerbrinde in seinen Geschäftsbereich einbezogen. Hierher darf auch die industrielle Thätigkeit gerechnet werden, die sich mit der Umwandlung von Rinde in gemahlene gebrauchsfertige Lohe zum Verkaufe und mit Herstellung von Rindenextrakten beschäftigt. Nach der Berufszählung von 1895 giebt es in Deutschland 397 Lohmühlen und Lohextraktfabriken als Hauptbetriebe mit 774 beschäftigten Personen; die im bloßen Handelsgewerbe mit dem Rindenhandel beschäftigten Betriebe und Personen sind statistisch nicht ausgeschieden. Aber ihre Zahl ist, — das darf als sicher gelten — schon jetzt nicht ganz gering und gegen früher erheblich gewachsen.

Dem Schälwaldbesitzer freilich stehen privatwirthschaftliche Mittel nicht zu Gebote, da, wo der Rindenhandel fehlt, ihn zu schaffen; wo er entwicklungsbedürftig ist, ihn zu fördern. Aber mittelbar ist er doch im Stande, dazu beizutragen, indem er die Etablirung eines Rindenhandels durch Einrichtungen seinerseits anbahnt. Voraussetzung erfolgreichen Vorgehens ist vor Allem Einigung der Rindenproducenten zu gemeinsamer Interessenvertretung. Vielfach sind dafür schon durch bestehende Einrichtungen die besten Vorbedingungen geschaffen, so z. B. in Siegen in den Haubergsgenossenschaften, deren jede durch einen Haubergsschöffenrath vertreten wird und denen in ihrer Gesammtheit ein Forstsachverständiger zur Seite steht. Auch die zur Begründung und Abhaltung der Rindenmärkte geschaffenen Vereinigungen verschiedener Producenten einer Gegend werden sich ohne viel Mühe in genossenschaftliche Verbände umgestalten lassen. Ferner die bereits bestehenden landwirthschaftlichen Vereine dürften geeignete korporative Organe sein, um derartige Verbände für ihren Wirkungskreis ins Leben zu rufen oder doch anbahnen zu helfen. Haben doch schon lange die landwirthschaftlichen Vereine von Rheinland und Westfalen die Interessen des Schälwaldbesitzes in eifriger und oft erfolgreicher Weise wahrgenommen.

Wo sich freie Genossenschaften nicht bilden, müßte zur Gründung von Zwangsgenossenschaften geschritten werden. Ueber die Ausgestaltung im Einzelnen möge hier nur kurz Einiges angedeutet werden. Als erste Stufe würde die Magazin- und Absatzgenossenschaft zweckdienlich erscheinen, welche sich ein oder einige gemeinschaftliche Lagerhäuser für die Eichenrinde schafft. Jeder Producent, der große wie der kleine, die physische wie die juristische Person, übernimmt für sein Theil und auf sein Risiko das Schälen und Trocknen der Rinde und den Transport in das Lagerhaus. Ein Lagerhausverwalter, am besten ein kaufmännisch gebildeter Gerbereikundiger, klassificirt nach fest vereinbarten Grundsätzen die eingehende Rinde und sorgt für die gute Unterbringung der einzelnen Posten. Der Verkauf erfolgt nach kaufmännischer Gebahrung, nachdem die Ernte eines Jahres eingebracht ist, je nach den Konjunkturen entweder nach dem Meistgebot mündlich öffentlich oder schriftlich geheim in einem Termin, oder aber freihändig in einzelnen Posten. Jeder Einlieferer bleibt Besitzer seiner Rinde bis zum erfolgten Verkauf und jeder Einzelposten wird getrennt gehalten, kann aber zum Zwecke des Verkaufs mit anderen gleichartigen geeigneten Posten zu einem Loose vereinigt werden.

Eine weitergehende genossenschaftliche Organisation würde die Absatz- und Handelsgenossenschaft mit Einrichtungen nach Art der eben jetzt viel erörterten Getreidelagerhäuser bilden. Eine solche würde sich unschwer aus der erstgedachten Art herauswachsen können. Die eingelieferte Rinde wird dabei klassificirt, taxirt, nach Menge und Qualität gebucht und dem Producenten gutgeschrieben. Alle Rinde wird alsdann, nur nach Qualität gesondert, zu großen Beständen vereinigt und im freien Handelsverkehr vom Lager aus nach Musterproben oder festen Usancen verkauft. Die Klassifikation würde unter sachverständiger Leitung ebenso gut durchführbar sein wie auf den ungarischen und französischen Plätzen. Sie hat das Gute, daß der Producent angeregt wird, möglichst gute Rinde einzuliefern, weil nur marktfähige Waare annahmefähig sein dürfte. Ob es zweckmäßig ist, die Einrichtung zur Kreditgenossenschaft zu erweitern, indem die eingelieferten Rindenmengen beliehen werden können, ist mit Rücksicht auf das dadurch erheblich vergrößerte Risiko der Genossenschaft nicht von vorn herein zu entscheiden. Einfacher erscheint es, wenn die Genossenschaft als Vorschußverein den Einlieferern bis zu einer bestimmten Höhe Vorschuß leistet.

Die Organisation derartiger Verbände würde sich nach dem deutschen Genossenschaftsgesetz einfach regeln. Die Vertretung nach außen liegt in der Hand des Vorstands, den der Aufsichtsrath kontrolirt. Träger der Genossenschaft sind die Mitglieder, welche ihre Interessen in der Generalversammlung zur Geltung bringen.

Noch könnte dieser Werdegang weiter verfolgt werden. Aus den so konstruirten Magazin- und Absatzgenossenschaften würde sich vielleicht der Handel als selbständiges Bindeglied entwickeln können, wenn das Bedürfniß der Zeit darauf hinweist. Analogien dafür bietet das Maklerwesen und der Kommissionshandel, also der Handel im eigenen Namen für fremde Rechnung. Aus ihm hat sich erfahrungsmäßig sehr häufig der Eigenhandel entwickelt. Es würde zu weit ins spekulative Gebiet führen, wollte ich das hier weiter verfolgen.

Noch bleibt zu erörtern, wie die Rindenkäufer derartigen Einrichtungen gegenüber sich stellen würden. Ich halte dafür, sie würden in ihrer Mehrzahl bald die ihnen gewährten Vortheile eines kaufmännisch geregelten Bezugs der Rinde unabhängig von der Schälsaison anerkennen und bereitwillig davon Gebrauch machen. Allerdings wird der Gerber, welcher an altbewährten Beziehungen zum einzelnen Rindenproducenten festhalten will, der Einrichtung abhold sein; so vielleicht die kleinen, handwerksmäßigen, bloß für einen lokal begrenzten Kundenkreis arbeitenden Gerber, auch wohl Fabrikanten, welche beim freien Einkauf in den ihnen wohlbekannten Revieren, die sie als ihre Domäne betrachten durften, die Preise diktiren konnten. Aber das für die Zweckmäßigkeit Entscheidende bleibt zunächst allein der Vortheil, den die Genossenschaftsmitglieder erlangen. Es wird zudem voraussichtlich auch neben den Genossenschaften besonders anfangs noch manche Bezugsquelle für Rinde offen bleiben und so die Einpassung in die neuen Verhältnisse sich allmählich vollziehen können.

F. Zusammenfassung der gewonnenen Ergebnisse.

Aus den vorstehend angestellten Untersuchungen ergeben sich kurz folgende Leitsätze:

1. Schälwald, der als solcher beibehalten werden soll, bedarf fortlaufender Ergänzung und Nachbesserung. Eine Beimischung anderer Holzarten kann, obzwar sie den höchstmöglichen Rindenertrag beeinträchtigt, zweckmäßig sein, sei es vorübergehend zur Wachsthumssteigerung des Hauptbestandes, sei es dauernd zur Erhöhung des wirthschaftlichen Gesammteffekts oder endlich auch zur Erleichterung späterer Ueberführung in eine andere Betriebsform.

2. Schälwald, der als solcher beibehalten werden soll, bedarf fortgesetzt sorgfältiger Erziehung und Pflege. Die wirksamsten Mittel dazu sind Bodenlockerung, Durchforstung und Raumholzhieb unter genauer Beachtung der für diese Maßregeln geeigneten Zeit und Abmessung.

3. Die Gewinnung der Rinde soll grundsätzlich immer vom Waldbesitzer besorgt werden.

4. Das Trocknen der Rinde muß so ausgestaltet werden, daß die Beschädigung durch Regen sicher vermieden wird. Das ist nur durch Anwendung von Schutzvorrichtungen erreichbar.

5. Bei der Verwerthung der Rinde soll die Schaffung bezw. Ausgestaltung eines die Produktion und die Konsumtion verbindenden Zwischengliedes, des Rindenhandels, angebahnt werden. Genossenschaftliche Einigung der Producenten zu Magazin-, Absatz-, Handels- und eventuell auch Kreditgenossenschaften erscheint als das privatwirthschaftlich zur Zeit zweckmäßigste Hilfsmittel hierzu.

3. Die Umwandlung des Schälwaldes.

Auf Seite 135, 136 war ein durch die thatsächlichen Verhältnisse vorgezeichneter Unterschied zwischen unbedingten und bedingten

Schälwaldstandorten konstruirt und die Forderung aufgestellt worden, daß alle diejenigen Schälwaldungen, deren Beibehaltung aus den dort angegebenen privatwirthschaftlichen und volkswirtschaftlichen Umständen nicht erforderlich erscheine, allmählich in andere Wirthschaftsformen übergeführt werden.

Nach den Erfahrungen der letzten Jahrzehnte und bei dem Ausblick in die Zukunft des Schälwaldes ist es jedenfalls ein sehr großer Theil des jetzt vorhandenen Schälwaldes, der bei solch anderer Benutzungsart höhere Erträge verspricht.. Rein privatwirthschaftlich darf als die äußerste Grenze, bis zu welcher die Beibehaltung zulässig erscheint, die dritte Standortsklasse gelten. Sie bringt nach den Seite 144 f. aufgestellten Tabellen bei den gewöhnlichen Umtriebszeiten und Preisen Bodenrenten von höchstens noch 12,04 Mk. Diese sinken aber, wenn der höhere Zinsfuß und der niedrigere Preis zu Grunde gelegt wird, schon bis zu 4,59 Mk. Und selbst wenn höhere Preise, als die durchschnittlichen letztjährigen etwa wieder erzielt werden, (vgl. S. 146 Anm.) stellen sich die Grenzwerthe nur auf 19,20 Mk. bezw. 10,73 Mk. Legt man die Waldroherträge zu Grunde, so ergiebt sich ebenfalls als zulässige Grenze ein etwa der III. Bonität entsprechender Ertrag von ungefähr 18—20 Mk. Auch diese Erträge schon werden von dem analog berechneten Hochwaldertrag, soweit er statistisch zu ermitteln war, fast überall überholt. Die Ertragstafel Seite 140 giebt für III. Bonität 5,5 Centner Rinde oder bei 15, 18 und 20 jährigem Umtrieb 80, 100 und 110 Centner. Es kann danach, will man für ganz approximative Schätzung eine Zahl nur haben, als Ertragsgrenze, bis zu welcher eben noch der Schälwald beibehalten werden kann, 80 Centner Rinde angenommen werden.

Von denjenigen Waldungen, welche nach diesen Kriterien für die Umwandlung in Betracht zu ziehen sind, müssen noch ausgeschieden werden diejenigen, welche durch ihre Neben- oder Zwischennutzungen soviel an Erträgen liefern, daß dadurch der Gesammteffekt den bei anderer Bewirthschaftung erzielbaren übersteigt. Hierfür können natürlich allgemeine Gesichtspunkte nicht mehr gewonnen werden, sondern die eng örtlichen Umstände sind entscheidend. Endlich sind — wenigstens vorerst — diejenigen Schälwaldungen auszuscheiden, welche aus volkswirthschaftlichen Rücksichten nicht umgewandelt werden können, solange die wirthschaftliche Lage der von ihnen abhängigen heimischen Bevölkerung nicht unabhängig von ihnen umgestaltet werden kann. Aber auch von diesen Schälwaldungen sollten wenigstens die schlechtesten mit ganz dürftigen Erträgen zur baldigen Umwandlung vorgesehen werden.

Auch der nach Ausschließung all dieser Kategorien verbleibende Rest repräsentirt sicher einen sehr großen Theil des deutschen Schälwaldes. Man hat ihn bald auf 1/3, bald auf die Hälfte, ja sogar bis auf 70 und 80% eingeschätzt. Es ist müßig, diese Angaben auf ihre Richtigkeit hin zu prüfen, weil jede feste Grundlage dafür fehlt. Lediglich im einzelnen und besonderen kann die Entscheidung fallen, ist aber da auch nicht schwer zu treffen.

Die Bodenbenutzungsform, welche an die Stelle des Schälwaldbetriebes jeweils zu treten hat, hängt nicht minder von örtlichen Faktoren ab. Drei Hauptformen kommen in Frage: Waldwirthschaft auf Holzzucht gerichtet in Hoch-, Plenter-, Mittel- oder Niederwaldbetrieb, Landwirthschaft und zwar Benutzung als Acker, Wiese, Weide oder Streuland, endlich Weinberg.

Die Umwandlung in landwirthschaftliches Kulturgelände und Weinberg vollzieht sich technisch und finanziell rasch und leicht. Der Schälwald wird gerodet, der Boden thunlichst tief gelockert und von den Stock- und Wurzelresten, von Unkraut und Steinen gesäubert, gedüngt und bestellt. Wo der Eigenthümer künftig die unbebaut zu belassende Bodenfläche nur auf Streunutzung bewirthschaften will, sind außer der Beseitigung des Holzbestandes weitere Aufwendungen überhaupt nicht nöthig. Auch bei der Ueberführung in Kulturgelände werden die Kosten nur selten hoch sein und zumeist im Erlös der letzten Rinden- und Holzernte, also mit Verzicht nur eines Jahresertrages Ersatz finden. Aber auch wenn sie sich höher belaufen, ergiebt die nach Verlauf eines oder höchstens einiger Jahre eingehende Fruchtnutzung einen baldigen Ausgleich. Größere Anforderungen stellt die Umwandlung in Weinberg. Diese Form kommt aber schwerlich in größerem Umfang zur Anwendung und wo Klima, Lage und Standort darauf hinweisen, wird auch die Leistungskraft zur Ausführung sich finden. Ein Beispiel aus neuester Zeit findet sich im Saarthal, wo der preußische Fiskus in günstiger Lage (Bockstein) einen Schälwaldkomplex gerodet und in sehr aussichtsreichen Weinberg übergeführt hat.

Auf die Technik der Umwandlung in landwirthschaftliches Kulturgelände und Weinberg einzugehen, ist hier erläßlich. Es bleibt danach die wesentlichste und wahrscheinlich auch am meisten in Frage kommende Ueberführung des Schälwaldes in eine andere waldwirthschaftliche Betriebsform zu erörtern. Die möglichen Betriebsarten sind der Niederwald, der Mittelwald und der Hochwald einschließlich des Plenterwaldes. Rein technisch betrachtet bestehen keine Schwierigkeiten für die Ueberführung. Dagegen erwachsen solche aus ökonomischen Rücksichten und zwar im besonderen Maße dann, wenn eine Betriebsform mit hohen Umtriebszeiten und dementsprechend hohem Materialkapital eingeführt werden soll. Der Staat für seinen Forstbesitz kann ohne Bedenken und Zögern der getroffenen Entscheidung die Ausführung folgen lassen. Die zeitliche Einbuße an Jahreserträgen ist bei der geringen Quote, die der Schälwald überall einnimmt, verschwindend und kann ohne Weiteres anderweit ausgeglichen werden. In derselben Lage befindet sich auch der große Korporations- und Privatbesitz. Schwierig gestaltet sich die Umwandlung aber für den Kleinbesitz und für diejenigen Gemeinden und Korporationen, deren Waldbesitz hauptsächlich oder wesentlich aus Schälwald besteht. Eigenthümer dieser Art mögen vollauf überzeugt sein, daß die Umwandlung ihnen Vortheil bringt und werden doch davor zurückschrecken, wenn sie eine zwar sicher höhere aber erst nach einer mehrere Jahrzehnte langen Karenz eingehende Rente dabei erzielen. Es muß deshalb gerade für solche Verhältnisse nach Formen gesucht werden, welche den Uebergang finanziell erträglich gestalten und den Entzug der bisherigen Jahresnutzungen mit der wirthschaftlichen Leistungskraft des Waldbesitzers bei geringem oder fehlendem Kapitalvermögen in Einklang bringen.

A. Niederwald.

Die Benutzung bisherigen Eichenschälwaldes zur Holzzucht in Niederwaldform gelingt ohne Umwandlung, wenn die bisherige Rindennutzung und dementsprechend der Frühjahrshieb aufgegeben, der Winterhieb eingeführt wird. Die nächstliegenden Vortheile erwachsen dabei aus der Ersparniß der Schälerlöhne und Verwendung wohlfeilerer Winterarbeit. Die Erträge bestehen fortan nur in Holz und zwar ganz überwiegend in Reisig, daneben aus wenig Kleinnutzholz und Derbbrennholz. Die Entscheidung, ob eine derartige Benutzung nachhaltig höhere Erträge verspricht, als die bisherige, hängt ab von der Verwerthbarkeit des Reisigs und den für dieses erzielbaren Preisen. In dichtbevölkerten waldarmen Gegenden z. B. Theilen der Wetterau, oder da, wo zu Wasserbauten Faschinenreisig in größeren Mengen gebraucht wird, oder wo lokal kleine Nutzholzsortimente (Weinbergspfähle, Pferchstöcke ꝛc.) guten Absatz finden, mögen die Reisigpreise hoch genug stehen, um den Ausschlagniederwald zur Holzzucht vortheilhaft zu machen.

Die Umtriebszeit bemißt sich nach der Verwerthbarkeit des Holzes und nach der Ausschlagkraft der Stöcke, ist wegen des letzteren Umstandes allgemein niedrig und wird höchstens bis zu 50 Jahren ausgedehnt werden können. Weiterhin entscheidet der Standort, besonders die Bodenfrische und Tiefgründigkeit. Immerhin kann der Umtrieb den für den Schälwald zumeist üblichen an Länge ziemlich weit überragen. Das ist auch in der Regel zweckmäßig, weil mit der Höhe der Umtriebszeit der Holzanfall auf gleicher Fläche zunimmt und mehr zu Kleinnutzholz verwendbares Material erwächst (Floßwieden, Reifstäbe, Rebpfähle, Zaunstecken, Grubenholz ꝛc.). Allerdings wird im jährlichen Betrieb bei gegebener Gesammtfläche die Jahreshiebsfläche mit höherem Umtriebe kleiner. Es ist in jedem Falle abzuwägen, wie hoch der letztere danach bemessen werden soll. Ein Beispiel mag das erläutern.

Legen wir mittlere Bonität und durchschnittliche Preise unter Mitbenutzung der in den thatsächlichen Erträgen S. 147—156 angegeben Zahlen zu Grunde, weiterhin die Erträge, die Preßler (Forstl. Hilfsb. III. Tab. 11) für Niederwald angiebt und nehmen wir endlich eine ebenfalls unter Zugrundelegung realer Verhältnisse gebildete Sortimentstafel zu Hilfe, so läßt sich folgende schematische Tabelle aufstellen:

In einem 30 ha großen Walde pro ha:

u	Ertrag nach Preßler fm	Sortiments-Procent		Sortimentsmasse Derbh. Reisig fm		Sortimentsmasse in Raummetern				Gesammt-Ertrag	Größe der Nutzungsfläche bei F = 30 ha	Jährlicher Geldertrag
		Derbh.	Reisig	(0,7 = 1 rm)	(0,2 = 1 rm)	Derbh.	à Mk.	Reisig	à Mk.	Mk.		Mk.
15	36	5	95	1,8	34,2	2,6	2,5	171	1,3	228,80	2	457,60
20	49	15	85	7,4	41,6	10,6	3,0	208	1,3	302,20	1,5	453,30
30	80	30	70	24,0	56,0	34,3	3,5	280	1,5	540,05	1,0	540,05
40	106	45	55	47,4	58,3	67,7	4,0	291	1,5	707,30	0,75	530,48
50	125	55	45	56,3	68,7	80,4	4,5	344	1,5	877,80	0,6	526,68

Der Eigenthümer des Waldes würde also durch Erhöhung des Umtriebs über 15 oder 20 Jahre jedenfalls gewinnen, am besten aber sich stehen bei einem Umtrieb von 30 Jahren.

Allgemein bietet der Niederwald gewisse Vortheile: Die erstmalige Nutzung tritt bei Neuanlagen zeitig ein, die Nutzung derselben Fläche kehrt häufig wieder, jährliche Nachhaltwirthschaft ist auch auf kleiner Gesammtfläche möglich, das Produktionskapital, der Holzvorrath ist klein, die Bewirthschaftung (Verjüngung, Pflege, Ernte 2c.) ist sehr einfach, desgleichen die Betriebsregulirung, die sich lediglich auf die Fläche gründet. Der Niederwald ist wenig Gefahren ausgesetzt (Insekten, Wind, Schnee), selbst die nachtheilige Einwirkung der häufigen Bodenentblößung wird vermieden, wenn die rasche Wiederbedeckung durch die jungen Ausschläge nicht verzögert wird (Weide, Gras, Streu, Laub 2c.). Im Besonderen ist die Umwandlung von Eichenschälwald in gewöhnlichen Niederwald leicht, ohne nennenswerthe Opfer und ohne langjährigen Verzicht auf Erträge ausführbar.

Als Holzarten eignen sich nur solche mit Ausschlagkraft, also Laubhölzer und von ihnen in der Hauptsache solche, die von Natur sich vorfinden und welche gut gedeihen. Außer der Eiche sind es vorzugsweise diejenigen, welche das Raumholz bilden. Die Eiche mag dann unbedenklich allmählich zurücktreten, wenn die Raumhölzer besser und reichlicher wachsen als sie. Neben den Baumhölzern Eiche, Buche, Hainbuche, Birke, Kastanie, Ahorn, Esche, Aspe, Akazie, Linde, Weide treten viele strauchartige auf, z. B. Hasel, Heckenkirsche, Weißdorn, Hartriegel u. a. Auf Anzucht der zu Nutzholz schon bei niedrigem Alter geeigneten Arten ist besonders Bedacht zu nehmen. Beachtung verdient die Akazie. Sie liefert schon in schwachen Sortimenten Nutzholz, so zu Rebpfählen und Schiffsnägeln und besitzt eine hohe Fähigkeit, Wurzelausläufer im weiten Umfange der weit streichenden Wurzeln zu bilden. Ihre Ansprüche an den Boden sind zwar nicht gering, sie gehört sogar nach Weise (Münd. f. Heft XII., S. 7) zu den Baumarten, die dem Boden die größten Aschenmengen entziehen. Aber sie hat nach demselben Autor dabei die Fähigkeit, diese Mengen herbeizuschaffen selbst unter schwierigen Verhältnissen und gedeiht insbesondere sehr gut auf schotterigen, lockeren, mürben, humuslosen und trockenen Böden, wenn diese nur nicht ganz arm an mineralischen Nährstoffen sind. Nur gegen dichten Schluß in höheren Bestandsaltern, gegen Gras- und Unkrautfilz und gegen Beschattung durch vorwüchsige Nachbarstämme ist sie empfindlich und eignet sich deshalb zumal für niedrige Umtriebe, wie sie der Niederwald hat und für Standorte, wie sie gerade im schlechtwüchsigen Schälwalde des westdeutschen Berg- und Hügellandes viel vorkommen. Als Leguminose vermag sie außerdem den Boden mit Stickstoff anzureichern. Im Moselgebiete begegnet man ihr in reinen Beständen bis ins Stangenholzalter hinein und in der Untermischung schon häufig. Ein sehr weitgehender Anbau der Akazie findet in Ungarn statt. Auch die Linde möchte mehr Beachtung als bisher verdienen. Sie ist ein ausschlagkräftiges, raschwüchsiges, schattenertragendes Schlagholz und kann auch im Ueberhalt als Nutzholz oder zur Bastgewinnung gute Erträge liefern.

Der Niederwald bietet endlich auch die Gewähr, in beschränktem Maße gewisse Nebennutzungen ohne Nachtheil für die Holzzucht zu liefern. Die Weide kann in mittelalten Beständen unter den früheren, Seite 177 ff. besprochenen Modalitäten ausgeübt werden, der Grasschnitt und die Gewinnung von Streu aus verdämmenden und verfilzenden Unkräutern wenigstens auf mineralisch nicht allzuschwachen Standorten. Und selbst der landwirthschaftliche Fruchtbau läßt sich mit ihm verbinden, indem wie bisher beim Schälwald die Schlagflächen zu einmaligem Roggen- oder Kartoffelbau mit oder ohne Brennen ausgegeben werden. Interessante Beispiele für diese Wirthschaft finden sich in der fürstlich Hohenloheschen Herrschaft Podiebrad in Böhmen (vgl. Ber. der Böhm. Forstvers. 1897), wo auf sehr kräftigem alluvialen Auboden Niederwaldwirthschaft mit Ueberhalt bei 40jährigem Umtrieb besteht. Die jährliche Nutzungsfläche wird im Herbst in kleine Loose getheilt und an die umwohnende Bevölkerung versteigert. Diese erwirbt das Schlagholz mit, baut ein Jahr lang Kartoffeln und bringt gleichzeitig eine Eichelsaat in den Boden. Dies Verfahren soll schon über 100 Jahre dort bestehen und sich gut bewähren. Gleichartige und ähnliche Standortsverhältnisse werden sich in Westdeutschland nur spärlich finden. Immerhin kann auch hier auf kräftigen Gebirgsböden eine ähnliche Nutzungsweise wenigstens als Uebergangsstadium am Platze sein.

Neben und vielleicht vor dem einfachen, gleichalterigen Niederwald mit flächenweisem, kahlem Abtrieb verdient der **Niederwald mit Ueberhältern** für die Umwandlung des Schälwaldes Beachtung. Wenn wir oben, Seite 157—160, zu dem Ergebniß gelangt waren, daß eine Beimischung älteren Holzes im Schälwald nur möglich sei auf Kosten der höchstmöglichen Rindenerträge, so fällt dieses Bedenken fortan weg, dagegen machen sich alle dort hervorgehobenen Vortheile geltend: Gewinnung älteren, stärkeren, nutzholztüchtigeren, besser verwerthbaren Holzes in zwei oder auch mehrfachen Unterholzumtrieben. Zum Ueberhalt sind je nach dem Standort verschiedene Laubhölzer zumal aber Nadelhölzer geeignet. Einen großen Raum mag auch künftig die Eiche einnehmen, neben ihr die Hainbuche, Buche, Linde und Birke, auf frischen Böden wohl auch Ahorn und Esche. Das leichtsamige Weichholz Aspe, Pappel, Weide 2c. muß im Wege des Auszugs und der Durchforstung zurückgehalten werden. Von Nadelhölzern ist die **Lärche** an erster Stelle zu nennen. Ihr rascher Wuchs, ihre lichte Bekronung, der hohe Nutzwerth ihres Holzes befähigen sie wie keine andere Holzart zum Ueberhalt im Niederwald, zur Hebung von dessen Erträglichkeit und zur leichteren Ueberführung in andere Betriebsformen.

Sie findet sich schon von Alters her und neuerdings in verstärktem Maße auch im Schälwald z. B. im Odenwald, in der Eifel und im Hunsrück. In Böhmen und Mähren sind erfolgreiche Anbauversuche im großen Umfange mit der Lärche gemacht. Nächst ihr ist die Kiefer für arme, trockene Standorte, für höhere Lagen auch Fichte und Tanne, in nicht zu großer Stammzahl beigemischt, wohl brauchbar. Ueber das zweckdienliche Maß der Beimischung ist allgemein giltiges kaum zu sagen. Im Uebrigen darf auf die späteren Ausführungen beim Hochwald Bezug genommen werden.

Kann nach alledem unter bestimmten Voraussetzungen der Niederwald, sowohl der einfache als auch im Besonderen derjenige mit Ueberhalt mit Aussicht auf guten Erfolg an die Stelle des Schälwaldes treten, so wird das doch nur in beschränktem Umfange in Westdeutschland der Fall sein und sich auf steile, flachgründige, mineralisch kräftige Standorte und weiterhin auf den sehr kleinen Waldbesitz beschränken.

B. Mittelwald.

Schon die Ausführungen über den Niederwald weisen darauf hin, daß der Mittelwald betriebstechnisch leicht aus dem Schälwald hergestellt werden kann. Die Ueberführung in ihn ist aber auch privatwirthschaftlich mit relativ geringen Opfern erreichbar. Denkt man sich den Niederwald mit Ueberhalt mit reichlichen Ueberhältern in höhere und zwar so hohe Umtriebe übergeführt, daß die älteste Altersklasse der Ueberhälter die Haubarkeit erreicht, so ist damit der Mittelwald geschaffen. Allgemein bietet derselbe eine Reihe von Vortheilen, welche besonders für den kleinen Privatwaldbesitz wirksam werden: Jährliche Nachhaltwirthschaft auf kleiner Fläche, bei niedrigem Materialkapital hohe Erträge, verschiedenartige vielfach hochwerthige Sortimente, Möglichkeit, viele Holzarten selbst Nadelhölzer im Oberholz zu ziehen. Dagegen ist die Betriebseinrichtung schwierig, die Ertragsveranschlagung unsicher, die Wirthschaftsführung erfordert viel Sorgfalt, soll nicht die Bodenkraft leiden. Er gestattet auch nicht den Bezug von Nebennutzungen.

In jedem Falle ist er nur auf kräftigen, lockeren, tiefgründigen, frischen Standorten, in nicht zu hoher Erhebung am Platze.

Alle Hochlagen, die trockenen, steinigen, flachgründigen, verangerten, mit Beerkraut und Heide bedeckten Standorte sind auszuschließen. Auf diesen würde der Zuwachs an Oberholz bald nachlassen, die Bodenkraft durch die häufige Entnahme des Schlagholzes leiden. Bei solchen Anforderungen werden die dafür geeigneten Schälwaldstandorte nicht eben häufig sein. Wo sich deren finden, sind zunächst die im Schälwaldbestand vorhandenen wüchsigen Kernwüchse der Eiche wie auch Hainbuche, Buche, Birke ꝛc. zum Ueberhalt auszuwählen und durch Pflanzung zu ergänzen. Zur künstlichen Beimischung ins Oberholz sind standortsgemäß Akazie, Kastanie, Linde und Pappel, auf frischen nicht sauern Partien auch Esche, Ahorn und Rüster geeignet. Aber auch Nadelhölzer, darunter wiederum in erster Linie die Lärche, lassen sich einbringen. Bei jedem Unterholzhieb reservirt man aufs Neue die wüchsigen zum Aufwachsen geeigneten Kernwüchse und wiederholt die Ergänzungspflanzungen, während gleichzeitig alle schlechtwüchsigen sperrigen Stämme sowie die nicht erwünschten Holzarten z. B. geringwerthige und nicht aushaltende Weichhölzer herausgehauen werden. Das Unterholz wird aus Holzarten gebildet, die im Jugendalter Schatten ertragen und Ausschlagkraft besitzen. Der Eiche, insbesondere der Traubeneiche, wird ein immerhin weites Gebiet eingeräumt werden können, da sie, obwohl Lichtpflanze, in der Jugend auch im Schatten eines Oberstandes noch gedeiht. Ein Eichenunterwuchs gewährt neben Reisig und Kleinnutzholz noch eventuell eine Weiter- oder Wiedernutzung von Schälrinde, die zwar nur mittelmäßige Qualität haben, doch aber bei hinreichend hohem Rindenpreis nach Belieben genutzt werden kann.

Die Umtriebszeit des Unterholzes ist die des Niederwaldes. Man wird entweder einfach die bisherige des Schälwaldes beibehalten können oder sie, um besser verwerthbares Holz zu erzielen, etwas erhöhen. Sie darf aber nicht höher sein, als die Ausschlagkraft der Stöcke gestattet und wird im Allgemeinen etwa 20 Jahre umfassen. Die Umtriebszeit des Oberholzes bildet ein Vielfaches der des Unterholzes und bemißt sich nach der jeweils besten Nutzbarkeit des Holzes.

Die Ueberführung legt dem Waldbesitzer allerdings Opfer auf.

Sie sind aber abgesehen vom ganz kleinen Waldbesitz kaum je hoch. Erspart wird der Mehraufwand für die theurere Frühjahrsarbeit und der Schälerlohn, als Mehrkosten in Rechnung zu stellen sind der entgehende Rindenerlös, der Nutzwerth des ins Oberholz wachsenden Theils vom Unterholz, der Mindererertrag an Schlagholz infolge der Beschattung, die Kosten der Ergänzungskulturen und die Mehrkosten, welche etwa der intensivere Betrieb rücksichtlich der Hiebsauszeichnung, der Pflege und der Erziehung erfordert. Diese Einzelfaktoren vertheilen sich aber bis auf den Ausfall am Rindenerlös in ihrer Wirksamkeit auf die lange Zeit bis zur Herstellung der ältesten Oberholzklasse. Ein Verzicht auf jede Nutzung für längere Zeit ist nicht erforderlich. Das erscheint als das wesentliche für Wahl dieser Betriebsform günstige Moment. Die Erträge an Material und Geld stehen über denen des Niederwaldes, erreichen aber nicht die des Hochwaldes.

C. Hochwald.

Der Hochwald bildet unstreitig diejenige Betriebsform, welche bei einmal beschlossener Umwandlung vorzugsweise in Betracht kommt, weil er mehr als jede andere Form den Massen- und Werthszuwachs eines Holzbestandes zum Maximum bringt, auf kleinster Fläche die höchsten Erträge sichert, die Bodenkraft am wenigsten gefährdet, den Anbau aller Holzarten und insbesondere der hochwerthigen in den besten Ausformungen gestattet und in seinen verschiedenen Modifikationen auf allen Standorten möglich ist. Es ist erläßlich, diese Vorzüge im Einzelnen zu erörtern. Die Thatsache, daß in allen mitteleuropäischen Staaten, (außer Frankreich) der größte Theil aller Waldungen als Hochwald bewirthschaftet wird, in Deutschland allein 87%, in Oesterreich 84% der Gesammtwaldfläche, erweist, daß diese Form trotz mancher in ihrem Wesen beruhender Mängel den Vorrang vor allen anderen mit Grund erlangt hat. Die Mängel bestehen im Wesentlichen in den nach Ablauf jeder Umtriebszeit erforderlichen Aufwendungen für Neubegründung des Bestandes, in der langen Dauer der Umtriebszeit, die so lang sein muß, daß der Bestand seine Hiebreife erlangt und deshalb für eine jährliche nachhaltige Nutzung — außer dem

Plenterbetrieb — eine relativ große Gesammtfläche erfordert, sodann in dem entsprechend großen Vorrathskapital, das unter gewöhnlichen Umständen sich niedriger rentirt als Kapitalanlagen anderer Art, endlich in den Gefahren, welchen der Holzvorrath gegenüber unwirthschaftlicher Behandlung und gegenüber Kalamitäten durch die belebte und unbelebte Natur ausgesetzt ist.

Aber gerade für eine Ueberführung des Schälwaldes in Hochwald machen sich diese Umstände sehr fühlbar und zwar vor Allem die Nothwendigkeit, das zur Herstellung des letzteren nothwendige Materialkapital, den Holzvorrath, anzusparen. Alles, was im Uebergangsstadium in den Holzvorrath hineinwächst, entzieht sich ebenso lange der Nutzung mit Ausnahme nur der mehr oder weniger belangreichen Anfälle aus Vornutzungen. Der Abtriebsertrag tritt nach begonnener Ueberführung erst nach vielen Jahrzehnten ein, kommt erst einer später lebenden Generation zu Gute, während die jetztlebende zu Opfern genöthigt wird, die die ökonomische Kraft des Einzelnen gar leicht übersteigen. Eben dieser Umstand schreckt die Schälwaldbesitzer, welche, wie Private, Korporationen, Gemeinden auf die laufenden Erträge aus ihrem Waldbesitze nicht verzichten können, vor der Umwandlung auch dann zurück, wenn sie über die Vortheile, die diese ihnen schließlich gewähren würde, nicht zweifelhaft sind.

Darum ist es wichtig, für diese Umwandlung Formen zu finden, bei denen die zeitlichen Opfer auf ein Mindestmaß gebracht bezw. so vertheilt werden, daß sie nicht einer Generation allein zufallen. Hierfür bieten sich verschiedene Wege.

Es ist vorgeschlagen und auch da und dort (Böhmen, Belgien) zur Ausführung gebracht worden, den Hochwald vermittelst des Mittelwaldes zu errichten. Man müßte dann den Wald von einem Umtrieb des Unterholzes zum anderen immer oberholzreicher werden lassen, die Zwischenstufen im Wege der Durchforstung allmählich beseitigen und käme derart schließlich zum reinen Hochwald. Werthvolle Holzarten ließen sich durch Kultur- und Bestandspflege bevorzugen. Bei diesem Verfahren wird aber der bleibende Normalhochwald und damit die höchstmögliche Nutzung erst sehr spät erreicht und während des langen jedenfalls mehr als eine Hochwaldsumtriebszeit umfassenden Uebergangszeitraums würden die Erträge zwar niemals ganz fehlen, aber den im Hochwald erreichbaren erheblich nachstehen. Auch könnte das Verfahren nur auf guten kräftigen Standorten Anwendung finden, die, wie wir sahen, überhaupt nicht zahlreich sind und, wo sie vorhanden, der Umwandlung nicht so dringend bedürfen als die geringen Bonitäten.

Leichter und rascher erreicht man noch den Hochwald mit Hilfe des Niederwalds mit Ueberhalt. Das Ausschlagholz wird unter den aus belassenen Kernloden und durch Kultur eingebrachten Ueberhaltbäumen zu einer nur bodenschützenden Unteretage herabgedrückt und verschwindet, wenn das Hochwaldalter erreicht ist, völlig. Das Verfahren gewährt den Fortbezug von Einnahmen; diese sinken aber, je dichter der Ueberhalt erwächst, von Jahr zu Jahr und der endlich entstehende Hochwald wird wegen der Art seiner Entstehung lückig, ungleichmäßig und von geringerer Produktivität sein, als von vorn herein im Schluß erzogener Hochwald. Am Platze könnte die Methode da sein, wo die geringe Größe des Gesammtwaldes auf die Ueberführung in Plenterwald weist.

Der Plenterwald ist die Hochwaldform der kleinen Fläche, er gewährt auf ihr eine jährliche Nachhaltnutzung, schützt beständig den Boden, läßt sich einfach bewirthschaften und liefert Holz in mannigfachen Arten, Formen und Stärken. Dagegen ist die Nachzucht des künftigen Bestandes erschwert und beschränkt durch die ständige Beschattung, welche nur schattenertragende Holzarten überhaupt zuläßt, auch bei diesen das Wachsthum zurückhält. Ferner leiden durch die in kurzen Zwischenräumen (beim ungeregelten Plenterwald jährlich) wiederkehrenden Auszugshauungen selbst bei vorsichtigem Fällungs- und Rückungsbetrieb die Jungwüchse, besonders des Nadelholzes, empfindlichen Schaden. Er wird deshalb nur da empfohlen werden können, wo es sich um exponirte, stark geneigte, rauhe Lagen oder um Böden handelt, welche durch Entblößung besonders gefährdet sind, z. B. trockene Kalk- und Thonböden.

So bleibt für diese große Mehrzahl der Fälle, in denen der Schälwald verlassen werden soll, der reguläre Hochwald. Auf den besseren Bodenklassen kann er aus Laubholz gebildet werden. Aber auch da wird in der Regel zur Erhöhung des Geldertrags das Nadelholz zweckmäßig beigemischt in einem Verhältniß, das wiederum von Standort und Lage abhängig zu machen ist. Diejenigen Böden aber, welche wegen ihrer schlechten Beschaffenheit die Umwandlung am dringlichsten erheischen: die vom Frost heimgesuchten, die verangerten, mit Beerkraut, Heide, Moos bedeckten, mit schlechtwüchsigem, raumholzreichem, lückigem Eichenniederwald bestockten, eine minimale Rindenernte gewährenden, sind nur zur Ueberführung in Nadelholzhochwald geeignet: In der Ebene und in nicht zu hohen Lagen (etwa max. 350 m), auf Sand, Thonschiefer, Grauwacke, trockenen, mageren, steinigen Böden die Kiefer, daneben auf schlechten, flachgründigen, kalkigen auch Weymouthskiefer und Schwarzkiefer; in den Höhenlagen auf mageren, undurchlässigen, feuchten, steinigen Standorten die Fichte, daneben die Weißtanne. Als Beimischung ist auf allen ihr zusagenden Standorten die Lärche schätzbar.

Für die Ueberführung unmittelbar aus dem Schälwald in den Hochwald — Mischwald oder Nadelholzwald — stehen mehrere Wege offen. Es möge der Darstellung derselben ein Schema zu Grunde gelegt werden, welches die einfachsten Verhältnisse und Zahlen zur Voraussetzung hat und dieser Art die verschiedenen Methoden am anschaulichsten darstellbar und vergleichbar macht: Wirthschaftsziel ist ein schlagweiser gleichalteriger Fichtenhochwald mit 80jährigem Umtrieb. Die gesammte Waldfläche hat gleiche und zwar III. Fichtenbonität, umfaßt 80 ha und ist bisher auf Schälwald im 20jährigen Umtrieb bewirthschaftet worden.

Der Schälwaldertrag ergab pro Jahr und ha:

5 Centner	Rinde erntekostenfrei	à	1,70 Mk.	=	8,5 Mk.
2 rm	Derbholz	„	„ 0,75 „	=	1,5 „
16 „	Reisig	„	„ 0,10 „	=	1,6 „
				Im Ganzen	11,6 Mk.

mithin in 20 Jahren 232 Mk. und wenn 32 Mk. auf Kulturkosten entfallen, 200 Mk. (s).

Der Hochwald erfordert an Kulturkosten 50 Mk. (c), Verwaltungskosten bleiben bei beiden Betriebsarten unberücksichtigt. Für die Erträge des Fichtenhochwalds sind die Schwappach'schen Ertragstafeln für Material- und Gelderträge zu Grunde gelegt (Wachsthum und Ertrag normaler Fichtenbestände 1890 S. 93). Danach betragen die Gelderträge für die Hauptnutzungen (A) und die Vornutzungen (d) für die zehnjährigen Intervalle vom 3. Jahrzehnt an in Mk.:

Jahre:	31—40	41—50	51—60	61—70	71—80	81—90	91—100	101—110	111—120
A*)	—	1628	2723	3860	5619	6877	8234	9514	10984
Arithm. Mittel			2176	3292	4740	6248	7556	8824	10249
d ·	10**)	45	140	238	268	262	242	255	232
Arithm. Mittel		28	98	189	253	265	252	249	244

a. Die Umwandlung erfolgt mit einem Male, indem der ganze bisherige Schälwald gehauen, die Fläche zu Hochwald aufgeforstet wird. Es erfolgen dann die erstmaligen und die danach folgenden Hauptnutzungen nach U Jahren und alle U Jahre, in der Zwischenzeit fallen nur Vorerträge an, die mit dem Bestandsalter steigen. Es liegt auf der Hand, daß dieser Weg ungangbar ist oder doch höchstens bei kleinster Fläche eingeschlagen werden würde, auf der der Eigenthümer Hochwald zu haben wünscht, also z. B. auf einem zu einem größeren Hochwald zuzuschlagenden bisher mit Schälwald bestockten Flächenstück.

b. Die Ueberführung erfolgt fortschreitend nach dem Abtrieb jeder Jahresschlagfläche (4 ha)†) durch Ausstocken der Eichenstöcke und Kultur aus der Hand, sodaß nach Ablauf der Niederwaldsumtriebszeit die ganze Waldfläche (80 ha) übergeführt ist und 1 bis ujährige (1—20) Hochwaldbestände enthält. Um in den normalen (80jährigen) Hochwald (mit 1 ha Jahresschlagfläche) zu gelangen, muß ein Theil der Bestände erstmalig zeitiger, ein anderer Theil später genutzt werden, als die Haubarkeit eintritt. Wollte man immer nur U- (80)jähriges Holz hauen, so würde nur

*) Von A gehen jedesmal 50 Mk. Kulturkosten ab.

**) Schätzungsweise.

†) Die Jahresschlagflächen des Niederwaldes sind nachfolgend mit röm. Ziffern I—XX bezeichnet.

ein (4jährig) intermittirender Abtriebshieb möglich sein. Fichtenhochwald läßt sich aber schon mit 40 Jahren nutzen. Es kann also mit der Hauptnutzung schon begonnen werden, wenn die zuerst umgewandelten Bestände 40 Jahre alt geworden sind. Die Abtriebserträge sind dann noch niedrig, steigen aber allmählich, je älter die zum Abtrieb kommenden Bestände werden und kommen mit den späteren in mehr als 80jährigen Beständen geführten Hieben über diejenigen des späteren Normalwaldes.

Die Hiebsordnung kann in zweierlei Art erfolgen:

1.

Jahre	
1—10	Jährliche Schälwaldnutzung von 4 ha abzüglich der Hochwaldkulturkosten auf 4 ha.
11—20	Desgleichen.
21—30	Keinerlei Nutzung.
31—40	Die Durchforstungen beginnen stufenweise, indem je 1 ha Durchforstungsfläche zum Hiebe kommt und zwar:

im Jahre	von Schlag	mit Jahren	von Schlag	mit Jahren	von Schlag	mit Jahren	von Schlag	mit Jahren	von Schlag	mit Jahren	von Schlag	mit Jahren
31	I	30										
32	I	31										
33	I	32										
34	I	33	IV	30								
35	II	33	IV	31								
36	II	34	IV	32								
37	II	35	V	32	VII	30						
38	II	36	V	33	VII	31						
39	III	36	V	34	VIII	31						
40	III	37	V	35	VIII	32						

41—50 Die ersten Hauptnutzungen beginnen. Die Durchforstungen gehen weiter, es kommt von folgenden Schlägen je 1 ha zum Hiebe.

im Jahre	von Schlag	mit Jahren	von Schlag	mit Jahren	von Schlag	mit Jahren	von Schlag	mit Jahren	von Schlag	mit Jahren	von Schlag	mit Jahren
41	I	40	III	38	VI	35	VIII	33	XI	30		
42	I	41	III	39	VI	36	VIII	34	XI	31		
43	I	42	IV	39	VI	37	IX	34	XI	32		
44	I	43	IV	40	VI	38	IX	35	XI	33	XIV	30
45	II	43	IV	41	VII	38	IX	36	XII	33	XIV	31
⋮	⋮	⋮	⋮	⋮	⋮	⋮	⋮	⋮	⋮	⋮	⋮	⋮

u. s. f. der Schlag XVIII kommt im Jahre 47 mit 30 Jahren, der Schlag XX im Jahre 50 mit 30 Jahren mit je 1 ha zur ersten Durchforstung.

51—60 und 61—70 Die Hauptnutzungen schreiten analog fort, ebenso die Durchforstungen, beide mit zunehmend steigenden Erträgen. Die Hauptnutzung bewegt sich in Beständen von 48—62 Jahren, die Durchforstung in solchen von 33—62 Jahren.

71—80 Die erstmalig im Jahrzehnt 41—50 gehauenen und alsbald wieder kultivirten Flächen kommen mit ihren nunmehr 30 Jahre alten Beständen zur ersten Durchforstung. Die Hauptnutzung bewegt sich in Beständen von 63 bis 70 Jahren, die übrigen Durchforstungen in solchen von 53—70 Jahren.

81—90 Zur Durchforstung kommen vom neubegründeten Normalwald die 30- und 40jährigen. Die Hauptnutzung bewegt sich in Beständen von 70—77 Jahren, die übrigen Durchforstungen in solchen von 63—77 Jahren.

91—100 Die Hiebsführung schreitet analog fort: Durchforstungen im 30-, 40-, und 50jähr. Normalwald, Hauptnutzung in 78—85jähr. Beständen, die übrigen Durchforstungen in 73—82jähr. Beständen.

101—110 Ebenso: Durchforstungen im 60-, 50-, 40- und 30jähr. Normalwald, Hauptnutzung in 85—92j., sonstige Durchforstungen in 83—92j. Beständen.

111—120 Ebenso: Durchforstungen im 70-, 60-, 50-, 40- und 30j. Normalwald, Hauptnutzung in 93—100j., sonstige Durchforstungen fallen nun fort.

Mit 120 Jahren ist der Normalwald mit 80j. Umtrieb und 70-, 60-, 50-, 40- und 30j. Durchforstungen, sowie nachhaltigen gleichbleibenden Erträgen hergestellt.

Nimmt man, um die jährlichen Ertragsschwankungen zu eliminiren, an, daß die jährlichen Erträge in Haupt- und Vornutzung innerhalb 10jähriger Altersdifferenzen gleich sind und legt ihnen die 10jährigen Durchschnitte der oben angeführten Schwappach'schen Zahlen (S. 226) nach Abzug von 50 Mk. Kulturkosten pro ha zu Grunde, so ergeben sich folgende Erträge in Mark:

Jahre	Hauptnutzung	Vornutzung	Haupt- und Vornutzung durchschn. jährlich	pro Jahr u. ha
1—10	Schälwaldertrag — 4c	—	600	7,50
11—20	desgl.	—	600	7,50
21—30	Nichts	—	—	—
31—40	Nichts	i. J. 31—33 je 28 „ 34—36 „ 56 „ 37—39 „ 84 „ 40 112	62	0,76
41—50	in jedem Jahre 2126	i. J. 41—43 je 112 „ 44—46 „ 210 „ 47—49 „ 308 „ 50 406	2357	29,46
51—60	i. J. 51—53 je 2126 „ 54—60 „ 3242	i. J. 51—53 je 378 „ 54—56 „ 448 „ 57—59 „ 609 „ 60 770	3415	42,69
61—70	i. J. 61—66 je 3242 „ 67—70 „ 3690	i. J. 61—63 je 672 „ 64—66 „ 763 „ 67—69 „ 854 „ 70 1009	4249	53,11
71—80	i. J. 71—79 je 4690 „ 80 6198	i. J. 71—73 je 848 „ 74—76 „ 912 „ 77—79 „ 976 „ 80 1040	5766	72,08
81—90	in jedem Jahr 6198	i. J. 81—83 je 885 „ 83—86 „ 897 „ 87—89 „ 909 „ 90 921	7097	88,71
91—100	i. J. 91—93 je 6198 „ 94—100 „ 7506	i. J. 91—96 je 845 „ 97—99 „ 832 „ 100 819	7952	99,40
101—110	i. J. 101—106 je 7506 „ 107—110 „ 8774	i. J. 101—109 je 820 „ 110 817	8832	110,40
111—120	i. J. 111—119 je 8774 „ 120 9464	jährlich 701	9544	119,30
Vom Jahre 121 an sind Hauptnutzung und Vornutzung jährlich gleichbleibend:				
	6827	701	7528	94,10

Diese Einrichtung liefert also nach nur 10 jähriger Karenz fortlaufend steigende Erträge vom vierten Jahrzehnt an und erreicht den Normalzustand in $1^1/_2$ facher Umtriebszeit. Da der angenommene bisherige Schälwaldertrag $^{800}/_{80} = 10$ Mark pro Jahr und ha betrug, bringt der in der Umwandlung stehende Wald nur im vierten Jahrzehnt weniger, vom fünften an fortlaufend erheblich mehr.

2.

In anderer Weise läßt sich die Hiebsregelung gleichmäßiger und übersichtlicher ausführen. Die Kultur folgt wie vorher unmittelbar jedem Schälschlage auf je 4 ha. Zum Hiebe kommen:

Jahre

1—10 Die bisherigen Schälwaldnutzungen abzüglich der Hochwaldkulturkosten.

11—20 Dasselbe.

21—30 Nichts.

31—40 Je 4 ha 30j. Durchforstungen auf Schlag I—X.

41—50 Hauptnutzung je 1 ha 40j. Holz und zwar:

i. J. 41	1 ha von I;	Durchf.	3 ha v. I in 40j. Holz u.	4 ha v. XI in 30j. Holz
„ 42	1 „ „ II;	„	3 „ „ II „ 40 „ „	„ 4 „ „ XII „ 30 „ „
„ 43	1 „ „ III;	„	3 „ „ III „ 40 „ „	„ 4 „ „ XIII „ 30 „ „
„ 44	1 „ „ IV;	„	3 „ „ IV „ 40 „ „	„ 4 „ „ XIV „ 30 „ „
⋮ ⋮	⋮ ⋮	⋮	⋮ ⋮ ⋮	⋮ ⋮ ⋮
„ 50	1 „ „ X;	„	3 „ „ X „ 40 „ „	„ 4 „ „ XX „ 30 „ „

51—60 Hauptnutzung je 1 ha 50j. Holz und zwar:

i. J. 51	1 ha von I;	Durchf.	2 ha v. I in 50j. Holz und	4 ha v. XI in 40j. Holz
„ 52	1 „ „ II;	„	2 „ „ II „ 50 „ „	„ 4 „ „ XII „ 40 „ „
⋮ ⋮	⋮ ⋮	⋮	⋮ ⋮ ⋮	⋮ ⋮ ⋮
„ 60	1 „ „ X;	„	2 „ „ X „ 50 „ „	„ 4 „ „ XX „ 40 „ „

61—70 Hauptnutzung je 1 ha 60j. Holz und zwar von I—X.
Durchf. je 1 ha von I—X 60j. und je 4 ha von XI—XX 50j.

71—80 Hauptnutzung je 1 ha 70j. Holz und zwar von I—X.
Durchf. je 1 ha von I—X 30j. und je 4 ha von I—XX 60j.

81—90 Hauptnutzung je 1 ha 70*)j. Holz u. zwar von XI—XX.
Durchf. je 1 ha von I—X in 30j. Holz
„ „ 1 „ „ I—X „ 40j. „
„ „ 1 „ „ XI—XX „ 70j. „

---

*) 80j. Bestände sind in diesem Jahrzehnt nicht vorhanden.

91—100 Hauptnutzung je 1 ha 80j. Holz u. zwar von XI—XX.
Durchf. je 1 ha von I—X in 30j. Holz
" " 1 " " I—X " 40j. "
" " 1 " " I—X " 50j. "
" " 2 " " XI-XX " 80j. "

101—110 Hauptnutzung je 1 ha 90j. Holz u. zwar von XI—XX.
Durchf. je 1 ha von I—X in 30j. Holz
" " 1 " " I—X " 40j. "
" " 1 " " I—X " 50j. "
" " 1 " " I—X " 60j. "
" " 1 " " XI—XX " 90j. "

111—120 Hauptnutzung je 1 ha 100j. Holz u. zwar von XI—XX.
Durchf. je 1 ha von XI—XX in 30j. Holz
" " 1 " " XI—XX in 40j. "
" " 1 " " I—X " 50j. "
" " 1 " " I-X " 60j. "
" " 1 " " I—X " 70j. "

Es ergiebt sich daraus folgende Übersicht:*)

Jahre	1—10	11—20	21—30	31—40	41—50	51—60	61—70	71—80	81—90	91—100	101-110	111-120	121-130
	$4s-4c$	$4s-4c$	—	$4d_{30}$	$A_{40}-c$ $+3d_{40}$ $+4d_{30}$	$A_{50}-c$ $+2d_{50}$ $+4d_{45}$	$A_{60}-c$ $+d_{60}$ $+4d_{50}$	$A_{70}-c$ $+d_{30}$ $+4d_{60}$	$A_{70}-c$ $+d_{40}$ $+d_{30}$ $+3d_{70}$	$A_{80}-c$ $+d_{50}$ $+d_{40}$ $+d_{30}$ $+2d_{80}$	$A_{90}-c$ $+d_{60}$ $+d_{50}$ $+d_{40}$ $+d_{30}$ $+d_{90}$	$A_{100}-c$ $+d_{70}$ $+d_{60}$ $+d_{50}$ $+d_{40}$ $+d_{30}$	$A_{80}-c$ $+d_{70}$ $+d_{60}$ $+d_{50}$ $+d_{40}$ $+d_{30}$

Nach Einsetzen der Geldertragszahlen: Mark

	1—10	11—20	21—30	31—40	41—50	51—60	61—70	71—80	81—90	91—100	101-110	111-120	121-130
	600	600	—	40	1578 + 135 + 40	2673 + 280 + 180	3810 + 238 + 560	5569 + 10 + 952	5569 + 45 + 10 + 804	6827 + 140 + 45 + 10 + 524	8174 + 238 + 140 + 45 + 10 + 242	9464 + 268 + 238 + 140 + 45 + 10	6827 + 268 + 238 + 140 + 45 + 10
Summe	600	600	—	40	1753	3133	4608	6531	6428	7546	8849	10165	94,1
pro Jahr u. ha:	7,5	7,5	—	0,5	21,9	39,2	57,6	81,6	80,3	94,3	110,6	127,1	7528

Bei dieser Einrichtung tritt im neunten Jahrzehnt ein Rückschlag ein, der indessen nicht bedeutend ist. Dem zuerst entwickelten Verfahren gegenüber zeichnet es sich durch größere Ein=

*) s = jährlicher Schälwaldertrag, c = Hochwaldkulturkosten, A_i = Abtriebsertrag im Jahrzehnt i, d_i = desgl. Durchforstungsertrag.

fachheit und Uebersichtlichkeit sowie dadurch aus, daß innerhalb jeden Jahrzehnts genau gleiche Jahreserträge anfallen.

Um ein Urtheil zu gewinnen, wie hoch sich die Summe der Opfer für die Umwandlung stellt, kann man beide Reihen auf ihre Jetztwerthe bringen und aus diesen die jährlich gleichbleibenden Renten ermitteln. Das ist im Nachfolgenden ausgeführt, indessen nur für die an zweiter Stelle hergeleitete Reihe, weil diese nur wenig von der ersten differirt. Es sind die 10 jährigen Eingänge zunächst auf den Anfang jedes Jahrzehnts diskontirt und die so gefundenen Vorwerthe wiederum auf den Anfang der Umwandlungszeit. Um einfachere Ausdrücke zu erlangen, sind die Ertragssummen pro Jahrzehnt mit römischen Ziffern bezeichnet, sodaß jedes der beiden ersten, in den Erträgen gleichen Jahrzehnte mit I, Jahrzehnt 31—40 als II u. s. f. 111—120 als X und 121—130 als XI erscheint.

$$V = \frac{1{,}0p^{10} - 1}{1{,}0p^{10} . 0{,}0p} \left(I + \frac{I}{1{,}0p^{10}} + \frac{II}{1{,}0p^{30}} + \cdots\cdots + \frac{X}{1{,}0p^{110}} \right) + \frac{XI}{1{,}0p^{120} . 0{,}0p} \cdots\cdots$$

Als Zinsfuß ist 3 und 2% gewählt. Setzt man den Faktor $\frac{1{,}0p^{10} - 1}{1{,}0p^{10} . 0{,}0p} = f$, so ist für $p = 3$

$$V = f\,(600 + 446{,}45 + 16{,}48 + 537{,}39 + 714{,}68 + 782{,}12 + 824{,}86 + 604{,}11 + 527{,}69 + 460{,}40 + 393{,}59)$$

$V = 57623{,}73$ Mk.

Diesem Vorwerthe entspricht eine Rente von 1728,71 Mk. für 80 ha, das ergiebt pro Jahr und ha **21,61 Mk.**

Analog berechnet ist bei $p = 2$ der Kapitalwerth 134404 Mk., die Rente 2688,08 Mk. und pro Jahr und ha **33,60 Mk.**

c. Die Ueberführung erfolgt betriebsklassenweise: Der ganze Wald wird in $\frac{U}{u} = \frac{80}{20} = 4$ Betriebsklassen getheilt; zunächst wird nur eine davon in Hochwald umgewandelt, erst wenn sie übergeführt ist, kommt die zweite an die Reihe u. s. f. Für das gewählte Beispiel kommen 4 Betriebsklassen mit je 20 ha in Betracht. Es gelten im Uebrigen dieselben Voraussetzungen wie bei b.

In den ersten 20 Jahren wird je 1 ha umgewandelt, die 3 anderen verbleiben im Schälwaldbetrieb; in den Jahren 21—40 wird wiederum jährlich 1 ha umgewandelt und 2 verbleiben im Schälwald u. s. w. Es findet sich dann folgendes Schema: s bedeutet wieder die Schälwaldnutzung pro ha, c die Hochwaldkulturkosten, A_i und d_i die Haupt- und Vornutzungserträge im Jahre i.

Jahre	Jährliche Nutzungen im Ganzen
1—10:	$4s - c$
11—20:	$4s - c$
21—30:	$3s - c$
31—40:	$3s - c + d_{30}$
41—50:	$2s - c + d_{30} + d_{40}$
51—60:	$2s - c + d_{30} + d_{40} + d_{50}$
61—70:	$s - c + d_{30} + d_{40} + d_{50} + d_{60}$
71—80:	$s - c + d_{30} + d_{40} + d_{50} + d_{60} + d_{70}$
81—90:	$(-c) + d_{30} + d_{40} + d_{50} + d_{60} + d_{70} + A_{80}$
91—100:	$(-c) + d_{30} + d_{40} + d_{50} + d_{60} + d_{70} + A_{80}$
	u. s. f.

Nach Einsetzen der Geldwerthe in Mark:

			pro Jahr und ha
1—10:	800 — 50	= 750	9,4
11—20:	800 — 50	= 750	9,4
21—30:	600 — 50	= 550	6,9
31—40:	600 — 50 + 10	= 560	7,0
41—50:	400 — 50 + 10 + 45	= 405	5,1
51—60:	400 — 50 + 10 + 45 + 140	= 545	6,8
61—70:	200 — 50 + 10 + 45 + 140 + 238	= 583	7,3
71—80:	200 — 50 + 10 + 45 + 140 + 238 + 268 . .	= 851	10,6
81—90:	(— 50) + 10 + 45 + 140 + 238 + 268 + 6877	= 7528	94,1
91—100:	(— 50) + 10 + 45 + 140 + 238 + 268 + 6877	= 7528	94,1
	u. s. f.		

Der Normalzustand wird hierbei schon innerhalb einer Umtriebszeit erreicht. Eine Karenz tritt überhaupt nicht ein. Der Ertrag des bisherigen Schälwalds wird dafür erst nach Ablauf von 70 Jahren erreicht, vom 80. Jahre ab nachhaltig erheblich übertroffen. Es sind bei dieser Einrichtung also die ersten Jahrzehnte etwas stärker belastet als bei b, aber der Ausgleich vollzieht sich in erheblich kürzerer Zeit. Wenn auch hier ebenso wie bei b die

Vorwerthe ermittelt werden, so findet man: $V = f\left(750 + \frac{750}{1{,}0p^{10}} + \frac{550}{1{,}0p^{20}} + \frac{560}{1{,}0p^{30}} + \frac{405}{1{,}0p^{40}} + \frac{545}{1{,}0p^{50}} + \frac{583}{1{,}0p^{60}} + \frac{851}{1{,}0p^{70}}\right) + \frac{7528}{1{,}0p^{80} . 0{,}0p}$

Das ist für p = 3 43186 Mk. und diesem Kapitalvorwerth entspricht eine Jahresrente von 1296 Mk. für 80 ha oder pro Jahr und ha **16,2 Mk.,** während der Schälwald nur 10 Mk. erbrachte. Nach der vollzogenen Umwandlung aber erbringt der ha fortlaufend jährlich 94 Mk. Für p = 2 ergeben sich Kapitalvorwerth 102542,17 Mark, Jahresrente 2050,85 Mk. und pro Jahr und ha **25,64 Mk.**

Das Beispiel läßt sich analog auch auf andere Schälwaldumtriebe anwenden, hat aber zur unweigerlichen Voraussetzung, daß der umgewandelte Schälwald so groß ist, daß Betriebsklassen ausgeschieden werden können, deren Jahresflächen für den Hochwaldbetrieb noch hinreichend groß sind. In dieser Hinsicht dürfte 1 ha als Mindestmaß anzusehen sein.

Fragt man nach der absoluten Summe der Opfer, welche die Umwandlung im einen oder im anderen Falle erfordert, so antworten die Zahlen deutlich, daß das unter b angegebene Verfahren wohlfeiler arbeitet, obwohl der Uebergangszeitraum bei ihm länger ist. Bei c sind dagegen die mit der Ueberführung verknüpften zeitlichen Einbußen nach ihrer absoluten Summe größer, während die Zeit der Umwandlung kürzer ist.

Nun kommt es aber allgemein weniger auf die absolute Höhe der Opfer an, als auf ihre zeitliche Vertheilung und danach verdient die Umwandlung in Betriebsklassen unstreitig den Vorzug. Sie bedingt keine völlig ertraglose Zwischenzeit, bringt rasch die gleichmäßige Nachhaltnutzung, die Einbußen vertheilen sich in mäßiger Höhe auf fast die ganze Umwandlungszeit, das Verfahren ist also am Platze, wo immer nur die Größe des Ueberführungswaldes eine Untertheilung in Betriebsklassen zuläßt. In Wirklichkeit wird man die untere Grenze dafür ziemlich tief rücken können und auch vor verschieden großen Betriebsklassen mit verschiedenen Umtriebszeiten nicht zurückschrecken, selbst wenn eine oder die andere derselben dann nur intermittirende Erträge liefert. Man zieht dabei jedenfalls zu der zunächst überzuführenden Betriebsklasse in erster Linie die schlechtesten Schälwaldbestände und geht an die nächstbesseren erst, wenn jene in Kultur gebracht sind. Das hat nebenbei noch den Vortheil, daß die Erträge im Ueberführungszeitraum sich noch rascher heben als im hier entwickelten Schema.

Weiterhin ergeben sich für die Praxis Modifikationen in großer Zahl: Verschiedenheit der Umtriebe, verschiedene Zutheilung der Flächen mit Rücksicht auf den Zustand des Schälwaldbestandes, auf die Bonität, die Lage, die Absatzfähigkeit des Holzes, die Holzart, Verjüngungsart, Altersklassenvertheilung, Hiebsfolge u. s. w. Jenachdem ändern sich auch die Kosten und Erträge mannigfach. Bei der zu Grunde liegenden Voraussetzung finden die letzteren ihr Minimum bei der fortgesetzten Schälwaldwirthschaft, das Maximum erbringt der normale Hochwald. Für alle anderen Umwandlungs- bezw. Betriebsformen liegen die Erträge zwischen diesen Grenzwerthen.

Sahen wir aus dem bisher Ausgeführten, daß die Größe des Waldes nicht allein für die Frage der Umwandlung sondern auch für die Umwandlungsfähigkeit eine untere Grenze zieht, so bleibt noch zu untersuchen, wie sich das Verfahren gestaltet, wenn die Kleinheit des Besitzes nicht mehr jährlich nachhaltige Hochwaldwirthschaft gestattet. Das betriebstechnisch einfachste Hilfsmittel bietet sich, wie schon bemerkt wurde, im aussetzenden Nachhaltbetriebe. Er hat aber wirthschaftliche Uebelstände: Der kleine Waldbesitzer kann mit einer intermittirend eingehenden Rente in der Regel nichts anfangen, sie nöthigt ihn, falls er ausgleichende Einnahmequellen nicht hat, zu einer Borgwirthschaft und führt erfahrungsmäßig nur zu leicht zu einer die Nachhaltigkeit vereitelnden Uebernutzung, deren Endergebniß ein schlimmerer Nothstand sein würde als der mit der Umwandlung behobene. Ein zweites Mittel würde die Ueberführung in Plenterwald sein. Die mit dieser Betriebsform verknüpften Mißstände sind oben schon (S. 224) gewürdigt. Sie machen diesen Weg nur in seltenen Fällen gangbar.

d. Soll der kleine Waldbesitzer nicht ausgeschlossen bleiben von der wirthschaftlichen Hebung durch die Hochwaldwirthschaft, so muß noch ein weiteres Hilfsmittel gefunden werden. Es bietet sich dar in dem wirthschaftlichen Zusammenschluß vieler Einzelner zu einem gemeinschaftlichen Wirthschaftsbetrieb. Was dem Waldbesitzer dieser Art in seiner Vereinzelung unmöglich ist, das wird erreichbar, wenn er seinen Waldbesitz mit anderen gleichgearteten, räumlich nahe liegenden zu einem großen Gesammtbetrieb vereinigt. Die Gesetzgebung wohl aller deutschen Staaten hat für derartige Unternehmungen bereits Formen geschaffen. Für die Gemeindewaldungen allgemein und für die aus früheren Markenwaldungen entstandenen Formen von Gemeinschaftswald — Genossenschafts-, Interessentenwald 2c. — gelten mehr oder weniger wirksame, in den einzelnen Rechtsgebieten verschiedenartig entwickelte gesetzliche Bestimmungen, welche der Zersplitterung in Einzelbesitz vorbeugen sollen (vgl. Kap. V. 2). Aber eben in vielen von denjenigen Gebieten, in denen der Schälwald seine weiteste Verbreitung gefunden hat, hat die Gesetzgebung früherer Zeiten, besonders des vorigen Jahrhunderts, eine Entwickelung genommen, welche der Erhaltung der deutschrechtlichen Waldgenossenschaft direkt entgegenstrebte. Das maßgebend gewordene römische Recht setzte an Stelle der Genossenschaft die leicht lösbare societas und dadurch, sowie infolge der Anschauung, die möglichste Freiheit des privaten Eigenthums sichere auch beim Wald die größte Wirthschaftlichkeit, ist eine für die Waldwirthschaft äußerst nachtheilige Zersplitterung des Privatwaldbesitzes eingetreten (vgl. S. 248. Anm.). Das gilt zumal von Rheinpreußen und Bayern. In Hessen und Baden wirkten die bestehenden Theilbarkeitsbeschränkungen hemmend. Aber für die Neubildung von Gemeinschaftswald, welche für die Umwandlung des kleinen Schälwaldbesitzes im freien Privateigen allein in Frage kommt, fehlt es entweder überhaupt an gesetzlichen Grundlagen oder die vorhandenen sind unwirksam (Preuß. Gesetz v. 6. 7. 1875). Wenn nun auch der freiwilligen Genossenschaftsbildung nichts im Wege steht, so ist es doch eine längst bekannte Erfahrung, daß solche freiwillige Bildungen nur selten wirklich zu Stande kommen. Gesetzliche Bestimmungen für die Neubegründung von Waldgenossenschaften sind deshalb nicht zu entbehren. Damit erwächst dem Staate die Aufgabe, seinerseits einzugreifen. Die weitere Behandlung dieses Gegenstandes wird deshalb im folgenden Kapitel Platz finden.

Kapitel V.

Staatswirthschaftliche Maßregeln zur Hebung des Schälwaldes.

Aus den Darlegungen in den vorhergehenden Kapiteln ist zu folgern, daß die privatwirthschaftliche Thätigkeit des Eichenschälwaldbesitzers überall nicht ausreicht, die Nothlage in der Schälwaldwirthschaft wirksam zu bekämpfen. Damit ergiebt sich für die Staatsgewalt eine Reihe von Aufgaben auf diesem Gebiete. Der Umfang derselben hängt ab von der gemeinwirthschaftlichen Bedeutung des Schälwaldes und von der Stellung, die dieser in privatwirthschaftlicher Hinsicht als Glied im Erwerbsleben des Volkes einnimmt, die Art derselben hängt ab von den Eigenthümlichkeiten der Schälwaldwirthschaft und von deren zeitlicher Entwickelung.

Die gemeinwirthschaftliche Bedeutung des Schälwaldes ist bereits eingehend gewürdigt worden. Er ist für bestimmte Standorte die ökonomisch allein mögliche Nutzungsart, bietet für bestimmte Kategorien des Grundeigenthums je nach den territorial oder regional entwickelten Erwerbsformen der ländlichen Bevölkerung gewisse Vortheile, welche andere Bodenbenutzungsarten in gleichem Maße nicht gewähren, und zwar dies insbesondere in seiner Verbindung mit landwirthschaftlichen Neben- und Zwischennutzungen, und endlich liefert er ein der Volkswirthschaft unter bestimmten Voraussetzungen zur Zeit noch unentbehrliches Hilfsprodukt. Von diesen Eigenschaften ist aber allein die Fähigkeit, absoluten Schälwaldboden nutzbar zu machen, eine unbedingte. Und eben der absolute Schälwaldboden bildet auch bei weiter Fassung dieses Begriffs eine sehr geringe Quote des Schälwaldbodens überhaupt und noch mehr des wirthschaftlich benutzten Grund und Bodens überhaupt. Somit ist das Gewicht dieser gemeinwirthschaftlichen Funktion ein nur geringes. Alle anderen genannten Eigenschaften sind durchaus bedingte nach Raum und Zeit. Unstreitig ist der Schälwald ein gewichtiger Faktor des Volkswirthschaftslebens in den Gegenden Westdeutschlands, wo kleiner und kleinster Grundbesitz bei einer bezüglich ihres Lebensunterhalts auf die Bodenerträge wesentlich angewiesenen ländlichen Bevölkerung vorherrscht und Klima und Standort die dauernde landwirthschaftliche Benutzung des Bodens nicht zulassen. Doch aber besteht diese Bedeutung nur eben so lange, als jene Voraussetzungen bestehen. Die gemeinwirthschaftliche Bedeutung endlich des Hauptprodukts des Schälwaldes, der Gerbrinde ist, wie wir eingehend erörtert haben, absolut und relativ in der neueren Zeit gesunken. Die deutsche Eichenlohe ist nicht mehr als unentbehrliches wirthschaftliches Gut anzusehen und wird nie wieder ein solches werden.

Der Umfang der staatlichen Fürsorge für den Schälwald wird danach nur ein begrenzter sein können. Zeitlich bemessen soll diese Fürsorge vorzugsweise den Uebergang in neue Bodenbenutzungsformen erträglich zu machen suchen. Sie wird also wesentlich transitorischer Art sein müssen. Oertlich wird sie vorwiegend beschränkend und neuordnend zu wirken haben.

Die Arten der staatlichen Einwirkung hängen ab von der wirthschaftlichen Eigenart des Schälwaldes. Auch hier kann auf das früher Gesagte Bezug genommen werden. Es ergeben sich danach etwa folgende Arten:

1. Allgemeine wirthschaftliche Hebung.

Es überschreitet bei Weitem den Rahmen der vorliegenden Schrift, im Einzelnen die Mittel zu erörtern, welche auf eine Hebung der Landwirthschaft abzielen. Nur andeutungsweise sollen diejenigen Maßregeln hier genannt werden, die mir wichtig erscheinen für die Ländergebiete, in denen die Schälwirthschaft einen integrirenden Bestandtheil der ländlichen Bodenbenutzung bildet. Drei Punkte vornehmlich bedingen dort die Nothlage: die Dichtigkeit der ländlichen Bevölkerung, die Besitzzersplitterung, die Futter- und Streunoth.

Die Bevölkerungsspannung ist, wie die Statistik zeigt, charakteristischer Weise eben in den Gegenden, wo der kommunale und der kleinbäuerliche Schälwaldbesitz am reichlichsten vertreten ist, besonders stark. Gegenüber einer Kopfzahl von 97 pro qkm in Deutschland hat beispielsweise der Regierungsbezirk Arnsberg 198, Wiesbaden 161, Coblenz 105, Trier 107, die Rheinpfalz 129, Rheinhessen 235, der badische Odenwald 110. Sie hängt innig zusammen mit dem geltenden ländlichen Erbrecht; und dieses wieder hat seine Quelle und Nahrung in der Liebe des Deutschen zum Eigenthum auf der heimathlichen Erde und dem Streben nach unabhängiger, wenn auch kümmerlicher Existenz auf freiem Eigenthum. Ihre Konsequenz ist die Besitzzersplitterung, die durch fortgesetzte Naturaltheilung im Erbwege erfolgte Auflösung des Grundbesitzes in zahllose kleinste Parzellenbesitze, welche entweder überhaupt zu klein sind, um aus ihren Erträgen den Besitzer und seine Familie zu unterhalten oder dies doch nur unter Aufwand eines Uebermaßes schlecht lohnender Arbeit vermögen*).

Wiederum mit dieser Besitzzersplitterung hängt die chronische Streu- und Futternoth zusammen. Es darf wegen ihrer auf das S. 175 ff. Gesagte verwiesen werden.

Mit Grund richtet sich bekanntlich das Streben der Neuzeit auf eine Reform in dieser Richtung. Welches auch die angewendeten oder vorgeschlagenen Mittel sein mögen, sie alle können naturgemäß wenn überhaupt nur ganz allmählich Wandel schaffen. Innen- und Außenkolonisation mag die ungesunde Bevölkerungsspannung mit der Zeit ausgleichen**), die Reform des Anerbenrechts, die

*) Einen typischen Beleg liefert u. a. das S. 161 Anm. erwähnte Beispiel aus dem Kreise Siegen.

**) Die Bedürfnisse der ländlichen Bevölkerung im Westen sind völlig verschieden von denen im Osten. Man beklagt hier mit Grund den Mangel an Seßhaftigkeit der Landbewohner, den Drang derselben nach dem erwerbsreicheren höher lohnenden Westen, welcher die östliche Landwirthschaft der nothwendigen Arbeitskraft beraube und sie nöthige, russische, polnische, österreichische Arbeiter zum Schaden der Nationalpolitik ins Land zu ziehen. In Westdeutschland dagegen herrscht, zwar nicht überall, aber doch in weiten und zumal den Gebieten, denen der Schälwald mit landwirthschaftlicher Zwischennutzung eigen ist, ein menschlich schöner Hang zur Seßhaftigkeit auf der angestammten Scholle, der aber fortschreitende Bildung lebensunfähiger Zwergwirthschaften hemmen. Von größtem Einfluß wird es werden, wenn es gelingt, ein verbessertes Bauernrecht zu schaffen, dessen nächste Aufgaben zu bilden hat: die unproduktive Verschuldung unmöglich zu machen, Vermögen- und Nothreserven zu schaffen, den kleinen Grundbesitz körperschaftlich oder genossenschaftlich zu organisiren, bäuerliche Körperschaften zur Herstellung eines ausreichenden Realkredits, genossenschaftliche Organisationen für den Personalkredit zu begründen und auszugestalten, das ländliche Versicherungswesen, das Heimstättenwesen, die ununterbrochene Schuldentilgung mit Hilfe freier oder staatlich geordneter Institute zu regeln, den Ankauf von Saatgut, Düngemitteln, Ackergeräthen und Maschinen, die Verwerthung der landwirthschaftlichen Produkte, die Begründung und Nachzucht eines qualitativ guten Viehstandes durch genossenschaftlichen Zusammenschluß dem kleinen Landwirth zugänglich zu machen und zu erleichtern. Hand in Hand damit hat zu gehen die Ausbreitung und Vertiefung landwirthschaftlichen Wissens durch Winterschulen, Wanderlehrer, Vereine, Musterwirthschaften.

Im Besonderen für die Gesundung der Schälwaldwirthschaft erscheint es nothwendig, die aus früheren kulturellen Zuständen geborene, vormals berechtigte, jetzt ungesunde und kulturschädliche Verquickung von Landwirthschaft und Waldwirthschaft, die der räumlichen Ausdehnung nach den westdeutschen Privat- und Gemeindewald beherrscht, auf ein Mindestmaß zu beschränken und womöglich zu beseitigen. Auch das kann offenbar nur langsam, schrittweise erfolgen, soll dabei aber energisch angebahnt werden. Alle schon erwähnten eine Hebung der landwirthschaftlichen Zustände erstrebenden Maßregeln sind in dieser Richtung dienlich. Weder die Landwirthschaft noch die Forstwirthschaft kann zum Maximum ihrer Leistung gebracht werden, wenn sie beiderseits in die Boden-

---

bei der schon vorhandenen und immer zunehmenden Bevölkerungsdichtigkeit geradezu schädlich und kulturhemmend wirkt. Eine zielbewußte und konsequente Staatsleitung sollte deshalb diese beiderseits ungünstige Spannung auszugleichen suchen. Bestrebungen, wie sie die Zeitschrift „Das Land", redigirt von H. Sohnrey, in dieser Richtung vertritt, verdienen deshalb auch im Interesse der westdeutschen Schälwaldwirthschaft Pflege und Förderung.

kraft sich theilen müssen. Die im vorigen Kapitel angestellten Untersuchungen erweisen, daß der Schälwald ohne landwirthschaftliche Zwischennutzung sicher höhere und bessere Erträge liefert und daß das dann erzielte Mehr financiell den nach Aufgabe der landwirthschaftlichen Fruchtnutzung entstehenden Ausfall wahrscheinlich überwiegt, sobald die aufgewendeten Kosten an Arbeit richtig in Rechnung gestellt werden. Eine örtliche Vertheilung des Bodens je nach Lage und Standort an die eine oder die andere Wirthschaftsform sollte das ernste Ziel einer gesunden Wirthschaftspolitik bilden.

Die zunächst und mit größtem Nachdruck zu stellende Forderung richtet sich auf die Beseitigung der Waldstreunutzung. Die private Kraft und Unternehmungslust ist erfahrungsmäßig dieser Aufgabe nicht gewachsen und geneigt. Der Staat oder die mit staatlichen Machtmitteln ausgestatteten Organe der Selbstverwaltung können sie wohl bewältigen durch Maßnahmen, welche die Erzeugung und Beschaffung von Streusurrogaten erstreben. An solchen Surrogaten hat Deutschland eine ungeheure Menge in seinen zahlreichen Mooren. Allein für Preußen schätzt Meitzen die Vorräthe in abbauwürdigem Torf auf rund 29 Milliarden Tonnen oder 15 Milliarden cbm. Die Privatunternehmung hat wegen der ziemlich umständlichen und wenig lohnenden Gewinnung sich bisher nur vereinzelt dieser zugewandt. Aber seit Langem schon werden mit Hilfe und auf Anregung der Staatsverwaltung viele Hochmoore meliorirt. Es könnte diese Staatsthätigkeit erweitert und insbesondere zur Gewinnung von Streu im Großen ausgestaltet werden. Der kürzlich auf der Forstversammlung in Breslau gemachte Vorschlag (v. Bentheim), hierzu die Strafgefangenen zu verwenden, verdient wohl Beachtung. Weiter müßte auch für billige Verfrachtung der gewonnenen Torfstreu in die streubedürftigen Landestheile Sorge getragen werden. Die landwirthschaftlichen Vertretungen müßten durch Vorträge mit Hilfe von Wanderlehrern und durch theoretische und praktische Unterweisung in den Winterschulen und auf Versuchsfeldern dem Kleinbauern die Vorzüge der Torfstreu und ihre zweckmäßige Verwendung fortgesetzt erläutern. Es kann dadurch gewiß allmählich ein dem Schälwalde segensreicher Wandel herbeigeführt werden.

2. Die Hebung der Schälwaldwirthschaft im Besonderen.

Ein direktes Aufsichtsrecht der Staatsgewalt über alle Waldungen gilt zur Zeit nicht allgemein und wird da, wo es besteht, nicht auf die gemeinwirthschaftlichen Funktionen des Waldes gegründet, sondern auf dessen ökonomische Eigenthümlichkeiten. Allgemein also besteht als die Aufgabe des Staates nur die Fürsorge für eine möglichst günstige Entwicklung der Lebensbedingungen der Forstwirthschaft als eines Gliedes der Volkswirthschaft, die sich äußert in Behebung der die freie Entfaltung erschwerenden Eigenthumsbeschränkungen, in Schutz des Waldeigenthums vor Angriffen, denen die Kraft des Einzelnen nicht gewachsen ist, in Schaffung und Ausgestaltung guter und wohlfeiler Transportanstalten, in Ausbildung eines leistungsfähigen Schutz- und Verwaltungspersonals und Ausbreitung forstlicher Bildung unter der ländlichen Bevölkerung durch Belehrung und Beispiel. In örtlich begrenztem Umfange treten hierzu Anregung zur Aufforstung öden Landes und absoluten Waldbodens, eventuell unter Gewährung von Beihilfen aus Staatsmitteln entweder durch Abgabe von Pflanzmaterial unentgeltlich oder zum Selbstkostenpreise oder durch Darlehen, deren Erstattung durch Amortisationsbanken erleichtert ist, oder durch direkte Zuschüsse aus Mitteln der Finanz.

Alle diese Maßnahmen kommen antheilig dem Schälwalde zu Gute. Etliche davon können mit Bezug auf ihn eine besondere Ausgestaltung und Steigerung erfahren, so die Anregung bezw. Beihilfe für Umwandlung von Schälwald in Hochwald. Wie Abschnitt 3 C im Kapitel IV nachweist, ist die Umwandlung schlecht rentirenden Schälwaldes in besser rentirenden Hochwald dem kleinen Privatwaldbesitzer wie auch den auf den fortlaufenden Eingang der Bezüge aus dem Walde angewiesenen Gemeinden und Korporationen dadurch erschwert, daß die Ueberführung eine Karenz bedingt. Schon Weise (die Taxation der Privat- und Kommunalforsten 1883) hat für diese Besitzkategorien als zweckmäßiges Mittel, um die bei der Waldwirthschaft nie ausbleibenden Etatsschwankungen auszugleichen, die zeitweise Thesaurirung der Ertragsüberschüsse empfohlen. Wo eine solche Regelung durchgeführt ist, hat sie sich bewährt, u. a. vielfach in Böhmen. In Westdeutschland hat wohl das Festhalten am Altgewohnten die Verbreitung gehemmt. Um so nöthiger erscheint es, daß der Staat oder dessen nachgeordnete Organe jetzt, wo die Umwandlung in Hochwald an vielen Orten dringlich ist, die Verschuldung des ländlichen Grundbesitzes aber eine weitere Beleihung durch Private oder Kreditinstitute verhindert, Einrichtungen dieser Art treffen. Es bedarf dazu vielleicht nur der Anlehnung an bereits bestehende Organe und der Erweiterung des Wirkungskreises derselben, so der Landschaften und besonders der Landeskulturrentenbanken, welche in einigen Provinzen Preußens (G. v. 13. V. 1879), in Hessen (G. v. 20. III. 1880) und Bayern (G. v. 21. IV. 1884) bestehen und besonders in den letztgenannten beiden Staaten sich gut bewähren. In Preußen haben die vorzugsweise mit Schälwald ausgestatteten Provinzen keine Landeskulturrentenbanken, die Rheinprovinz doch aber in ihrer Landesbank ein verwandtes Institut. Schon jetzt geben diese Banken Darlehen zu Waldkulturen und Urbarmachungen. Es wäre ein Leichtes, diese Gewährungen auch auf Umwandlungen von Niederwald in Hochwald zu erstrecken, den Waldbesitzern damit ihren Etat während der Uebergangszeit aufrecht zu erhalten und die Heimzahlung auf die Zeit der dauernd höheren Erträge hinauszuschieben. Die zu fordernde Sicherheit bietet der Wald selbst in dem anwachsenden Holzvorrath. Dessen Erhaltung wäre unter staatliche Aufsicht zu stellen, wie es ohnehin bezüglich der unter Staatskontrole stehenden Waldungen geschieht.

Auch die Hebung der Wirthschaft im fortbestehenden Schälwald kann in dieser oder ähnlicher Weise angebahnt werden: Gewährung langfristigen unkündbaren Kredits, um Trockendecken, Trockenschuppen, Magazine 2c. zu beschaffen.

Verwandt hiermit und von weitergehendem Einfluß sind die genossenschaftlichen Vereinigungen der kleinen freien Waldbesitzer und zwar die schon besprochenen (S. 209 ff.) zum Zwecke der gemeinsamen Gewinnung, Trocknung, Verwerthung der Lohrinde, ferner solche zum Zweck genossenschaftlicher Krediterlangung (vgl.

S. 236 f.), endlich die zur Zeit noch am wenigsten entwickelten aber wichtigsten zum Zweck gemeinsamer Bewirthschaftung der Schälwälder. Bezüglich der erstgenannten Kategorie darf auf das oben Gesagte Bezug genommen werden. Kreditinstitute verschiedenster Art bestehen für die Landwirthschaft und werden, wenigstens zum Theil auch dem kleineren Besitzer nutzbar. So neben den öffentlichen der Landschaften die landwirthschaftlichen Genossenschaften (1896 7762), ferner die nach dem Raiffeisen'schen System organisirten Darlehnskassen (1896 3800) unter dem Neuwieder Generalanwaltschaftsverband und den selbständigen Verbänden, von denen hier zumal die für Baden, Hessen, Bayern, Württemberg, Westfalen und Hannover in Betracht kommen.

Daß die durch mittelbares Eingreifen der Staatsgewalt modificirte Selbsthilfe die Kreditfähigkeit der kleinen, ohne oder mit wenig Kapital arbeitenden Landwirthe in günstiger Weise hebt, bezeugt die kräftige Zunahme der Darlehnskassen und ländlichen Genossenschaften. Für die Waldwirthschaft im Besonderen sind sie indessen nach ihrer jetzigen Organisation nur sehr beschränkt nutzbar geworden. Es liegt das an der ökonomischen Eigenthümlichkeit des Forstbesitzes, dessen wirthschaftliche Behandlung wenig und zur arbeitstheiligen Vergesellschaftung ungeeignete Arbeit, dagegen relativ hohes, stark gebundenes, dabei aber vielfach gefährdetes Kapital erfordert. Aber eben diese für den Wald im Allgemeinen geltende Eigenthümlichkeit tritt am wenigsten beim Schälwald hervor. Er verlangt relativ viel Arbeit bei relativ niedrigem und sicherem Betriebskapital. Dadurch erscheint er besser als jede andere Betriebsform geeignet, bei den, wesentlich für die Landwirthschaft bestimmten Organisationen für Krediterlangung berücksichtigt zu werden. Es könnte durch Erweiterung der Satzungen der bestehenden Kreditinstitute in dieser Richtung zahlreichen jetzt in harter Bedrängniß befindlichen Schälwaldbesitzern aufgeholfen werden.

In noch höherem Maße steht das m. E. zu erwarten durch eine staatlicherseits anzubahnende und ohnehin für den Kleinforstbesitz dringend wünschenswerthe Entwicklung des forstlichen Genossenschaftswesens. Auch hierzu ist gerade der freie Schälwaldbesitz geeignet. Die wenigen Gemeinschaftswaldungen älterer

Art, welche den nachtheiligen Folgen der 1807 und 1811 erfolgten Freigebung des privaten Waldeigenthums entronnen sind, sind fast ausschließlich Schälwaldungen. So vor Allem die Haubergsgenossenschaften in Westfalen und Rheinprovinz, die Gehöferschaften und Erbgenossenschaften in Hochwald, Hunsrück und Eifel. Wo ihrer Fortentwicklung die Gesetzgebung zu Hilfe gekommen ist, wie den Haubergen in Westfalen, insbesondere den Genossenschaften die Rechtspersönlichkeit beigelegt, die unbeschränkte Theilbarkeit verhindert oder erschwert und den forstlichen Betrieb sichergestellt hat, da ist es ihnen zumal zu danken, daß die kulturschädliche Waldzersplitterung und die dieser folgende Verödung natürlicher Waldböden für ihren Umfang gemindert ist. Wo derart fehlt, hat freilich auch die Gemeinschaftlichkeit des Waldbesitzes die bekannten Nothstände nicht verhindern können, unter denen gerade Westfalen und Rheinland zu leiden haben. Aber auch da sind noch immer diejenigen, Kleinwaldungen, die in Schälwaldwirthschaft (in der Regel mit landwirthschaftlichem Zwischenbau) behandelt werden, in relativ noch am wenigsten traurigem Zustande. Erhärtet dies deutlich die schon früher betonte Eignung dieser Betriebsform für den Kleinbesitz, so ist auch die weitere Folgerung daraus gerechtfertigt, daß eben wieder der Schälwald im Kleinbesitz am leichtesten und wirksamsten durch genossenschaftliche Organisation emporgebracht werden kann.

Die Formen genossenschaftlicher Organisation sind nach Maßgabe der jahrhundertelangen Entwicklung des Grundeigenthums und auf Grund der neueren Gesetzgebung verschiedenartig. Nach Danckelmann (Gemeindewald und Genossenwald 1882) fallen unter den erweiterten Begriff des Genossenwaldes die Waldgenossenschäften, welche sich in Real- und Nutzungsgemeinden gliedern, jenachdem das Recht am Gemeineigen untrennbares Zubehör der Höfe, des Hofbesitzes, oder ein nicht an Grund und Boden gebundenes selbständiges und veräußerbares Eigenthumsrecht ist, und die Interessentenwaldungen, bei denen ein bloßes Miteigenthum der einzelnen socii, Interessenten nach ideellen Antheilen besteht, über dessen Auflösung der Einzelwille jedes Betheiligten entscheidet. Zu diesen Eigenthumsgenossenschaften treten die bloßen Wirthschaftsgenossenschaften mit gemeinschaftlicher Betriebsführung und Verwaltung unter Fortbestand des Sondereigenthums der Genossen am Grund und Boden (G. v. 6. VII. 1875) und die bloßen Aufsichtsgenossenschaften, bei denen nur die Aufsicht über den Betrieb und den Forstschutz gemeinschaftlich sind. Nach Gierke (Deutsches Genossenschaftsrecht 1868/71) fallen von diesen Kategorien unter den Begriff der Genossenschaft nur diejenigen mit selbständiger Rechtspersönlichkeit unter Ausschluß von Staat und Gemeinde. Das sind nur wenig, darunter von den hier wesentlichen die Haubergsgenossenschaften in Siegen (Haub. Ordn. 1879) und die Gehöferschaften im Regierungsbezirk Trier (nach Gewohnheitsrecht).

Einen erweiterten Begriff stellt das preußische Gesetz v. 14. III. 1881 unter der Bezeichnung gemeinschaftliche Holzungen her. Es fallen darunter die aus ursprünglich öffentlich rechtlichem Markenverhältniß, sowie die einer ursprünglich kommunalen Vereinigung bei Gemeinheitstheilung oder Ablösung von Grundgerechtigkeiten überwiesenen und gemeinschaftliches Eigenthum gebliebenen Waldungen, also unter Ausschluß der auf rein privatrechtlichen Erwerbstiteln beruhenden Waldgemeinschaften. Diese gemeinschaftlichen Holzungen sind nicht theilbar, es sei denn, daß die Holzung zu forstmäßiger Behandlung nicht geeignet, oder aber zu anderen als forstlichen Zwecken dauernd besser nutzbar ist und die Umwandlung landes- und forstpolizeilich unbedenklich ist. Die selbständige Rechtspersönlichkeit ist aber leider den gemeinschaftlichen Holzungen nicht verliehen und nur die Vertretung der Gemeinschaft nach Innen und gegenüber der Aufsichtsbehörde geordnet. Die Staatsaufsicht ist ihnen gegenüber dieselbe, welche für die Gemeinde- und Korporationswaldungen je nach der in den verschiedenen Landestheilen bestehenden Ordnungen gilt. In dieser Hinsicht lassen sich bekanntlich drei Formen scheiden: die Beförsterung, die Betriebsaufsicht und die Vermögensaufsicht*).

*) Bei der Beförsterung sind Staatsforstbeamte oder staatlich bestätigte Forstsachverständige mit der Führung des Betriebes, außer der Verwerthung der Forstprodukte, betraut; bei der technischen Betriebsaufsicht leitet die Gemeinde rc. selbst den Betrieb auf Grund von Betriebsplänen, welche von der Aufsichtsbehörde

Alle jetzt schon als gemeinschaftliche Holzungen bestehende Schälwaldungen der westlichen Provinzen mit alleiniger Ausnahme von Hannover unterliegen danach der Beförsterung oder der technischen Betriebsaufsicht und damit einer die Nachhaltigkeit sichernden Betriebsordnung. Indessen ist damit nur einer der im Interesse wirthschaftlicher Hebung zu stellenden Forderungen genügt. Es fehlt die gemeinschaftliche Rechtsvertretung nach außen, es fehlt die gesetzliche Ordnung einer räumlichen Zusammenfassung der Einzelwaldungen zu Schutz- und Verwaltungseinheiten, welche die Grundlage und Bedingung dafür bilden, daß der Kulturbetrieb, die Pflege und Erziehung der Bestände, die Ordnung und Ausführung der Ernte, der Schutz gegen Schädigungen gut und mit geringsten Kosten gehandhabt werden. In dieser Beziehung bedarf die legislatorische Behandlung der gemeinschaftlichen Holzungen dringend der Ausgestaltung.

Nun aber fallen unter die bestehende gesetzliche Ordnung die Kleinwaldungen im Schälwaldbetrieb überhaupt nur, soweit sie bis zur Emanation des Gesetzes von 1881 zu den gemeinschaftlichen Holzungen rechneten. Alle diejenigen Gemeinschaftswaldungen, welche auf rein privatwirthschaftlicher Grundlage beruhen, ferner alle die zahllosen im Einzelbesitz befindlichen Kleinwaldungen sind der vollen Freiheit in Bezug auf Bewirthschaftung, Betriebsordnung, Nutzung, Beschützung und Veräußerung überlassen. Sie sind an dieser Freiheit zu Grunde gegangen oder doch wirthschaftlich zurückgekommen oder zurückgeblieben. Nur bezüglich der Theilbarkeit bestehen einige, aber ungenügende, Beschränkungen.

In den anderen mit Schälwald reichlich ausgestatteten deutschen Staaten liegen die Verhältnisse kaum besser, obwohl zumal in den süddeutschen Staaten gewisse Beschränkungen der vollen Freiheit bestehen. Rodungsverbote bestehen in der bayerischen Pfalz und Rheinhessen, Rodungs- und Devastationsverbote in Bayern, Württemberg, Hessen, Baden, Elsaß-Lothringen, während wiederum in Oldenburg volle Freiheit herrscht.

---

aufgestellt die Nachhaltigkeit gewährleisten; die allgemeine Vermögensaufsicht erstreckt sich nur auf Vorschriften für Erhaltung der Waldsubstanz.

Eine Beschränkung der vollen Freiheit ist, das beweisen die Parzellenwälder in Westfalen und Rheinland*), ein dringendes Bedürfniß und keine Bedenken auch nicht wegen der Verfassung dürften die Staatsgewalt abhalten, diesem im Interesse der Einzelnen wie der Gesammtheit gleich wichtigen Bedürfniß Rechnung zu tragen. Die bisher gewöhnlich nur in Betracht gezogenen Maßnahmen, Erschwerung der Theilbarkeit und Parzellirung, Verbot der Rodung und der Devastation, Zwang zur Aufforstung**) sind für den Kleinwaldbesitz nicht ausreichend. Die bloße Gestattung der Genossenschaftsbildung ist es, wie der Erfolg des Gesetzes von 6. VII. 1875 gelehrt hat, ebenfalls nicht. So muß die zwangsweise Genossenschaftsbildung Platz greifen. Die Form und Organisation kann im Einzelnen hier nicht entwickelt werden. Ich halte es für wünschenswerth, nicht nur Wirthschaftsgenossenschaften sondern Eigenthumsgenossenschaften zu begründen, wenn auch die ersteren schon einen Fortschritt bedeuten würden, und für den Schälwald im Besonderen deshalb leicht durchführbar sind, weil in diesem die einzelnen Theile in ihrer Produktivität viel weniger abhängig von einander sind als bei anderen Betriebsformen (vgl. hierzu Heck, Genossenschaftswesen 2c. 1887, S. 102). Eine die Rechtspersönlichkeit oder doch Rechtsfähigkeit nach innen und außen begründende, die Zusammenfassung zu gemeinsamen Betriebs- und Schutzeinheiten wenigstens anstrebende Form mit technischer Betriebsführung und geordneter Aufsicht, die Wahrung nachhaltiger und pfleglicher Wirthschaft auf Grund geprüfter Pläne erscheinen als die wirksamen Mittel, die mehr wie die anderen dem Nothstande der Schälwaldbesitzer zu begegnen vermögen. Freilich wird derart weder leicht, noch überall, noch stets mit durchschlagen-

*) Im Regierungsbezirk Minden, Wiehengebirge, giebt es Einzelwaldungen von 0,4—1,6 ha in Streifen von bisweilen nur 8 m Breite; im Regierungsbezirk Coblenz wurde eine Waldfläche von 30023 ha in 166846 Parzellen von durchschnittlich 17,9 ar Größe getheilt; im Regierungsbezirk Trier bestehen Parzellen von nur 2 m Breite (vgl. Danckelmann Odewald 2c. S. 29 u. 31).

**) Die Gemeindeverfassung der Rheinprovinz (Ges. v. 15. V. 1856 u. Ver. v. 1. III. 1858) verpflichtet die Gemeinden zur Aufforstung im Landeskulturinteresse, ist aber in dieser Hinsicht ohne jede weitergehende Wirkung geblieben.

dem Erfolg durchführbar sein. Diese Erkenntniß darf ebensowenig von der Einrichtung abschrecken, wie diejenige, daß auch Diebstahl oder Raub oder Betrug nicht aus der Welt zu schaffen sind trotz schärfster Strafandrohung und Bestrafung.

Der Zwang zu solchen Bildungen braucht dabei nicht immer und überall in direkten für den Einzelfall bestimmten Anordnungen der Staatsgewalt zu bestehen, sondern in der gesetzlichen Gewährung gewisser rechtlicher Vortheile und Sicherungen an freiwillig sich bildende Genossenschaften bezw. Androhung gewisser Rechtsnachtheile denen gegenüber, welche der genossenschaftlichen Einigung entgegenstreben. Nur reicht erfahrungsmäßig solcher bedingter Zwang zumeist nicht aus und findet im ungenügenden Verständniß der kleinen Waldbesitzer und dem damit verbundenen Mangel an Gemeinsinn hartnäckigen Widerstand.

Gerade für die Schälwaldwirthschaft dürfte die Genossenschaftsbildung günstig und leicht durchführbar sein. Es läßt sich bei ihr recht unter Anpassung an Herkommen und örtliche Bedürfnisse eine Verbindung von Waldwirthschaftsgenossenschaften mit Produktiv-, Verkaufs-, Absatz-, auch sogar Einkaufsgenossenschaften fruchtbar ausgestalten. Möchte dieser Vorschlag wenigstens einer gründlichen Erwägung für werth gehalten werden. Bezüglich der Einzelheiten derartiger Bildungen darf auf das gründliche Werk von Heck, insbesondere S. 99—109 verwiesen werden.

Noch in anderer Weise endlich kann die Staatsfürsorge da eintreten, wo im Einzelfalle bei notorischer Nothlage die Kraft des Einzelnen zur Selbsthilfe völlig fehlt, nämlich mittelst **Erwerb der unrentablen oder schlecht rentirenden Privatwälder durch den Staat** und Bewirthschaftung derselben in Eigenregie. Wird dieses Mittel zunächst und in der Regel nur gelegentlich, z. B. bei Verkoppelungen, und ohne Zwang am Platze sein, so kann es doch bei zwingender Nothlage einerseits und ausreichender Finanzkraft anderseits auch zwangsweise Anwendung verdienen. Besonders da, wo ein Anschluß an Staatswald oder aber die Begründung einer genügend großen Verwaltungseinheit möglich ist, sollte die Staatsforstverwaltung mit Hilfe eines dafür zu schaffenden Dispositionsfonds sich darbietende Gelegenheiten zum Erwerb schlechter Schälwaldungen benutzen und die Ueberführung in Hochwald bewirken. Hierbei dürfte sowohl aus bodenwirthschaftlichen wie sozialpolitischen Rücksichten der Austausch dienlich sein, indem die Staatsverwaltung Forstgrund — besessenen oder erworbenen — der zur dauernden Benutzung als Wiese oder Ackerland geeignet ist, gegen schlechtrentirenden kleinbäuerlichen Schälwald hingiebt.

3. Hebung des loheverarbeitenden Gerbereigewerbes.

Es ist schon wiederholt auf die eigenartigen Beziehungen zwischen der Lohproduktion und der Lohkonsumtion hingewiesen und dabei dargelegt worden, daß, während früher die Gerberei zum Zwecke des Bezugs des ihr unentbehrlichen Rohstoffs durchaus auf den heimischen Schälwald angewiesen war, umgekehrt jetzt die Lohgerberei mannigfache und bequeme Bezugsquellen offen hat, während der Lohproducent ausschließlich auf sie als Abnehmerin seines Produkts angewiesen ist. In diesem Umstand mußten wir eine der hauptsächlichsten Ursachen für die sinkende Rentabilität der Schälwaldwirthschaft erkennen. Je gesunder und blühender diejenige Gerberei ist, welche nur oder vorzugsweise Eichenrinde verwendet, desto mehr wird sie Lohe beziehen und dafür angemessene Preise zahlen können. Eine Hebung der Eichenlohgerberei wird also antheilig der Lohrindenerzeugung zu Gute kommen.

Die nächstliegenden Mittel hierzu scheinen die zu sein, welche die Herstellung des lohgaren Leders schützen gegenüber dem mit anderen Gerbmaterialien hergestellten und gegen die Konkurrenz des Auslandes. Als solche Mittel kommen folgende in Frage: Erhaltung der Kleingerberei gegenüber der Lederfabrikation, Bevorzugung des eichenlohgaren Leders bei den Bezügen für den Staatsbedarf, Bezeichnung des eichenlohgaren Leders durch Garantiemarken.

A. Die Erhaltung der Kleingerberei.

Wie oben erörtert wurde, ist der Umschwung im Gerbereigewerbe zu Gunsten der Verwendung von Surrogaten der Eichenrinde innig verknüpft mit der Zunahme der Großbetriebe. Wenn auch nur sehr wenige der letzteren ganz auf die Eichenrinde verzichten, so sind es doch allein die kleinen handwerksmäßigen Betriebe mit kalter Grubengerbung, welche die Eichenrinde noch nothwendig und in relativ großer Menge brauchen. Diese Kleinbetriebe durch Eingreifen der Staatsgewalt künstlich auch da erhalten zu wollen, wo sie sich selbständig nicht mehr zu halten vermögen, würde eine falsche und überdies aussichtslose Bethätigung der Staatsfürsorge sein. Gegen den mit der Entwickelung des Verkehrs untrennbar verknüpften Wandel der Lederbereitung vom Handwerk zur Technik, vom kapitallosen Kleinbetrieb zur Fabrikation anzukämpfen, wäre Rückschritt, nicht Fortschritt. Mit der Erbarmungslosigkeit eines Naturgesetzes vollzieht er sich stetig weiter, so hart es für die Betroffenen sein mag. Das darf weder diesen selbst, noch den Trägern der Wirthschaftspolitik zur Last gelegt werden. Vielmehr würde die letztere berechtigter Tadel treffen, wollten sie, nur um veraltete Erwerbs-Formen und Zustände zu erhalten, gegen diese Wandlung sich stemmen. Die Wucht des wirthschaftlichen Entwickelungsganges würde sie sammt ihren Schützlingen zermalmen. Wohl aber ist es die sittliche Pflicht der Politik, den unvermeidlichen Wandel rechtlich und wirthschaftlich so zu gestalten, wie er den betheiligten Interessenten am erträglichsten wird. Nur von diesem Gesichtspunkte aus haben die Bestrebungen, dje handwerksmäßige Kleingerberei zu stützen, ihre Berechtigung.

Als wichtigstes Hilfsmittel hierzu erscheint es, den Gerbern Gelegenheit zu technischer Bildung zu schaffen und zu erleichtern. Daran fehlt es zur Zeit fast völlig. Die Gerberschule in Freiberg ist immerhin nur sehr wenigen und nur den einigermaßen bemittelten zugänglich. In den Zentren der Lohgerberindustrie des Westens sollten in möglichst großer Zahl einfache Fachschulen mit kurzen Kursen und möglichst einfach gehaltenen praktischen Unterweisungen in der Technik aber auch der Buchführung und kaufmännischen Gebahrung eingerichtet werden. In Baden und Württemberg giebt es schon solche Schulen. Neuerdings geht auch Ungarn auf diesem Wege vor. Kann und will die Gerberei sich selbst derartiges schaffen, bedarf es nur der staatlichen Unterstützung solcher Bestrebungen. Andernfalls müßte der Staat oder die mit öffentlicher Gewalt ausgestätteten Verbände sachlicher oder territorialer Art sie begründen und unterhalten.

Erleichtert würde dies durch genossenschaftlichen Zusammenschluß der handwerksmäßigen Gerberei. Ob das durch die Einrichtung von Innungen auf Grund des Innungsgesetzes vom 26. VII. 1897 erreichbar ist, erscheint mindestens zweifelhaft. Nach den Erhebungen des Vereins für Socialpolitik ist das Handwerk der Gerberei in den Städten schon soweit verdrängt, daß eine lebensfähige Innung überhaupt nicht mehr möglich ist. Und für die ortsweise noch kräftigen Handwerksbetriebe auf dem Lande ist der Zusammenschluß vieler zu einer Innung wegen der räumlichen Entfernung mit Erfolg kaum durchführbar. Desto mehr wäre darauf hinzuwirken, freie genossenschaftliche Bildungen zu fördern, mit deren Hilfe fachliche und kaufmännische Ausbildung gefördert, das Kleingewerbe kredit- und kaufkräftig gemacht und zu der Erkenntniß gebracht würde, durch Anspannung der eigenen Kräfte den Forderungen der neuen Zeit sich anzupassen. Vornehmlich dürften Rohstoffvereinigungen zum Bezuge der Häute in dieser Richtung am Platze sein. Die Ausführungen Büchers auf der Generalversammlung des Vereins für Sozialpolitik in Köln Oktober 1897 geben dafür klare und gründliche Richtlinien und sei auf sie dieserhalb verwiesen.

B. Begünstigung des eichenlohgaren Leders.

Bei der Erkenntniß, daß die Erhaltung der handwerksmäßigen Gerberei nur transitorische Bedeutung und Berechtigung hat, wird die Absatzfähigkeit der heimischen Eichenlohe dadurch gefördert werden können, daß die Nachfrage nach eichenlohgarem Leder durch staatliche Maßnahmen gesteigert wird. In erster Linie allerdings ist das Sache der Lohgerber selbst, indem sie unter voller Ausnutzung der modernen Gerbertechnik mit thunlichst geringen Produktionskosten ein qualitätreiches Leder erzeugen, das dann deswegen vom Konsum bevorzugt wird. Der Staatsgewalt als solcher fehlt sowohl die Berechtigung als die Handhabe, direkt in dieser Beziehung einzugreifen. Wohl aber mittelbar als Fiskus vermag der Staat solche Einflüsse zu üben, nämlich da, wo er selbst Lederkonsument ist. Nur sind dabei für ihn nicht oder doch nicht in erster Linie Aufgaben wirthschaftspolitischer sondern privatwirthschaftlicher Art maßgebend. Wenn er als Massenkonsument von Leder für den Bedarf des Heeres, der Marine, der Post, Eisenbahn ꝛc.*) das eichenlohgare Leder bevorzugt, wird er das nur thun, wenn und so lange es den fiskalischen Interessen entspricht. Ist anderes Leder bei gleicher Güte billiger, geht er sicher zu diesem über. Daß er insbesondere für Heereszwecke stets die Güte entscheiden läßt und immer nur bestes Material benutzt, selbst wenn es theurer ist, widerstreitet nicht dem fiskalischen Prinzip, ist vielmehr wegen der Wehrfähigkeit des Reichs und mit Rücksicht auf die Fürsorge für die Mannschaften zwingend geboten. Daneben aber giebt es zahlreiche Verwendungsarten, wo nicht die Güte allein, sondern auch der Preis entscheidet. Es gilt dann abzuwägen, ob die Ersparniß durch den billigeren Preis größer, gleich oder kleiner ist, als der Effekt der Qualität beim Gebrauch. Jenachdem muß die billigere Waare gewählt oder kann sie gewählt werden oder ist sie zu verwerfen.

Das fiskalische Interesse schließt nun nicht aus, daß auch volkswirthschaftliche Rücksichten gewahrt werden. Wie ja z. B. bei akuten Nothständen wirthschaftlicher Art, bei Feuer-, Wassernoth, bei Arbeitermangel der Soldat zu Hilfe geschickt wird. Indessen diese Rücksichten stehen bei Zuständen von einiger Dauer in zweiter Linie und kommen nur soweit zur Geltung, als jenes nicht darunter leidet.

So ist auch die jetzt bestehende Bestimmung, daß für das Heer in der Regel nur eichen- oder fichtengegerbtes Sohlleder bezw. solches mit nur inländischen Rohstoffen nach dem alten Verfahren in Gruben gegerbtes Leder benutzt wird**) nur indirekt als eine der heimischen Lohgerberei günstige Maßregel wirksam. Ob und wie lange sie besteht, ist unabhängig vom wirthschaftlichen Stande der Lohgerberei. Sie kann und wird sich ändern, wenn die Vorzüge

*) Bei einem Gesammtlederverbrauch von rund 500 Millionen kg in Deutschland verbraucht die Heeresverwaltung ca. 11½ Millionen kg.

**) Bemerkenswerth ist es, daß die Heeresverwaltung jetzt regelmäßig Offiziere der Bekleidungsämter an der Gerberschule in Freiberg einen Kursus zu gründlichem Kennenlernen der Lederqualitäten durchmachen läßt.

des Eichenlohleders von der Heeresleitung nicht mehr so zweifellos anerkannt werden als noch jetzt. Deshalb ist ihr auf die Dauer ein entscheidender Einfluß nicht beizumessen. Was jetzt für das eichengegerbte Leder entscheidet, ist einmal die Ueberzeugung, daß dasselbe haltbarer und wasserdichter ist als anderes und sodann, daß es für specifisch leichter gilt als das sog. nordische*).

Bei den fortgesetzten eifrigen Bemühungen der modernen Gerberei, auch bei Zuhilfenahme anderer Gerbmittel qualitativ bestes Leder zu erzeugen, hat diese Maßregel kaum mehr als temporäre Bedeutung.

C. Garantie der Gerbungsart

Man hat vorgeschlagen, es solle zwangsweise das mit exotischen Stoffen hergestellte Leder in einer auch dem Laien leicht kenntlichen Weise als solches gekennzeichnet werden z. B. durch Färben der Fleischseite mit rothem Ocker (vgl. D. Gerberz. 1890, Nr. 79), oder das Quebracholeder solle einen es charakterisirenden amtlichen Stempel erhalten (Antr. Danckelmanns im Landesökonomie-Kollegium 1897). Von anderer Seite wird das Deklariren des garantirt rein eichenlohgaren Leders gefordert. Ein Deklariren des Gerbverfahrens kann wohl unter den Schutz des Gesetzes v. 27. V. 1896 betr. den unlauteren Wettbewerb gestellt werden, indem das vom Hersteller nach der angewandten Gerbmethode deklarirte Leder auch wirklich der Deklaration entsprechen müßte. So wird z. B. in der D. Gerberz. 1896, Nr. 95 als Garantiestempel vorgeschlagen „Quebrachogerbung“ oder „Kombinationsgerbung“. Wirksamer dürfte es sein, wenn, wie Danckelmann fordert, für den Deklarationszwang ein besonderes Gesetz erlassen würde. Jedenfalls kann die formelle Handhabe für das Eingreifen der Staatsgewalt unschwer gefunden werden. Fraglich ist aber, ob ein solcher Schutz praktisch Erfolg verheißt.

---

*) Ein Paar Militärstiefel aus Quebracholeder wog (D. Gerberz. 1895 Nr. 140) durchschn. 2300 g, während das vorschriftsmäßige Durchschnittsgewicht kriegsmäßiger Stiefeln aus bestem lohgaren Leder 1750 g beträgt. Nach Angaben des landw. Vereins in Rheinpreußen (Pet. v. Dzbr. 1894) ist der Unterschied bei rindsledernen Männerstiefeln wie 1350 zu 1700 g. Die Untersuchungen Barthels (vgl. S. 65) ergeben allerdings ein wesentlich anderes Resultat.

Entscheidend dafür muß zunächst sein, ob es mit Hilfe gewöhnlicher fachtechnischer Untersuchungsmethoden sicher gelingt, das angewandte Gerbmaterial im fertigen Leder festzustellen, um danach die Angabe der Gerbung auf ihre Richtigkeit zu prüfen. Das ist mit Hilfe der Chemie in der That möglich. Quebrachogerbstoff reagirt selbst bei nur sehr geringer Beimischung auf Essigäther intensiv grün. Auch die in der Gerberei gebräuchlichen anderen Gerbstoffe lassen sich, wenn gleich selbst für den Fachchemiker mitunter nur schwierig*), im Leder bestimmen. Der Eichenrindengerbstoff reagirt, wie mir von sachverständiger Seite mitgetheilt wird, sicher auf Brom, Valonea und Eichenholzextrakt wiederum auf Manganoxyd, sodaß der erstere auch von den anderen der Eiche entstammenden Gerbstoffen unterschieden werden kann.

Schwieriger ist es, bei kombinirter Gerbung die verwendeten einzelnen Gerbstoffe zu ermitteln, nicht möglich aber ist eine quantitativ genaue Bestimmung derselben. Danach würde es immerhin gelingen, ein nur mit Eichenrinde oder Extrakt derselben gegerbtes Leder von einem durch kombinirte Gerbung entstandenen bezw. unter Beigabe von Quebracho gegerbten Leder zu unterscheiden. Indessen mit einer derartigen Feststellung würde noch nicht die Güte des ersteren deklarirt sein. Ein Leder, das mit Schwefelsäure geschwellt und mit geringwerthigster Eichenrinde oder schlechtestem Extrakt rasch hergestellt ist, würde mit der amtlichen Deklaration als rein eichenlohgares Produkt ebenso berechtigt ausgestattet werden müssen, als bestes sorgfältig mit Eichenlohe gegerbtes, dagegen würden alle diejenigen unter Zusatz anderer Gerbmaterialien entstandenen Leder, selbst wenn sie qualitativ noch so vorzüglich sind, als Kombinationsgerbung deklarirt werden müssen. Nun ist die ganze moderne Gerberei auf solche Zusätze geradezu angewiesen. Abgesehen von den kleinen lediglich mit dem kalten Grubenverfahren arbeitenden Betrieben, welche den Gerbstoff verschwenden und deshalb unweigerlich und verdienter Maßen im

---

* F. Sinand sagt in Böckmanns Chemischtechn. Untersuchungsmeth. Band II., S. 559: „Zu unterscheiden, mit welchen Gerbmaterialien ein Leder gegerbt, ist für den Nichtfachchemiker schwer, mit Sicherheit läßt sich nur erkennen, ob ein Leder mit Fichtenrinde gegerbt ist.

Wettbewerb zurückgedrängt werden, giebt es selbst in den Centren der Eichenrindengerbung z. B. Trier, Siegen, Eschwege ꝛc. höchstens noch einen oder den andern, der ausschließlich Eichenrinde benutzt, vielmehr nahezu überall werden Zusätze gemacht, Kombinationen vorgenommen, sei es mit den sog. edeln Gerbmitteln wie Valonea und Knoppern oder vor Allem mit den billigen, zu denen nächst dem Quebracho Fichtenrinde, Mirobalanen, Dividivi und auch noch Mimosa u. a. gezählt werden können, und obgleich auch hierbei als das ausschlaggebende Gerbmaterial die Eichenrinde dient und das dieser Art gewonnene Leder zu den besten gehören kann, die erzeugt werden. Denn nicht das Gerbmaterial allein garantirt gutes Leder, sondern die Gerbmethode entscheidet: rein eichenlohgares Leder kann sehr schlecht, Kombinationsleder sehr gut sein.

Der Deklarationszwang müßte nach alledem seitens der fortgeschrittenen soliden Gerberei als eine Belästigung und Schädigung empfunden werden. Er würde ihr Leder diskreditiren zu Gunsten eines Produktes, das bezüglich seiner Güte durch die Deklaration keineswegs charakterisirt wäre. Nach wie vor müßten hierüber die bisherigen Prüfungen entscheidend sein. Und wenn dann das garantirt rein eichenlohgare Leder sich nicht als das unbedingt bessere erweist, so wird es nicht zumeist begehrt, nicht am besten bezahlt werden. Damit wäre dann auch die günstige Rückwirkung der Deklarationspflicht auf den Absatz des Schälwaldproduktes, auf die Hebung der Schälwaldrente verfehlt.

Angenommen auch, daß die Deklarationspflicht das rein eichenlohgare Leder begehrter bezw. besser bezahlt macht als sonst, so würde eine Rückwirkung auf die Preise der heimischen Lohe doch nur in dem Maße stattfinden, als dieselbe in der deutschen Gerberei zur Verwendung kommt. Die Statistik lehrt, daß vom jetzigen Bedarf nur ca. $^1/_4$ aus Deutschland, $^3/_4$ vom Ausland gedeckt wird. Kann das Ausland, in erster Linie Ungarn, die Rinde billiger und je nach Absatzfähigkeit in zunehmender Menge liefern als Deutschland, so wird durch die etwa eintretende Steigerung der Nachfrage vornehmlich die Einfuhr von Rinde begünstigt und zwar — außer bei relativ hohen Einfuhrzöllen — wahrscheinlich so beträchtlich, daß der gehobene Preis bald wieder herabgedrückt wird.

Bei günstigster Annahme kann die Preissteigerung ohnehin nur unbeträchtlich sein. Ist sie vermuthlich auch eine nur vorübergehende, so bleibt der günstige Einfluß auf den Schälwaldertrag aus. Die Deklarationspflicht bliebe nur eine für die Gerberei in ihrer erdrückenden Mehrheit lästige, für die Aufsichtsführung umständliche und kostspielige, für den Schälwald aber zum mindesten fragwürdige, im besten Falle wenig wirksame Maßregel.

Das Reichsamt des Innern hat sich denn auch kürzlich gegen die Stempelung des Quebracholeders erklärt und dies damit begründet, daß diese Maßregel dem Schälwald nicht helfen könne und nur zur Belästigung des Verkehrs führen würde, ohne den geringsten Vortheil für die einzelnen heimischen Gewerbszweige zu bieten.

4. Abwehr der auswärtigen Konkurrenz durch Schutzzoll.

Die Untersuchungen über die den Nothstand in der Schälwaldwirthschaft bedingenden Ursachen in den ersten Kapiteln ergaben, daß die zunehmende Einfuhr ausländischer Gerbmaterialien zwar nicht die einzige und auch nicht die wichtigste derselben war, aber doch ihnen zuzurechnen ist. Um sie in ihrer nachtheiligen Wirkung abzuschwächen, bietet sich als Gegenmittel der Zollschutz dar. Dieser kann zweifacher Art sein und entweder im Zoll auf Eichengerbrinde oder in solchem auf Rindensurrogate bestehen. Beide Arten sind besonders in den letzten Jahren der Gegenstand lebhaftester Erörterung geworden, die über den Kreis der zunächst daran Betheiligten hinausgehend im Kampfe der politischen Parteien eine gewichtige Rolle einnimmt. Dadurch ist es schwer, unabhängig von den hin- und herwogenden Parteimeinungen objektiv ein Urtheil zu gewinnen über Art und Wirkung der Zölle und die Möglichkeit ihrer Durchführung. Es soll dennoch hier der Versuch gemacht werden.

Als Ausgangspunkt gelte dabei das Interesse für die Hebung des bedrängten Schälwaldes. Weiterhin aber muß betrachtet werden die Einwirkung der Maßregel auf die nächstbetheiligten Interessen der Gerberei und auch der Lederkonsumtion. Ist doch die Rindenproduktion mit all ihren Lebensinteressen untrennbar gekettet an ihren einzigen Abnehmer, die Gerberei, und diese wiederum bedingt abhängig vom Bedarf an Leder nach Menge, Art und Güte. Ein kurzer Rückblick auf die bisherige Geschichte des Gerbstoffzolles wird die Orientirung erleichtern.

A. Der Zoll auf Gerbmaterialien in Deutschland.

In den Zolltarif v. 15. VII. 1879 wurde nach dem Antrage der Schälwaldinteressenten wegen der wachsenden Einfuhr ausländischer Rinde mit ausdrücklicher Zustimmung der Lederindustrie unter Nr. 13b des Tarifes ein niedriger Zoll auf Holzborke und Gerberlohe von 0,50 Mk. für 100 kg aufgenommen. Unter diese Position (im statistischen Waarenverzeichniß Nr. 421) fallen außer der Eichenrinde andere zur Gerbstoffgewinnung geeignete Baumrinden z. B. Fichten, Weiden, Mimosa 2c. sowie auch vermahlenes Quebrachoholz. Die Zolltarifnovelle v. 22. V. 1885 ließ diesen Satz unverändert. Durch die Handelsverträge mit Oesterreich, Italien, Belgien v. 6. XII. 1891 und demnächst diejenigen mit Rumänien v. 21. X. 1893 und Rußland v. 10. II. 1894 wurde Position 13b freigegeben. An dieser Freigabe sind mit den Vertragsstaaten alle die Länder betheiligt, denen von Deutschland die Meistbegünstigung zugestanden ist. Zu diesen gehört das wegen der Quebrachoausfuhr wichtigste Land, Argentinien. Diejenigen Gerbmaterialien, welche als Baumfrüchte, z. B. Dividivi, Galläpfel, Knoppern, Valonea, Myrobalanen, oder als unzerkleinertes Holz wie Quebracho, oder endlich als Extrakte z. B. Catechu, Gerbsäure, Gerbstoffextrakte, Sumach eingehen (im amtl. Waarenverzeichniß Nr. 141, 150, 151, 152, 168, 172, 182, 191, 207, 222), waren und sind als „rohe Erzeugnisse und chemische Fabrikate für den Gewerbe- und Medizinalgebrauch“ nach Position 5m des Zolltarifes zollfrei.

Ferner ist Pos. 13b durch die Handelsverträge mit Oesterreich, Italien, Belgien, Rußland und Rumänien und Pos. 5m durch diejenigen mit Oesterreich und Italien bis 1903 gebunden.

Auf die Einfuhr ausländischer Eichenrinde hat der Zoll von 0,50 Mk. für 100 kg einen irgend erkennbaren Einfluß nicht geübt, wie die Tabelle S. 77 zeigt. Sie stand bis 1883 annähernd gleich und nahm dann fortgesetzt zu bis 1890. Darauf trat ein vorübergehender Rückgang ein, der indessen schon 1894 wieder aufhörte.

Schon 1887 erhoben schlesische Grundbesitzer Klage über die den heimischen Schälwald mit Vernichtung bedrohende Einfuhr österreichisch-ungarischer Rinde und verlangten — ergebnißlos — eine Erhöhung des Zolls auf 3 Mk. Die Lohgerber dagegen forderten — ebenfalls ergebnißlos — die völlige Beseitigung des Rindenzolls. Erst als der bedeutsame Umschwung in der Lederindustrie neben der ausländischen Lohrinde jene gerbstoffreichen und billigen Gerbmaterialien, in erster Linie Quebrachoholz (namhaft seit 1885) zur weitgehenden Verwendung brachte und der schon seit 1877 niedrige Rindenpreis weiter zu sinken drohte, gewann die Agitation für und gegen den Zoll an Umfang und Tiefe. Die aufblühende deutsche Gerberei, die dem Ansturm der billigen Leder des Auslandes besonders des nordamerikanischen Hemlocks und des chilenischen Valdivia mit Erfolg nur dadurch begegnen konnte, daß sie ebenfalls billige Gerbmittel verwendete und die kürzere Brühegerbung einführte, wandte sich gegen jede Erschwerung der Gerbstoffeinfuhr. Die schon lange unter niedrigem Rindenpreis leidenden Schälwaldbesitzer und mit ihnen die an der alten soliden Eichenlohgerbung festhaltenden Gerberkreise, so insbesondere die in Trier, Siegen und der Eifel, erblickten in den neuen Gerbmitteln und zumal im billigen Quebracho, dessen Einfuhr und Verwendung enorm wuchs, ihren ärgsten Feind. Und bei der dem westdeutschen Schälwald eigenen innigen Verbindung forstlicher und landwirthschaftlicher Bodenbenutzung stellten sich auch die Vertretungen landwirthschaftlicher Interessen diesen Gruppen zur Seite.

Die Agitation für einen Schutzzoll setzte ein im Jahre 1892, nachdem entsprechend den Wünschen der geeinten Lederindustrie bei Abschluß der Handelsverträge mit der Ermäßigung des Lederzolls (Pos. 21ab des Zolltarifs) der Rindenzoll aufgehoben worden war.

Zahlreiche Petitionen für einen Zoll auf Quebrachoholz liefen bei den gesetzgebenden Körperschaften ein, so vom landw. Verein für Rheinpreußen, der Handelskammer Bonn an den preußischen Landwirthschaftsminister auf einen Zoll von 10 Mk. für 100 kg, von den Sohllederfabrikanten in Trier auf einen solchen von 5 Mk. Auch das Landesökonomie-Kollegium beschloß 1./3. März 1894 eine dahingehende Resolution. Das preuß. Haus der Abgeordneten vertrat am 1. II., 16. IV. und 7. V. 1894 diese Anträge, ebenso wiederholt der deutsche Reichstag. Am 18. I. 1895 stellte hier der Abgeordnete v. Stumm den erweiterten Antrag auf Einführung eines Zolls für sämmtliche „überseeische" Gerbstoffe und Extrakte. Und das Haus sprach sich 26. IV. und 2. V. 1895 mit großer Mehrheit für einen Antrag an den Bundesrath aus, einen „wirksamen" Zoll auf Quebracho und die daraus hergestellten Präparate und Extrakte sowie andere überseeische Gerbstoffe herbeizuführen, soweit sie zur Gerbung von Leder Verwendung finden mit Ausnahme derjenigen, welche für die Färberei und die chemische Industrie erheblich in Betracht kommen. Auch im bayerischen Landtage kam am 8. IV. 1896 ein gleicher Antrag auf „mäßigen" Zoll für Quebrachoholz zur Annahme.

Der deutsche Bundesrath stellte sehr eingehende und sorgfältige Erhebungen bei allen betheiligten Erwerbskreisen an und kam auf Grund der dabei gewonnenen Ergebnisse zu einer Ablehnung des Zolls unter dem 25. X. 1896. Während die Bestrebungen für den Schutzzoll an Ausdehnung und Intensität wuchsen, entwickelten auch die Zollgegner eine energische Agitation dagegen. Insbesondere war der rührige Vorstand des Centralvereins der deutschen Lederindustrie eifrig bemüht, das Interesse, welches die überwiegende Mehrheit der Lederindustrie an der freien Zufuhr ausländischer Gerbmittel hat, zu begründen. Es geschah dies in Versammlungen sowie in mehrfachen Eingaben an die preußische Staats- und deutsche Reichsregierung, von denen die Denkschriften vom 5. XI. 1894 und 28. VIII. 1897 an den preußischen Handelsminister (abgedruckt im Vereinsbericht von 1894/95 und in d. D. Gerberz. 1898, Nr. 54) genannt sein mögen.

Die Vertreter des Schutzzolls wurden durch den ablehnenden

Beschluß des Bundesraths keineswegs entmuthigt. Am 20. I. 1897 interpellirte der Abg. v. Stumm anläßlich der Verhandlungen über den Zoll die Reichsregierung und der damalige Staatssekretär Graf Posadowsky begründete jene Entscheidung in eingehender Weise: Bestimmend seien zolltechnische, handelspolitische und volkswirthschaftliche Schwierigkeiten gewesen, entscheidend die Ueberzeugung, daß die Schädigung der weitverzweigten, hochentwickelten und durch die Auslandskonkurrenz ständig bedrohten Lederindustrie schwerer wiege, als der nicht einmal sicher zu erhoffende Nutzen, den die Schälwaldbesitzer aus dem Zolle gewinnen würden.

In demselben Sinne erwiderte bald darauf am 1. III. 1897 der preußische Handelsminister auf eine Interpellation (von Detten), in der die Staatsregierung befragt wurde, ob sie auf die Einführung eines wirksamen Schutzzolls auf Quebracho und auf dessen Extrakte und Präparate hinzuwirken beabsichtige, oder wenn dies nicht der Fall, welche Maßregeln zum Schutze des Schälwaldes sie ergreifen wolle. Und der Chef der preußischen Forstverwaltung, Oberlandforstmeister Donner ergänzte die ministeriellen Ausführungen nach der forstwirthschaftlichen Seite hin. Nach dieser Stellungnahme ist zwar für die Dauer der Handelsverträge an eine Aenderung der bestehenden Zollverhältnisse nicht zu denken. Indessen wird im Ausblick auf deren Ablauf 1903 nicht minder eifrig auf beiden Seiten die Frage des Schutzzolls weiter behandelt. So hat im August 1898 die Versammlung deutscher Forstmänner in Breslau sich für einen Schutzzoll ausgesprochen. Für Vorberathung der handelspolitischen Maßnahmen beim Abschluß neuer Handelsverträge werden Seitens der Reichsregierung Vertreter von Landwirthschaft, Industrie und Handel zu gutachtlicher Berathung zugezogen. Diesen Ausschüssen wird es obliegen, auch die Frage des Gerbstoffzolls erneut zu prüfen, um so mehr als schon wieder zahlreiche Petitionen und Aeußerungen dafür und dagegen vorliegen.

B. Der Zoll und der Schälwald.

Es soll zuvörderst ganz abgesehen werden von den Wirkungen des Zolls auf die Lederindustrie und auf die Lederkonsumtion und ausschließlich die eventuelle Wirkung auf die Schälwaldwirthschaft Gegenstand der Untersuchung sein. Weiter möge die Voraussetzung gelten, daß der Betrag des Rindenzolls seiner ganzen Größe nach dem Rindenpreise zu Gute komme.

Wie hoch müßte alsdann der Rindenzoll sein, um wirksam zu helfen? Man kann zwar allgemein sagen, daß jede Steigerung der Lohpreise, wie geringfügig sie auch sei, dem Schälwald in allen seinen Abstufungen zu Gute komme. Indessen wird eine solche, um zur Behebung des Nothstandes, da wo ein solcher zur Zeit herrscht, eine gewisse Höhe haben müssen.

Im Kapitel IV. war der Schälwald in bedingten und unbedingten gegliedert worden. Letzterer bestimmt sich einerseits nach dem Standort, andererseits nach den wirthschaftlichen Verhältnissen der Besitzer. Für die Prosperität des ersteren entscheidet der Standort, er ist je nach der Höhe der Rente aufzugeben oder beizubehalten. Für die unbedingten Schälwaldungen lassen sich die Wirkungen einer Erhöhung der Lohpreise rechnungsmäßig nicht klarlegen. Bei ihnen sind in erster Linie die Erträge aus den landwirthschaftlichen ꝛc. Zwischen- und Nebennutzungen entscheidend. So kann nur bezüglich der ersteren eine Untersuchung in dieser Richtung angestellt werden. Das Ergebniß derselben ist aber auch für die unbedingten Schälwaldungen von Interesse.

Aus den Ertragsangaben und Berechnungen in Kapitel IV. Nr. II ergab sich, daß die Schälwaldungen, die der I. und II. Bonität angehören, auch bei den jetzigen niedrigen Lohpreisen noch gut rentiren, daß die III. Bonität mit rund 80 Centnern Rindenertrag die untere Grenze dafür bildet, während Bonität V selbst bei einer Preissteigerung von 1,5 Mk. noch negative, Bonität IV nur sehr geringe Renten abwirft. Zweckmäßig also erscheint es, zunächst die Höhe der Preishebung in ihrer Einwirkung auf die III. Bonität zu untersuchen. Die folgende Tabelle, die genau so berechnet ist, wie die auf S. 141—145, giebt die Wirkung der Preisänderung auf die Bodenrente an. Erstere ist für p = 3 und = 2 um je 0,25 Mk. abgestuft.

Darstellung der Einwirkung einer Steigerung der Lohpreise auf die Bodenrente nach Preisabstufungen von je 0,25 Mk., ausgehend von einem Rindenpreis = 3,50 Mk. für den Centner, erntekostenfrei. Die Renten sind für die III. und IV. Standortsbonität berechnet für Umtriebszeiten von 15, 18 und 20 Jahren und für Zinsfüße von 3 und 2 Prozent.

Lohpreis pro Ctr. in Mk.	Bodenrente p = 2						Bodenrente p = 3					
	Bonität III.	Bonität IV.	Bonität III.	Bonität IV.	Bonität III.	Bonität IV.	Bonität III.	Bonität IV.	Bonität III.	Bonität IV.	Bonität III.	Bonität IV.
	u = 15		u = 18		u = 20		u = 15		u = 18		u = 20	
3,50	5,23	0,06	4,88	0,03	4,59	0,10	7,27	1,70	7,13	1,83	6,97	1,79
3,75	6,34	0,83	5,94	0,75	5,62	0,74	8,47	2,53	8,29	2,61	8,11	2,55
4,00	7,45	1,60	6,99	1,46	6,64	1,38	9,66	3,36	9,44	3,39	9,24	3,31
4,25	8,56	2,37	8,05	2,17	7,66	2,02	10,85	4,19	10,60	4,17	10,37	4,07
4,50	9,67	3,14	9,10	2,88	8,68	2,65	12,04	5,01	11,75	4,94	11,50	4,83
4,75	10,78	3,89	10,16	3,59	9,71	3,34	13,14	5,82	12,91	5,72	12,63	5,60
5,00	11,89	4,63	11,22	4,30	10,73	4,03	14,23	6,62	14,06	6,50	13,76	6,36
5,25	13,00	5,38	12,28	5,01	11,76	4,72	15,48	7,43	15,22	7,28	14,90	7,12
5,50	14,11	6,12	13,34	5,72	12,78	5,41	16,72	8,23	16,37	8,06	16,03	7,88
5,75	15,22	6,87	14,40	6,43	13,80	6,10	17,96	9,03	17,53	8,84	17,16	8,64
6,00	16,32	7,61	15,45	7,14	14,82	6,78	19,20	9,83	18,68	9,61	18,29	9,40

Vom niedrigsten oben zu Grunde gelegten Preise 3,50 Mk. für den Centner Rinde ausgehend sehen wir, daß die Hebung der Bodenrente in der III. Bonität bei u = 15 erst bei einer Lohpreissteigerung von etwa 1,50 Mk. diejenige der jetzigen II. Bodenbonität erreicht (für p = 3 11,44 Mk., für p = 2 13,95 Mk.), bei u = 18 wird die jetzige II. Bonität erreicht bei einer Preissteigerung um mindestens 1,25 Mk., und bei u = 20 einer solchen um ebenfalls etwa diesen Betrag. Soll aber die IV. Bonität nur bis zur jetzigen Bodenrente der III. erhöht werden, so müßte der Lohpreis um 1,50—1,75 Mk. in die Höhe gehen.

Nach dem absoluten Bodenreinertrag pro Flächeneinheit würde eine Steigerung der bisherigen Lohpreise um 0,25 Mk. für den Centner bei 15j. Umtrieb einen Mehrertrag von rund 1,10—1,20 Mk. pro ha gewähren, eine Preissteigerung von 0,50 Mk. einen Mehrertrag von rund 2,10—2,50 Mk. pro ha.

Nach den Mittheilungen des Oberlandforstmeisters Donner im preußischen Abegordnetenhaus am 1. III. 1897 stellte sich der durchschnittliche Waldreinertrag pro ha Schälwald in den preußischen Staatsforsten auf 1893/94 9,06 Mk., 1894/95 8,33 Mk., 1895/96 10,17 Mk. und im Durchschnitt aller 3 Jahre auf 9,19 Mk. Die Preishebung von 0,25 Mk. für den Centner Rinde brächte also nur etwa den Durchschnitt dieser drei Jahre auf 10,30 Mk., also auf den Betrag, wie er in dem ebenfalls noch als Nothjahr geltenden Jahr 1895/96 stand, während, um den Stand von 1894/95 auf den von 1895/96 zu erhöhen, schon eine Preishebung von etwa 0,50 Mk. für den Centner erforderlich wäre. Mit anderen Worten: Selbst ein Zoll, der doppelt so hoch wie der bisherige ist, vermag nur eben etwa soviel am Reinertrage zu ändern, als die gewöhnlichen Fluktuationen der Marktverhältnisse an Schwankungen hervorrufen. Um eine fühlbare Hebung der Schälwalderträge zu erzielen, müßte der Rindenzoll eine Höhe haben, welche eine prohibitive Wirkung auf die ausländische Rinde ausüben würde.

Hierzu tritt, daß die angenommene Voraussetzung, der Zoll komme in seiner ganzen Höhe dem Rindenpreise zu Gute, in Wirklichkeit nicht zutrifft. Das lehrt Theorie und Erfahrung. Der

1879 eingeführte Rindenzoll vermochte die schon damals sinkende Tendenz der Lohpreise nicht aufzuhalten. Die Hebung derselben 1880 hielt nur wenige Jahre an und wiederum war der Rückgang von 1892/93, der etwa als Folge der Handelsverträge angesehen werden konnte, schon 1894 und 1895 wieder ausgeglichen. Gesetzt, die erhoffte Preiserhöhung träte infolge des Zolles ein, so wird zunächst die Lohgerberei sie zahlen müssen, gewiß widerstrebend, aber nothgedrungen. Alsbald wird die letztere danach streben, entweder den Verbrauch der nunmehr theureren Rinde zu beschränken, oder sich billigere Rinde zu verschaffen. Ersteres gelingt wohl mit Hilfe der zahlreichen Surrogate, letzteres aber durch Verwendung der ohnehin schon wegen des bequemen Bezugs vielfach bevorzugten ausländischen Rinde. Vor allem Ungarn ist, solange die dortige Gerberindustrie noch nicht entwickelt ist, auf den Absatz seiner Rinde nach Deutschland geradezu angewiesen. Es kann bei günstigeren klimatischen und wirthschaftlichen Bedingungen auch billiger produciren als Deutschland. Wenn die Lohpreise in Deutschland um den Betrag des Zolles wirklich steigen, so kann Ungarn den Zoll tragen und dennoch dieselben Preise erzielen wie bisher. Aber selbst wenn das nicht gelingt, bleibt es immer noch exportfähig und exportbedürftig auch bei geringerem Erlös. Je höher ein Produkt im Einfuhrland bezahlt wird, um so lohnender wird die Einfuhr. Schon jetzt kommt eine Preishebung in größerem Umfang der ausländischen, als der inländischen Rinde zu Gute. Wahrscheinlich also dürfte mit Einführung des Zolles die Einfuhr nicht abnehmen, eher sogar zunehmen, und mit dem dann vermehrten Angebot würde der Rindenpreis bald wieder sinken.

Um dieser Möglichkeit vorzubeugen, müßte der Zoll so hoch bemessen werden, daß er prohibitiv wirkt. Wird damit die ausländische Rinde ganz oder großentheils vom deutschen Markte verdrängt, so muß die heimische Rinde gewaltig im Preise steigen. Die Lohgerberei kann und wird dann den, gegenüber den anderen gebräuchlichen Gerbmitteln schon jetzt theuren Rohstoff noch weniger, als jetzt verwenden, die Eichenlohgerbung geht noch rascher als bisher zurück, die Brühen- und Schnellgerbung, wohl auch die mit Mineralien oder Elektricität, treten an ihre Stelle, und mit dem abnehmenden Bedarf sinkt der Preis der Rinde, um nicht wieder zu steigen. Auch hier also würde der Erfolg für den Schälwald ein nur ganz vorübergehend günstiger sein ganz abgesehen davon, daß es aus anderen Rücksichten ausgeschlossen erscheint, einen hohen Rindenzoll durchzusetzen.

Daß der Rindenzoll allein nicht helfen kann, wird allseitig anerkannt. Wohl aber erwartet man das von einer Verzollung aller ausländischen Gerbmaterialien, also der Eichenrinde und der Surrogate derselben. Es sei der Zoll so hoch, daß er prohibitiv wirkt. Die Rinde ist dann ausgeschlossen, die Surrogate sind es auch. Die einzigen Gerbmittel, die der deutschen Gerberei verbleiben, sind dann zunächst die Eichenrinde und weiterhin die Fichtenrinde. Den bisherigen Bedarf nur an Eichenrinde, geschweige denn an Gerbmitteln überhaupt können die Schälwaldungen Deutschlands bei Weitem nicht decken. Auch wenn wieder die Grobrinde mitverwerthet wird, wenn die Durchforstungshölzer wieder und allgemein geschält werden, würde ein enormer Fehlbetrag bleiben. Angenommen, die Gerberei könnte eine solche Krisis überstehen, so würde sich ihr in der Fichten- und auch Lärchenrinde ein Ersatz bieten. Deutschland ist, worauf schon 1882 Councler, neuerdings F. Alff (Beitr. z. Schälwaldfrage 1898) hinweist, wohl im Stande, seinen ganzen Gerbstoffbedarf durch Verwendung der Fichtenrinde zu decken (vgl. auch S. 46). Der deutschen Forstwirthschaft würde also die Maßregel zu Gute kommen, nicht aber dem Eichenschälwald. Nun aber wird in diesem Falle die Gerberei eine mit solchem Uebergang verknüpfte Umwälzung nicht überstehen können. Sie würde dem Auslande, dem die billigen Rohstoffe an Häuten und Gerbmitteln in Fülle zur Verfügung bleiben, erliegen. Um den Lederbedarf Deutschlands zu decken, muß dann das Ausland aushelfen. Eine prohibitive Verzollung auch des Leders zugleich mit der der Gerbmaterialien kann deshalb zunächst nicht eintreten. Sie käme erst dann in Frage, wenn eine auf Verwendung von Eichen- und Fichtenlohe basirte neue Lederindustrie erwachsen wäre. Also selbst wenn dieser, thatsächlich völlig utopische Werdegang einträte, würde der Schälwald erst in ferner Zukunft daraus Nutzen haben, vorher dagegen, durch den Ruin der Gerberei seines einzigen Abnehmers beraubt, in um so größere Bedrängniß gerathen.

Es wird, da ja nach der übereinstimmenden Auffassung aller Parteien ein Prohibitivzoll ausgeschlossen ist, nur ein mäßiger Schutzzoll auf die ausländischen Gerbmaterialien gefordert, von mancher Seite sogar nur ein solcher auf Quebrachoholz und dessen Präparate. Daß letzterer allein unwirksam für den Schälwald sein muß, bedarf eigentlich nicht des Beweises. Wird die Verwendung des Quebracho erschwert, so tritt einfach an dessen Stelle eines der zahlreichen anderen Gerbmittel, die, wenn auch weniger wirksam und nicht so billig, wie Quebracho, doch immerhin viel wirksamer und billiger sind, als Eichenrinde (vgl. S. 69). Der einzige Erfolg könnte wohl nur eine Schädigung der norddeutschen Lederindustrie sein. Diese kann eine Vertheuerung ihres Rohstoffes wahrscheinlich ertragen; das ist ohne Weiteres aus den hohen Dividenden der Aktienunternehmungen zu schließen. Aber dieses Opfer kann ihr nur dann zugemuthet werden, wenn anderen Erwerbskreisen, die in Noth sind, dadurch geholfen wird. Wie das für den Schälwald nicht gilt, gilt es auch nicht für die nach altem Grubenverfahren arbeitenden Lohgerber. Ihr Konkurrent, die neuere Brühegerbung, bleibt ihnen verhängnißvoll, wenn nicht mehr mit Quebracho, so mit Holzextrakt oder Dividivi oder Mimosa oder irgend einem andern billigen Gerbmaterial. Und neben diesem Gegner erhebt sich möglichen Falls noch die Gerbung mit Mineralsalzen und mit Elektricität.

Anders, wenn außer Quebracho alle ausländischen Gerbmaterialien mit einem mäßigen Zoll belegt werden. Das wird zur Folge haben, daß der Rindenpreis sich erhöht, besten Falls um den Betrag des Zolles. Wird dadurch der Verbrauch der heimischen Rinde dauernd zunehmen? Ich glaube nicht. Ein mäßiger Zoll beläßt den billigen Rindenersatzstoffen noch immer ein bedeutendes Uebergewicht. Sie bleiben, auch wenn sie in gleicher Höhe wie die Eichenrinde theurer werden, doch in der bisherigen Preisrelation zu dieser. Damit bleibt auch das gleiche schon jetzt lebhafte Streben der Lederindustrie, jene anderen billigeren Stoffe immer mehr sich nutzbar zu machen. Eine Vermehrung des Eichenrindenverbrauchs wird also, wenn überhaupt, nur vorübergehend eintreten. Die Surrogate werden vielmehr immer weitere Verbreitung finden. Der schliesßliche Erfolg wird sein: eine Abnahme des Verbrauchs an Eichenrinde und damit ein Rückgang im Preise derselben.

C. Der Zoll und die Lederindustrie.

Mag man den Erwägungen unter B auch zustimmen, so wird dennoch derjenige, welchem die Nothlage des westdeutschen Schälwaldes und der ländlichen Bevölkerung am Herzen liegt, deshalb noch immer für einen Schutzzoll eintreten können, der, wenn auch nur wenig, wenn auch nur vorübergehend, doch immer eine Hilfe verheißt. Indessen die Aussichten, diese Hilfe zu erlangen, verlieren an Wahrscheinlichkeit, wenn den Interessen des Schälwaldes diejenigen der Lederindustrie gegenübergestellt werden. Die Reichsregierung kann sich dieser Abwägung auch bei dem denkbar größten Wohlwollen für die bedrängte Schälwaldwirthschaft keinesfalls entziehen. Die Bedeutung der Lederindustrie in Deutschland ist nach der in Kapitel II gegebenen Statistik eine sehr große. Dieselbe umfaßt ca. $^1/_5$ der deutschen Gesammtproduktion. Der preußische Handelsminister (Abg. H. 1. III. 1897) schätzte den Werth der deutschen Lederproduktion auf jährlich 500—700 Millionen Mk. In der Lederindustrie sind rund 600000 Personen erwerbsthätig.

Dem gegenüber wird der Werth des gesammten deutschen Schälwaldes mit durchschnittlich 200 Mk. pro ha auf etwa 90 Millionen Mk. zu bemessen sein. Rechnet man nach Bernhardt, daß in der Haubergswirthschaft pro 100 ha 4—5 Arbeiter dauernde Beschäftigung finden, und nimmt man an, daß die Hälfte des Schälwaldes mit landwirthschaftlichem Zwischenbau bewirthschaftet werde, während die andere Hälfte nur 2 Arbeiter pro 100 ha beschäftigt, so gewährt der Schälwald rund 15—20000 Menschen dauernden Erwerb. Der Werth der Rindenproduktion dürfte in Maximo 10 Millionen Mk. betragen. Hierzu treten die örtlich nicht unbedeutenden landwirthschaftlichen Erträge. Selbst wenn sie hoch eingeschätzt werden, reicht die wirthschaftliche Bedeutung des Schälwaldes bei Weitem nicht an diejenige der Lederindustrie heran.

Mögen diese Zahlen noch so anfechtbar sein, so wird doch Niemand sich der Ueberzeugung verschließen dürfen, daß die letztere ein gewichtigerer Faktor im Wirthschaftsleben Deutschland ist, als der Schälwald.

Wenn jetzt die Lederindustrie als Ganzes betrachtet ein blühender Erwerbszweig in Deutschland ist, so verdankt sie dies, wie ich oben nachzuweisen versucht habe, ihrer Rührigkeit in Bezug auf die Ausbildung der Gerbtechnik durch Abkürzung der Gerbdauer, Minderung der Produktionskosten, Herstellung billigen, wenn auch qualitativ nicht besten Leders mit wohlfeilen Gerbmitteln. Erst dadurch war sie im Stande, die vom Ausland eingeführten billigen Leder erfolgreich zu verdrängen und sogar bezüglich gewisser Produkte, vor Allem der Oberleder und der Lederfabrikate, mit einer zunehmenden Exportziffer den Weltmarkt zu beschicken. Kein Gerber, der nicht zurückbleiben will, kann auf die neuen Errungenschaften der Gerbtechnik verzichten. Nur bei weitestgehender Ausnutzung aller dieser Hilfsmittel kann die deutsche Gerberei sich dem Ausland gegenüber behaupten. Da ist es begreiflich, daß sie jede Erschwerung im Bezug ihrer Rohstoffe als eine Schädigung ihrer Interessen energisch bekämpft.

Daß unter solchen Verhältnissen ein Prohibitivzoll zu den Unmöglichkeiten gehört, bedarf nicht des Beweises. Es mag anerkannt werden, daß das eichenlohgare Leder das qualitativ beste ist. Aber es ist rein unmöglich, für all das Leder, was Deutschland braucht, genügend Eichenrinde zu beschaffen. Um 1 kg Leder herzustellen sind ca. 1½ kg Salzhaut und 4—5 kg Eichenlohe nöthig. Deutschlands Jahresbedarf wird auf rund 5 Millionen Doppelcentner geschätzt. Um dies Quantum bloß mit Eichenlohe zu gerben, würden also 20—25 Millionen Doppelcentner davon nöthig sein. Deutschland producirt aber nur rund 0,95—1 Million Doppelcentner. Soll die Lederkonsumtion nicht aufs Schwerste geschädigt werden, so muß entweder die deutsche Gerberei im Stande bleiben, Häute und Gerbmaterialien vom Auslande zu beziehen, oder aber sie wird von der des Auslandes erdrückt, welche billigere Rohstoffe beider Art reichlich zur Verfügung hat.

Ein Zoll bloß auf Quebracho würde der alten soliden

Sohllederbereitung wohl zu Gute kommen, die norddeutsche Sohllederfabrikation empfindlich treffen, weit mehr aber die für den Export wichtigste Oberlederfabrikation, welche hauptsächlich Quebracho verwendet und anerkannt Gutes damit leistet.

Mäßiger Zoll auf alle Gerbmaterialien dürfte diese gefährlichen Wirkungen zwar nicht so zweifellos zur Folge haben. Er würde der alten kalten Grubengerbung etwas länger das Leben fristen. Sie dauernd lebensfähig zu erhalten oder gar zu mehren, vermag er sicherlich nicht. Die Rückkehr der technisch vorgeschrittenen Gerbereibetriebe, die nach Leistung und Umsatz das ganz überwiegende Gros unserer Gerberei ausmachen, zum alten Verfahren ist für alle Zeiten ausgeschlossen. Man kann sie durch Zollmaßregeln schädigen, in ihrer gesunden Fortentwicklung hemmen, nicht aber auf die glücklich und endgiltig überwundene veraltete Lederbereitung zurückbringen. Das aber wäre das allein erstrebenswerthe Mittel, um der Lohrinde ihre einstige dominirende Stellung in der Gerberei wiederzuverschaffen, die sie nun einmal verloren hat und nie wieder erlangen kann.

Je kräftiger die Gerberei und Lederverarbeitung sich entwickelt, um so eher ist sie als die einzige Abnehmerin der Eichenrinde im Stande, diese zu verwenden, soweit es sich darum handelt, Leder bester Qualität zu erzeugen. Die Bereitung billigen Leders, dessen die Volkswirthschaft nun einmal bedarf, schließt nicht aus, daß nach wie vor auch bestes Leder erzeugt und angemessen den höheren Gestehungskosten gut bezahlt wird. Ist doch thatsächlich trotz der gewaltigen Umwälzungen in der Gerbetechnik der Verbrauch der Eichenrinde in Deutschland nicht gesunken, sondern gestiegen.

Wenn darum auch das größte Wohlwollen und ernste Streben besteht, der bedrängten Schälwaldwirthschaft zu helfen, so sind die Interessen der Lederindustrie im Verhältniß zu jener viel gewichtiger und es ist deshalb nicht wahrscheinlich, daß die Reichsregierung in einseitiger Rücksicht auf jene diese vernachlässigt. Als praktisch erreichbar kann darum nur ein mäßiger, die Lebens- und Konkurrenzfähigkeit der Lederindustrie nicht gefährdender Zoll angesehen werden. Er kann jedoch, wenn überhaupt, den Nothstand der Schälwaldwirthschaft nicht gründlich und vermuthlich nur vorübergehend lindern.

Mag dennoch die Erstrebung eines solchen Schutzzolls von denen, die allein das Wohl des Schälwaldes ins Auge fassen, berechtigt sein als eines wenn auch kleinen Mittels. Nur erscheint es mir dann um so mehr geboten, die zunächst Betheiligten vor weitgehenden, wahrscheinlich trügerischen Hoffnungen, die sich, gesteigert durch die parteipolitische Agitation, an die Erreichung des Zollschutzes knüpfen, eindringlich zu warnen. Wirksame und nachhaltige Hilfe kann nach meiner Ueberzeugung nur kommen dadurch, daß das, was am Körper der Schälwaldwirthschaft in ihrer jetzigen Ausgestaltung unrettbar krank ist, klar erkannt und mit scharfem Schnitt amputirt wird, daß aber die erholungsfähigen Theile durch Hebung der wirthschaftlichen Zustände sich selbst aufraffen, und daß darin der Staat den ökonomisch Schwachen kräftig mit Rath und Hilfe zur Seite stehe.

5. Zusammenfassung der gewonnenen Ergebnisse.

Aus den vorstehend dargestellten Untersuchungen ergeben sich folgende Leitsätze:

1. Die Staatsgewalt kann nur subsidiär für die Hebung des Schälwaldes mit Maßregeln eintreten und zwar einerseits mit solchen, welche die Gesundung der Kleinlandwirthschaft bezwecken, andererseits solchen, welche den Schälwaldbesitzern in dem Streben, aus eigener Anstrengung sich emporzuarbeiten, zu Hilfe kommen.

2. Derartige Hilfen können bestehen in Veranstaltungen, welche die Kreditfähigkeit der Kleinbesitzer stärken, weiterhin und vor Allem in der Gewährung gesetzlicher Grundlagen zu genossenschaftlicher Vereinigung des kleinen Schälwaldbesitzes, nebenher auch im Erwerb unrentabler Schälwälder für den Staat.

3. Eine mittelbare Hilfe für den Schälwald ist in Maßregeln zur Hebung der lohverarbeitenden Gerberei und besonders der kleinen Handwerksbetriebe derselben nicht oder nur sehr bedingt zu erblicken; das erstere gilt bezüglich der künstlichen Unter-

stützung der am veralteten Gerbverfahren festhaltenden und deshalb auf die Dauer nicht lebensfähigen Handwerksbetriebe, sowie auch bezüglich der Deklarationspflicht für die Gerbmethode, das letztere bezüglich der Bevorzugung eichenlohgaren Leders bei der Deckung des staatlichen Lederbedarfs.

4. Die Einführung eines Schutzzolls auf Eichenrinde und deren Ersatzstoffe ist besten Falls ein nur vorübergehend, in jedem Falle wenig wirksames, in seiner Wirksamkeit vielfach weit überschätztes Mittel zur Hebung der Schälwaldwirthschaft.

5. Gründliche und dauernde Beseitigung des Nothstandes im Schälwalde kann demselben nur auf wirthschaftlichem Wege kommen, indem seine Besitzer entschlossen abstoßen, was an ihm unrettbar krank ist, das gesundungsfähige aus eigener Kraft durch sachgemäße und sorgfältige Behandlung des Waldes und seines Produkts kräftigen und die Verwerthung der Rinde in Bahnen leiten, wie sie das moderne Verkehrsleben unweigerlich fordert.